B9.3.4.8

Thomas Bräunl

Parallele Programmierung

FH Merseburg

000 172 782

Ausgeschieden am

X

3 NOV

542

D1729460

**Aus dem Bereich
Informatik**

Rechneraufbau am konkreten Beispiel
von Thomas Knieriemen

Aufbau und Arbeitsweise von Rechenanlagen
von Wolfgang Coy

Parallelität und Transputer
von Volker Penner

Parallele Programmierung
Eine Einführung
von Thomas Bräunl

Parallelism in Logic
von Franz Kurfeß

Algorithmen und Berechenbarkeit
von Manfred Bretz

Berechenbarkeit, Komplexität, Logik
von Egon Börger

Formalisieren und Beweisen
von Dirk Siefkes

Grundlagen des maschinellen Beweisens
von Dieter Hofbauer und Ralf-Detlef Kutsche

Wissensbasierte Systeme
von Doris Altenkrüger und Winfried Büttner

Computersicherheit
von Rolf Oppliger

Sicherheit in netzgestützten Informationssystemen
hrsg. von Heiko Lippold und Paul Schmitz

Protocol Engineering
von Jürgen M. Schneider

Vieweg

Thomas Bräunl

Parallele Programmierung

Eine Einführung

Mit einem Geleitwort von Andreas Reuter

vieweg

Die Deutsche Bibliothek - CIP-Einheitsaufnahme

Bräunl, Thomas
Parallele Programmierung : eine Einführung / Thomas Bräunl.
Mit einem Geleitw. von Andreas Reuter. -
Braunschweig ; Wiesbaden : Vieweg, 1993
ISBN 3-528-05142-6

Das in diesem Buch enthaltene Programm-Material ist mit keiner Verpflichtung oder Garantie irgendeiner Art verbunden. Der Autor und der Verlag übernehmen infolgedessen keine Verantwortung und werden keine daraus folgende oder sonstige Haftung übernehmen, die auf irgendeine Art aus der Benutzung dieses Programm-Materials oder Teilen davon entsteht.

Alle Rechte vorbehalten
© Friedr. Vieweg & Sohn Verlagsgesellschaft mbH, Braunschweig/Wiesbaden, 1993

Der Verlag Vieweg ist ein Unternehmen der Verlagsgruppe Bertelsmann International.

Das Werk einschließlich aller seiner Teile ist urheberrechtlich geschützt. Jede Verwertung außerhalb der engen Grenzen des Urheberrechtsgesetzes ist ohne Zustimmung des Verlags unzulässig und strafbar. Das gilt insbesondere für Vervielfältigungen, Übersetzungen, Mikroverfilmungen und die Einspeicherung und Verarbeitung in elektronischen Systemen.

Druck und buchbinderische Verarbeitung: Paderborner Druck Centrum, Paderborn
Gedruckt auf säurefreiem Papier
Printed in Germany

ISBN 3-528-05142-6

Geleitwort

Parallelrechner sind derzeit eines der brandaktuellen Themen in der Forschung, aber auch im Bereich der Produktentwicklung. Die Erwartungen an derartige Rechnerarchitekturen sind vielfältig: Die einen setzen auf Parallelrechner, weil nur so der immense Bedarf an Rechenleistung im Bereich des "scientific computing" zu befriedigen ist. Man denke hier an Probleme aus den Bereichen der Strömungsmechanik, der Optimierung komplexer Systeme, der Wettervorhersage, der Simulation technischer und natürlicher Vorgänge unterschiedlichster Art – Aufgaben, die häufig unter der Bezeichnung "grand challenges" zusammengefaßt werden. Für sie alle gilt, daß die zur Bearbeitung von Problemen realistischer Größe in angemessener Zeit erforderliche Rechengeschwindigkeit mit Vektorrechnern herkömmlicher Bauweise keinesfalls zu erreichen ist, sondern daß nur die Zerlegung des Gesamtproblems in unabhängig bearbeitbare Teilprobleme und deren parallele Lösung auf geeigneten Rechnerstrukturen Aussicht auf Erfolg versprechen. Andere Gruppen von Benutzern haben keinen Bedarf an rechnerischen Höchstleistungen, interessieren sich aber gleichwohl für Parallelrechner, weil sie erwarten, daß ihre Aufgaben etwa im Bereich Datenbankanwendungen, Bildverarbeitung u.ä. durch Parallelisierung auf vielen kleinen, billigen Rechnern kostengünstiger zu lösen sind als durch Einsatz eines entsprechend größeren und sehr viel teueren Mainframe. Diese Gruppe von Benutzern erwartet also von Parallelrechnern ein besseres Preis-/Leistungsverhältnis.

Natürlich haben Parallelrechner noch weitere potentielle Vorteile, wie etwa höhere Verfügbarkeit durch die sehr hohe Komponenten-Redundanz, besseres Antwortzeitverhalten durch dynamische Lastverteilung usw., doch spielen diese Aspekte in der allgemeinen Diskussion eine eher nachgeordnete Rolle, so daß sie hier auch nicht weiter berücksichtigt werden sollen. Beschränken wir uns nur auf die beiden erstgenannten Vorteile, nämlich die im Prinzip beliebige Erhöhung der Rechenleistung durch Zusammenschalten der entsprechenden Anzahl von Rechnerknoten und die Kostenreduktion durch Ablösung eines Großrechners durch eine Konfiguration parallel arbeitender Mikroprozessoren. Die Diskussion in diesem Bereich wird nun häufig so geführt, als sei zur Realisierung der genannten Vorteile weiter nichts erforderlich als die richtige Balance zwischen der Prozessorgeschwindigkeit, der Größe der lokal verfügbaren Speicher, der Bandbreite des Netzwerkes für die Inter-Prozessor-Kommunikation und die Verzögerungszeit beim Nachrichtenaustausch zwischen zwei beliebigen Prozessoren. All dies sind zweifellos interessante und in den letzten Konsequenzen auch sehr schwierige technische Probleme, wie die Vielzahl der in den unterschiedlichen Prototypen und Produkten verwendeten Konzepte zeigt.

Im Vergleich dazu wird oft nicht gebührend berücksichtigt, daß der Übergang von einem Rechner konventioneller Bauart – sei es ein Vektorrechner für numerische Aufgaben oder ein Mainframe für kommerzielle Anwendungen – zu einem Parallelrechner sehr viel mehr erfordert als den Austausch des Rechners und die Neuübersetzung sämtlicher vorhandener Programme. Es bedeutet gleichzeitig den Übergang von der sequentiellen Programmierung hin zur parallelen Programmierung, und dieser Schritt kann nach dem gegenwärtigen Stand der Technik nur zu einem geringen Teil mit maschineller Unterstützung vollzogen werden; der große Rest muß von den Anwendern selbst geleistet werden, und dies bedarf, wenn es einige Aussicht auf Erfolg haben soll, einer gründlichen Ausbildung hinsichtlich aller Probleme paralleler Rechnerarchitekturen und ihrer Nutzung. Es ist denn auch nur konsequent, wenn die unterschiedlichen staatlichen Förderprogramme auf nationaler und internationaler Ebene, die die Förderung des Hochleistungsrechnens durch Ausnutzung paralleler Rechnerstrukturen zum Ziel haben, neben den rein technischen Komponenten stets auch Ausbildungsprogramme für die Nutzer derartiger Rechnerarchitekturen mit in die Förderung einbeziehen.

Man kann, und dies wird sich auf absehbare Zeit auch nicht ändern, die Eigenschaften eines Parallelrechners zum Programmierer hin nicht soweit "wegabstrahieren", daß dieser so weiterarbeiten kann wie in seiner gewohnten Umgebung. Wer die Vorteile parallelen Rechnens nutzen will, muß zunächst einmal deren Prinzipien verstehen – dies gilt um so mehr, als es in vielen Fällen erforderlich ist, nicht nur vorhandene Algorithmen auf die neue Rechnerarchitektur hin umzuprogrammieren, sondern zunächst einmal für die zu lösenden Probleme neue Algorithmen zu entwickeln, die in ausreichendem Maße parallelisierbar sind.

Das vorliegende Buch von Herrn Dr. Bräunl trägt dieser Erkenntnis in erfreulicher Weise Rechnung. Im Unterschied zu vielen anderen Lehrbüchern über das Thema "Parallelrechner" konzentriert es sich nicht auf die Hardware-Aspekte; zwar skizziert der Autor kurz die wichtigsten Architekturvarianten, die Prinzipien der Inter-Prozessor-Kommunikation usw., doch beschränkt er sich hier darauf, dem technisch interessierten Leser eine Grundidee davon zu vermitteln, auf welchen Wegen (teil-) autonom arbeitende Prozessoren miteinander wechselwirken, Daten austauschen und welche Vor- und Nachteile sich daraus jeweils ergeben. Das Buch hat sein Hauptaugenmerk auch nicht auf der Parallelisierung numerischer Probleme; auch hierfür gibt es andere, zum Teil äußerst umfangreiche Standardwerke. Herrn Dr. Bräunls Anliegen ist es, die Probleme und Prinzipien der Programmierung darzustellen, in einer Umgebung, wo jede Problemlösung durch die Kooperation mehr oder weniger autonom ablaufender Prozesse bzw. Prozessoren erreicht wird. Dies erfordert das Verständnis einiger sehr grundlegender Mechanismen der Kommunikation und der Synchronisation, zusammen mit den formalen Mitteln zu ihrer Beschreibung und zur Definition von Korrektheit. Darauf aufbauend können dann Programmierprimitive definiert werden, die etwa den wechselseitigen Ausschluß von Prozessen auf geschützten Datenstrukturen garantieren, die die konsistente Ausführung gewisser paralleler Ablauffolgen gewährleisten usw. Diese Aspekte präsentiert Herr Dr. Bräunl vornehmlich am Beispiel der Umsetzung solcher Programmierprimitive in verschiedenen Programmiersprachen, welche die explizite Behandlung von Parallelität zum Ziel haben. Eine Abstraktionsstufe höher finden sich dann unterschiedliche Programmiermodelle zum Umgang mit Parallelität, die sich in verschiedenen Maschinenarchitekturen bzw. verschiedenen Sprachen mit zugehörigen Programmierumgebungen niederschlagen. Am wichtigsten ist beim derzeitigen Stand der Diskussion die Unterscheidung in asynchrone Parallelität, wie sie charakteristisch ist für MIMD-Rechnerarchitekturen, und synchrone Parallelität, die durch die Klasse der SIMD- bzw. SPMD-Rechner repräsentiert wird. Auch hier beschreibt Herr Bräunl sehr ausführlich die Umsetzung des Programmiermodelles in verschiedene Programmiersprachen und illustriert die Anwendung der Programmiermodelle an einer ganzen Reihe zum Teil recht anspruchsvoller Beispiele. Im letzten Kapitel werden noch eine ganze Reihe äußerst wichtiger, weiterführender Aspekte im Zusammenhang mit Parallelität diskutiert, wie etwa Ansätze für Programmiersprachen, die eine automatische Parallelisierung erlauben, die Funktion von Parallelität in neuronalen Netzen sowie die immer wieder sehr wichtige Frage nach der genauen Definition von Leistung bzw. Leistungsgewinn durch paralleles Rechnen. Dieses letzte Kapitel ist aus zwei Gründen besonders verdienstvoll: Zum einen werden Themen behandelt, die sehr oft in Büchern über Parallelrechner ignoriert werden, wie etwa die parallele Verarbeitung in Datenbanksystemen und die automatische Parallelisierung in Sprachen wie SQL. Zum anderen wird in dem Abschnitt über Leistungsmaße für Parallelrechner klar herausgearbeitet, daß der Speedup nicht das Maß aller Dinge ist, sondern daß in vielen Fällen andere Maße wie etwa der Scaleup sehr viel realistischere (und interessantere) Aussagen über das Leistungspotential von Parallelrechnern ermöglichen. Die vergleichende Diskussion über den Zusammenhang zwischen den unterschiedlichen Leistungsmaßen ist jedem nachdrücklich zu empfehlen, der die häufig unreflektierte Verwendung von Speedup-Angaben mit Mißtrauen betrachtet.

Eingedenk der Grundabsicht des Buches, eine Einführung in die Prinzipien und Probleme des parallelen Programmierens zu bieten, enthält es eine ganze Reihe von teilweise recht anspruchsvollen Programmieraufgaben, die für alle Interessenten auch in elektronischer Form zur Verfügung stehen. Jedem, der dieses Buch ohne Anbindung an eine Vorlesung o.ä. liest, sei dringend empfohlen, die Lösung dieser Aufgaben zumindest zu versuchen; das Verständnis der im Text dargelegten Prinzipien wird so ganz wesentlich erleichtert und gefördert. Gleichzeitig bildet das Buch aber eine sehr gute Grundlage für die Durchführung einer Vorlesung "Parallele Programmierung" bzw. zur Organisation eines Praktikums im selben Themenbereich.

Ich habe schon betont, daß die rasche und erfolgreiche Nutzung des Leistungspotentials von Parallelrechnern nicht zuletzt daran hängt, wie schnell und wie gründlich die Anwendungsprogrammierer aus den unterschiedlichen Bereichen an die neue Technologie herangeführt werden. Dies bedarf vielfältiger Anstrengungen in ganz unterschiedlichen Bereichen, von der Bereitstellung entsprechender Rechnersysteme, über die Installation einer Netzwerk-Infrastruktur zur Ankopplung von Wissenschaftler-Arbeitsplätzen an solche Rechner bis hin zur Implementierung geeigneter Programmierumgebungen mit visuellen Testhilfen usw. Im Zentrum all dieser Bemühungen müssen aber Kurse, Vorlesungen, Praktika usw. stehen, die den Programmierern das für die Nutzung von Parallelität notwendige neue Denkmodell nahebringen und die sie in die Lage versetzen, dieses Denkmodell programmiertechnisch angemessen umzusetzen. Bei dieser wichtigen Aufgabe leistet das vorliegende Buch einen äußerst wertvollen Beitrag. Es faßt auf relativ knappem Raum alle wichtigen Aspekte in klarer Darlegung zusammen, vermeidet unnötige Formalismen da, wo sie entbehrlich sind, und vertieft alle Darlegungen durch Beispiele von unmittelbarem praktischem Nutzen. Es ist als ausgesprochener Glücksfall zu betrachten, daß das Werk nicht nur in deutscher Fassung erscheint, sondern daß es parallel in einer englischen und russischen Version auf den Markt kommt. Ich wünsche dem Buch einen großen Leserkreis, und den Lesern wünsche ich viel Erfolg bei dem Versuch, die durch das Buch gewonnenen Erkenntnisse zu ihrem eigenen Nutzen in parallele Programme umzusetzen.

Stuttgart, im September 1992   Andreas Reuter

Vorwort

Dieses Buch gibt eine Einführung in das Gebiet der parallelen Programmierung und richtet sich vor allem an Studenten der Informatik im Hauptstudium. Die Themenbereiche sind in vier große Abschnitte gegliedert. Nach den Grundlagen folgen die Gebiete der "konventionellen" asynchronen parallelen Programmierung und der synchronen "massiv parallelen" oder daten-parallelen Programmierung mit tausend oder mehr Prozessoren. Den Abschluß bilden weitere parallele Modelle, die nicht einem dieser beiden Gebiete zugeordnet werden können, die automatische Parallelisierung und Vektorisierung sowie Leistungsbetrachtungen.

Das Buch entstand aus dem Skript zur gleichnamigen Vorlesung, die von mir erstmals im Wintersemester 1990/91 an der Universität Stuttgart gehalten wurde. Begleitende Praktika und Seminare ergänzten den Themenbereich, an denen sich die Übungen zu den jeweiligen Kapiteln orientieren. Die englische Fassung dieses Textes wurde von Brian Blevins in Zusammenarbeit mit dem Autor erstellt, die Übersetzung ins Russische wurde von Prof. Dr. Svjatnyj und seinen Mitarbeitern durchgeführt.

Mein besonderer Dank gilt Prof. Dr. Andreas Reuter für seine Unterstützung und Anregungen bei diesem Buchprojekt sowie für sein prägnantes Geleitwort zur Einstimmung in den Themenbereich. Für das Korrekturlesen des Manuskriptes und zahlreiche Verbesserungsvorschläge möchte ich mich bei Astrid Beck, Brian Blevins, Stefan Engelhardt und vor allem bei Claus Brenner bedanken; für die Eingabe der ersten Version des Skriptes in das Textsystem danke ich Christine Drabek und Hartmut Keller. Mein Dank geht schließlich an Prof. Dr. Jürgen Nehmer, Prof. Dr. Ewald von Puttkamer und Prof. Dr. Kai Hwang, deren Vorlesungen mir eine Reihe von Anregungen zu diesem Buch gaben.

Herzlicher Dank gebührt auch den Mitarbeitern und Studenten, die mit viel Enthusiasmus und einer riesigen Arbeitsleistung die in diesem Buch als Basis benutzten Programmiersprachen-Konzepte für Modula-P und Parallaxis in Programmierumgebungen umsetzten, welche inzwischen weltweit als Public-Domain-Software im Einsatz sind. Ingo Barth, Frank Sembach und Stefan Engelhardt entwickelten eine umfangreiche Programmierumgebung mit Compiler, Simulator und Debugger für Parallaxis, während Roland Norz einen Compiler für Modula-P erstellte.

Alle diejenigen, die die in diesem Buch gezeigten parallelen Algorithmen selbst ausprobieren möchten, können über das Internet mit "anonymem ftp" Compiler und Simulationssysteme für die beiden parallelen Sprachen Modula-P und Parallaxis kostenlos kopieren. Die Internet-Adresse des Rechners lautet: `ftp.informatik.uni-stuttgart.de` , das Verzeichnis ist: `pub/modula-p` bzw. `pub/parallaxis` .

Stuttgart, im September 1992   Thomas Bräunl

Inhaltsverzeichnis

I Grundlagen   1

1. Einleitung   2

2. Klassifikationen   4
2.1 Rechnerklassifikation   4
2.2 Parallelitätsebenen   11
2.3 Parallele Operationen   14

3. Petri-Netze   17
3.1 Einfache Petri-Netze   18
3.2 Erweiterte Petri-Netze   23

4. Konzepte der Parallelverarbeitung   30
4.1 Coroutinen   30
4.2 Fork und Join   31
4.3 ParBegin und ParEnd   33
4.4 Prozesse   33
4.5 Remote-Procedure-Call   35
4.6 Implizite Parallelität   36
4.7 Explizite versus implizite Parallelität   37

5. Verbindungsstrukturen   39
5.1 Bus-Netzwerke   40
5.2 Netzwerke mit Schaltern   40
5.3 Punkt-zu-Punkt – Verbindungsstrukturen   46
5.4 Vergleich von Netzwerken   52

Übungsaufgaben I   54

II Asynchrone Parallelität   57

6. Aufbau eines MIMD-Rechners   58
6.1 MIMD-Rechnersysteme   59
6.2 Prozeßzustände   61

7. Synchronisation und Kommunikation in MIMD-Systemen   63
7.1 Softwarelösung   64
7.2 Hardwarelösung   68
7.3 Semaphore   69
7.4 Monitore   80
7.5 Nachrichten und Remote-Procedure-Call   85

8. Probleme bei asynchroner Parallelität   90
  8.1 Inkonsistente Daten   90
  8.2 Verklemmungen   93
  8.3 Lastbalancierung   95

9. MIMD-Programmiersprachen   98
  9.1 Concurrent Pascal   98
  9.2 Communicating Sequential Processes CSP   98
  9.3 occam   100
  9.4 Ada   102
  9.5 Sequent-C   104
  9.6 Linda   106
  9.7 Modula-P   110

10. Grobkörnig parallele Algorithmen   115
  10.1 Bounded-Buffer mit Semaphoren   115
  10.2 Bounded-Buffer mit einem Monitor   118
  10.3 Auftragsverteilung über einen Monitor   120

Übungsaufgaben II   123

III Synchrone Parallelität   129

11. Aufbau eines SIMD-Rechners   130
  11.1 SIMD-Rechnersysteme   131
  11.2 Daten-Parallelität   134
  11.3 Virtuelle Prozessoren   135

12. Kommunikation in SIMD-Systemen   139
  12.1 SIMD-Datenaustausch   140
  12.2 Verbindungsstrukturen von SIMD-Systemen   143
  12.3 Vektorreduktion   147

13. Probleme bei synchroner Parallelität   149
  13.1 Indizierte Vektoroperationen   149
  13.2 Abbildung virtueller Prozessoren auf physische Prozessoren   150
  13.3 Flaschenhals bei der Anbindung von Peripheriegeräten   151
  13.4 Netzwerk-Bandbreiten   153
  13.5 Mehrbenutzerbetrieb und Fehlertoleranz   154

14. SIMD-Programmiersprachen   156
  14.1 Fortran 90   156
  14.2 C*   163
  14.3 MasPar Programming Language MPL   168
  14.4 Parallaxis   171

15. Massiv parallele Algorithmen   179
   15.1 Numerische Integration 179
   15.2 Zelluläre Automaten 180
   15.3 Primzahlengenerierung 183
   15.4 Sortieren 184
   15.5 Systolische Matrixmultiplikation 186
   15.6 Erzeugung von Fraktalen 188
   15.7 Stereobild-Analyse 191

Übungsaufgaben III   197

IV Weitere Modelle der Parallelität   201

16. Automatische Parallelisierung und Vektorisierung   202
   16.1 Datenabhängigkeit 204
   16.2 Vektorisierung einer Schleife 210
   16.3 Parallelisierung einer Schleife 211
   16.4 Auflösung komplexer Datenabhängigkeiten 218

17. Nicht-prozedurale parallele Programmiersprachen   224
   17.1 *Lisp 225
   17.2 FP 228
   17.3 Concurrent Prolog 232
   17.4 SQL 237

18. Neuronale Netze   240
   18.1 Eigenschaften Neuronaler Netze 241
   18.2 Feed-forward–Netze 243
   18.3 Selbstorganisierende Netze 246

19. Leistung von Parallelrechnern   247
   19.1 Speedup 247
   19.2 Scaleup 251
   19.3 MIMD versus SIMD 252
   19.4 Bewertung von Leistungsdaten 256

Übungsaufgaben IV   258

Literaturverzeichnis   263

Sachwortverzeichnis   271

I

Grundlagen

Parallelität kann von verschiedenen Seiten aus betrachtet werden. Parallelrechner können entsprechend ihrer Maschinenstruktur klassifiziert werden, während parallele Operationen entsprechend ihrer Abstraktionsebene bzw. der Art ihrer Argumente eingeordnet werden. Dies ergibt grundverschiedene Sichtweisen zum Thema Parallelität. Auf dieser Basis erscheint die sequentielle Programmierung nur noch als ein Spezialfall der parallelen Programmierung. Petri-Netze sind ein hilfreiches Werkzeug zur Definition von asynchron parallelen Abläufen. Sie helfen, Abhängigkeiten zu erkennen und Probleme zu beseitigen, noch bevor der Entwurf eines parallelen Systems in ein paralleles Programm umgesetzt wird. Häufig auftretende Sprachkonzepte zur Behandlung von Parallelität in Programmiersprachen sowie die wichtigsten Verbindungsstrukturen, die in Parallelrechnern zum Einsatz kommen, bilden wesentliche Grundlagen zum Verständnis der Parallelverarbeitung.

1. Einleitung

Die Welt ist parallel! Dieser Grundsatz soll im folgenden anhand von Beispielen verdeutlicht werden. Ob es sich um Vorgänge in der Natur, komplexe technische Prozesse
oder sogar um Veränderungen in der Gesellschaft handelt, immer sind die Vorgänge
hochgradig parallel. Das Wachstum einer Pflanze wird von einer Vielzahl Faktoren
gleichzeitig beeinflußt, das Anlassen eines Motors erfordert das parallele Zusammenspiel mehrerer Komponenten, und auch Börsennotierungen werden vom gleichzeitigen
Verhalten von Tausenden von Anbietern und Käufern festgelegt. Interessanterweise tritt
Parallelität also nicht nur bei Vorgängen in der konkreten physischen Welt auf, sondern
auch bei abstrakten Prozessen.

Parallele Supercomputer zählen zu den neuesten Entwicklungen in der Informatik. Aber
man sollte nicht übersehen, daß selbst in einem einfachen Personal Computer viele
Operationen parallel ausgeführt werden: hierzu zählen die Ein-/Ausgabe über Kanäle,
direct memory access (DMA), und die parallele Steuerung von funktionalen Einheiten
einer CPU (central processing unit) im Mikrocode. Selbst eine gewöhnliche 16-Bit-
Arithmetik arbeitet parallel, wenn man ein Bit als Einheit betrachtet.

Auch das menschliche Gehirn arbeitet parallel. Abb. 1.1 zeigt eine Gegenüberstellung
zwischen einem sequentiellen von-Neumann-Rechner und einem Gehirn, das aus einem
Netzwerk von Neuronen besteht.

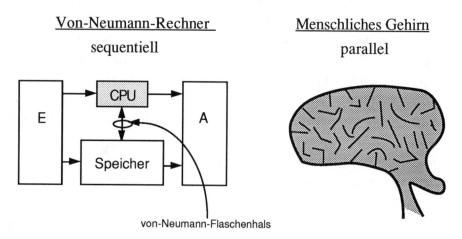

Abbildung 1.1: von-Neumann-Rechner und Gehirn

Die Tabelle in Abb. 1.2 dokumentiert das bei einem von-Neumann-Rechner bestehende Mißverhältnis, welches zwischen einer einzigen aktiven CPU und der Vielzahl von passiven Speicherzellen besteht. Demgegenüber sind bei der homogenen Gehirnstruktur ständig alle Einheiten aktiv.

Von-Neumann-Rechner	Menschliches Gehirn
Elementezahl: $\approx 10^9$ Transistoren für: 1 CPU (10^6 Trans.), ständig aktiv 10^9 Speicherzellen, meist inaktiv	 $\approx 10^{10}$ Neuronen ("CPU + Speicher") ständig aktiv
Schaltzeit: 10^{-9} s = 1ns	 10^{-3} s = 1ms
Schaltvorgänge je s insgesamt: [10^{18} / s *(theoretischer Wert, falls alle Transistoren gleichzeitig aktiv wären)*] 10^{10} / s (praktischer Wert, wegen inaktiver Speicherzellen)	 10^{13} / s

Abbildung 1.2: Leistungsvergleich

Die Überlegenheit des Gehirns gegenüber einem von-Neumann-Rechner zeigt sich in der Zahl der Schaltvorgänge je Sekunde (Faktor 1000), wobei die höhere Komplexität der Schaltfunktion eines Neurons gegenüber derjenigen eines Transistors sogar außer acht gelassen wurde. Zumindest ein Grund für die höhere Leistungsfähigkeit (Rechenleistung) des Gehirns liegt daher in der Parallelverarbeitung.

Daraus ergibt sich die These, daß die Parallelverarbeitung die natürliche Form der Informationsverarbeitung ist. Die Sequentialisierung, die die Programmierung heute dominiert, ist schlicht eine historisch bedingte Folge des von-Neumann-Rechnermodells. Dieses Modell war überaus erfolgreich, jedoch bleibt die darin vorgeschriebene Sequentialisierung eine künstliche Einschränkung. Für die Parallelverarbeitung geeignete Problemstellungen lassen sich in einer parallelen Programmiersprache meist einfacher beschreiben und lösen als in einer sequentiellen Programmiersprache. Die parallele Darstellung eines Problems besitzt einen höheren Informationsgehalt über das Problem selbst, verglichen mit der erst zu bildenden sequentiellen Variante. Das Ziel ist also, parallele Problemstellungen auch in einer parallelen Programmiersprache zu beschreiben, um so einerseits verständlichere Programme zu erstellen und um diese andererseits auch wesentlich schneller auf einem Parallelrechner ablaufen lassen zu können.

2. Klassifikationen

In diesem Kapitel werden drei unterschiedliche Klassifikationen vorgestellt. Es werden die Klassifikation von Parallelrechnern nach ihrem Aufbau, die Klassifikation von parallelen Abläufen nach ihrer Abstraktionsebene sowie die Klassifikation von parallelen Operationen nach der Art ihrer Argumente behandelt.

2.1 Rechnerklassifikation

Flynns Klassifikation von Rechnern [Flynn 66] teilt die gesamte Rechnerwelt recht grob in die vier Gruppen SISD, SIMD, MISD und MIMD ein (siehe Abb. 2.1). Dabei sind hier vor allem die beiden Klassen SIMD (synchrone Parallelität) und MIMD (asynchrone Parallelität) interessant. Bei SISD handelt es sich um von-Neumann-Rechner mit nur einem Prozessor, während die Klasse MISD im weitesten Sinne als die Klasse der Pipelinerechner angesehen werden kann.

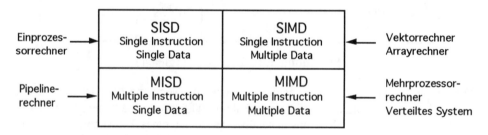

Abbildung 2.1: Rechnerklassifikation nach Flynn

Bei der synchronen Parallelität gibt es nur einen Kontrollfluß, d.h. ein ausgezeichneter Prozessor arbeitet das Programm ab, während alle anderen, einfacher aufgebauten Prozessoren dessen Befehle gleichzeitig synchron ausführen. Bei der asynchronen Parallelität gibt es mehrere Kontrollflüsse, d.h. jeder Prozessor führt ein eigenständiges Programm aus. Für jeden Datenaustausch zwischen zwei dieser unabhängigen, asynchron arbeitenden Prozessoren muß demzufolge eine Synchronisation stattfinden. Bei der hier gezeigten Klassifikation ist es darüber hinaus zweckmäßig, die Klassen MIMD und SIMD in je zwei Unterklassen entsprechend der Koppelung ihrer Prozessoren einzuteilen:

MIMD:

- Koppelung über gemeinsamen Speicher
  (enge Koppelung)
  → Mehrprozessorrechner

- Koppelung über Verbindungsnetzwerk mit Nachrichtenaustausch
  (lose Koppelung)
  → Verteiltes Rechnersystem

SIMD:

- Keine Koppelung zwischen Prozessorelementen (PEs)
  → Vektorrechner

- Koppelung über Verbindungsnetzwerk
  → Arrayrechner

Auf die Parallelrechnerklassen von Pipelinerechnern, MIMD- und SIMD-Systemen wird im Anschluß näher eingegangen.

Pipelinerechner

Abb. 2.2 zeigt den Aufbau eines einfachen Pipelinerechners. Die Skizze in Abb. 2.3 (nach [Perrot 87]) verdeutlicht die verzahnte Abarbeitung von Anweisungen in einem Pipelinerechner mit einer einzigen Pipeline.

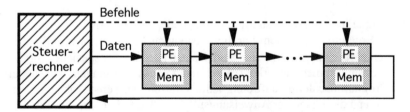

Abbildung 2.2: Pipelinerechner

In Abb. 2.3 werden die sequentielle und die Pipeline-parallele Ausführung einander gegenübergestellt. Die Pipeline besitzt die drei Stufen A, B und C, die beispielsweise für die Teilaufgaben "Lade Daten x und y", "Multipliziere x mit y", "Addiere das Produkt zu s" stehen könnten. Wird diese Abarbeitungsfolge mehrfach iterativ durchlaufen, so addiert sich bei sequentieller Ausführung die Rechenzeit für die Einzeldurchläufe, während bei der Pipeline-parallelen Ausführung nach einer anfänglichen Initialisierungsphase (Laden der Pipeline) in jedem Zeitschritt eine Abarbeitungsfolge abgeschlossen wird.

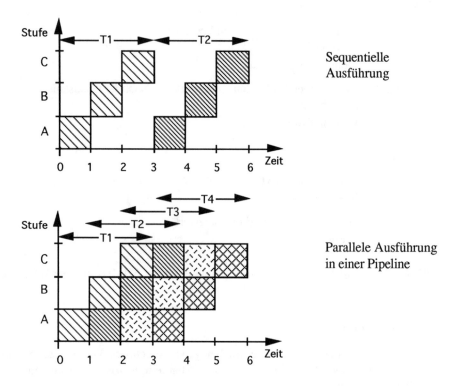

Abbildung 2.3: Programmausführung im Pipelinerechner

Eine n-stufige Pipeline erzielt somit nach der Ladephase von (n-1) Schritten in jedem Schritt ein Ergebnis, was einem Parallelitätsgewinn von n entspricht. Pipelines sind eine spezielle Maschinenstruktur und sind deshalb auch nur für spezielle Aufgaben einsetzbar. Dies sind immer wiederkehrende Folgen von Anweisungen, wie sie beispielsweise in Programmschleifen auftreten; jedoch dürfen hier keine Abhängigkeiten vorhanden sein und die Länge der Anweisungsfolge muß auf die Länge der Pipeline abgestimmt werden. Weiterführende Informationen zum Aufbau von Pipelinerechnern finden sich in [Hockney, Jesshope 88].

Ein einfacher Pipelinerechner mit nur einer Pipeline besitzt auch nur einen Kontrollfluß, d.h. er entspricht einem Ein-Prozessor-Rechner mit zusätzlichen Vektor-Pipeline–Rechenwerken (siehe Abb. 2.2). Sind mehrere funktional unabhängige Pipelines vorhanden, so handelt es sich um ein MIMD-System mit Pipelines ("Multi-Pipelinerechner").

MIMD (multiple instruction, multiple data)

Rechner dieser Klasse besitzen im Vergleich zu SIMD die allgemeinere Struktur und arbeiten stets asynchron. Jeder Prozessor führt ein eigenständiges Programm aus und besitzt einen eigenen Kontrollfluß, d.h. in einem MIMD-System existieren mehrere Kontrollflüsse. Man unterscheidet zwischen MIMD-Rechnern mit gemeinsamem Speicher (siehe Abb. 2.4) und MIMD-Rechnern ohne gemeinsamen Speicher (siehe Abb. 2.5).

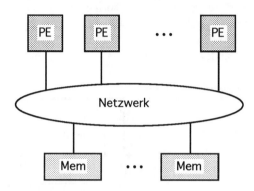

Abbildung 2.4: MIMD-Rechner mit gemeinsamem Speicher

MIMD-Rechner mit gemeinsamem Speicher heißen "eng gekoppelt". Synchronisation und Datenaustausch erfolgen über Speicherbereiche, auf die verschiedene Prozessoren koordiniert zugreifen können. MIMD-Rechner ohne gemeinsamen Speicher heißen "lose gekoppelt". Diese besitzen lokalen Speicher in jedem Prozessorelement und entsprechen somit eher einem losen Verbund unabhängiger Rechner. Synchronisation und Kommunikation werden ohne gemeinsamen Speicher erheblich aufwendiger, da nun Nachrichten über das Netzwerk ausgetauscht werden müssen.

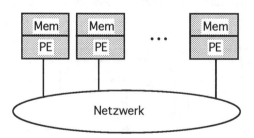

Abbildung 2.5: MIMD-Rechner ohne gemeinsamen Speicher

SIMD (single instruction, multiple data)

Arrayrechner, für die die Bezeichnung SIMD-Rechner oft synonym verwendet wird, sind einfacher aufgebaut als MIMD-Rechner. Die Hardware für den Befehlszyklus (Befehl holen, dekodieren, Programmzähler verwalten) ist nur einmal im zentralen Steuerrechner vorhanden (dieser wird oft auch als "array control unit" ACU oder "sequencer" bezeichnet). Die PEs bestehen hier nur aus einer arithmetisch-logischen Einheit (ALU), lokalem Speicher und einer Kommunikationseinrichtung für das Verbindungsnetzwerk. Da nur ein Befehlsgeber vorhanden ist, ist die Ausführung eines SIMD-Programms immer synchron. Das heißt, es kann (im Gegensatz zu MIMD) nur einen einzigen Kontrollfluß geben: Jedes PE führt entweder die *gleiche Instruktion* (z.B. Addition) wie alle anderen PEs auf seinen lokalen Daten aus oder es ist inaktiv.

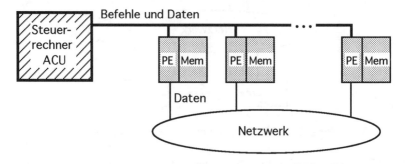

Abbildung 2.6: Arrayrechner

Der Vektorrechner (siehe Abb. 2.7) ist noch einfacher aufgebaut als der zuvor gezeigte Arrayrechner (siehe Abb. 2.6), denn hier fehlt das globale Verbindungsnetzwerk zwischen den PEs. Deren "lokale Daten" sind als Vektorregister implementiert, auf denen komponentenweise arithmetisch/logische Operationen ausgeführt werden. Einfache Datenaustauschmöglichkeiten zwischen den PEs, wie Shiften oder Rotieren, werden durch spezielle Verbindungsleitungen ermöglicht.

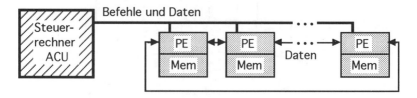

Abbildung 2.7: Vektorrechner

Hybride Parallelrechner

Aus den Parallelrechnerklassen Pipelinerechner, MIMD-Rechner und SIMD-Rechner können eine ganze Reihe von Mischformen gebildet werden, von denen im folgenden einige vorgestellt werden.

Multi-Pipeline
Wie bereit erwähnt, können Pipelinerechner mehrere voneinander unabhängige Pipelines besitzen und diese unabhängig voneinander parallel betreiben. Sie werden damit zu einer Mischung aus MIMD- und Pipelinerechner.

Multiple-SIMD
Bei einem Multiple-SIMD–Rechner (MSIMD) sind mehrere Steuerrechner (ACUs) vorhanden, die jeweils für eine Teilmenge aller PEs verantwortlich sind. Dies entspricht einer (MIMD-artigen) Zusammenschaltung von mehreren unabhängigen SIMD-Rechnern.

Systolische Arrays
Eine Mischung aus SIMD- , MIMD- und Pipelinerechner sind die "Systolischen Arrays" [Kung, Leiserson 79]. Die einzelnen Array-Elemente sind eigenständige MIMD-Prozessoren, jedoch wird die Verarbeitung von einem zentralen Taktgeber gesteuert. Entlang allen Array-Dimensionen findet eine pipeline-artige Verarbeitung statt. Das bedeutet, daß ständig Daten von außen in das parallele Array eingegeben, in den Prozessoren verarbeitet, zwischen den Prozessoren weitergeschoben und wieder ausgegeben werden (siehe Abb. 2.8).

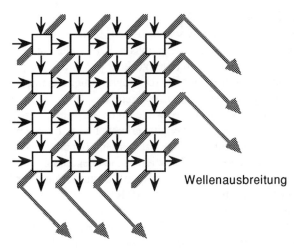

Wellenausbreitung

Abbildung 2.8: Systolisches Array

Wavefront Arrays

Eine Erweiterung von systolischen Arrays sind die "Wavefront Arrays" [Kung, Lo, Jean, Hwang 87]. Der zentrale Takt, welcher bei großen systolischen Arrays Schwierigkeiten bereitet, wird hier durch das Konzept des Datenflusses ersetzt.

Very Long Instruction Word (VLIW)

Eine weitere Mischform aus MIMD und Pipelinerechner sind die "Very Long Instruction Word" VLIW-Rechner, wie der "Multiflow Trace"-Parallelrechner (siehe [Fisher 84] und [Hwang, DeGroot 89]). Hier wird Parallelität in Analogie zum horizontalen Mikrocode durch ein ungewöhnlich breites Instruktionsformat erzielt, so daß mehrere arithmetisch/logische Operationen unabhängig voneinander gleichzeitig durchgeführt werden können. Es handelt sich also um eine überlappende Ausführung skalarer Operationen ohne Vektorisierung. Bei dieser Verarbeitungsart treten eine Reihe von Problemen auf, unter anderem z.B. das Füllen der breiten Instruktionen und das Vorladen (pre-fetch) von Programmteilen vor (!) einer bedingten Verzweigung. Insbesondere das Packen von Einzelinstruktionen zu einem VLIW bestimmt die Auslastung und somit den Parallelisierungsgrad und die Effizienz dieses Parallelrechnertyps. Die Umformung von sequentiellem Programmcode in ein VLIW kann nur durch einen sehr aufwendigen, "intelligenten" Compiler vorgenommen werden, wobei die optimale Packung zur Übersetzungszeit nicht gefunden werden *kann*, so daß heuristische Verfahren angewendet werden müssen. Der VLIW-Rechner Multiflow Trace war kein kommerzieller Erfolg und ist derzeit nicht mehr am Markt. Das System scheiterte offensichtlich am Anspruch der effizienten automatischen Parallelisierung sequentieller Programme, einer Aufgabe, die in dieser Form vermutlich nicht lösbar ist.

Same Program Multiple Data (SPMD)

Eine äußerst erfolgversprechende Mischung aus SIMD und MIMD ist das SPMD-Modell (same program multiple data, siehe [Lewis 91]). Wie der Name andeutet, wird ein Parallelrechner von *einem* Programm (oder genauer von *einem* logischen Kontrollfluß) gesteuert, wobei die Einfachheit der SIMD-Programmierung mit der Flexibilität der MIMD-Rechner kombiniert werden soll. Während das SIMD-Modell trotz seiner Einschränkungen für eine Vielzahl von Anwendungen ausreicht, entstehen allein durch eine parallele IF-THEN-ELSE-Verzweigung erhebliche Ineffizienzen, die bei der Ausführung auf einem SPMD-Rechner aufgelöst werden können. Bei einem SIMD-Rechner müssen die beiden Zweige einer Selektion mit lokaler Bedingung *nacheinander* für die "THEN-Gruppe" und die "ELSE-Gruppe" von PEs ausgeführt werden. Bei der Ausführung des gleichen Programms auf einem SPMD-Rechner können die verschiedenen Zweige einer Selektion von verschiedenen Prozessoren *gleichzeitig* ausgeführt werden, da für jeden Prozessor ja nur der eine oder der andere Fall zutrifft. Das gleiche gilt für unterschiedlich viele Schleifendurchläufe bei verschiedenen PEs. Jeder Prozessor des SPMD-Rechners führt also das gleiche SIMD-Programm auf seinen lokalen Daten mit eigenem Kontrollfluß aus. Dabei kann die Verarbeitung je nach Aufbau des SPMD-

Rechners zwischen SIMD-Gleichtakt und asynchroner MIMD-Verarbeitung abwechseln. Im Gegensatz zu SIMD muß sich bei SPMD ein Prozessor mit anderen Prozessoren nur dann synchronisieren, wenn im Programm eine Datenaustauschoperation
auftritt. Die Connection Machine CM-5 kann als ein SPMD-Rechner angesehen werden.

2.2 Parallelitätsebenen

In mehreren Arbeiten, darunter [Kober 88], wird eine Einordnung nach Parallelitätsebenen vorgenommen (siehe Abb. 2.9). Hier wird unterschieden nach dem Abstraktions-
grad der auftretenden Parallelität. Je "tiefer" die Ebene liegt, in der die Parallelität auftritt, desto feinkörniger ist sie, je höher die Ebene liegt, desto grobkörniger ist die Parallelität.

Ebene	Verarbeitungseinheit	Beispielsystem
Programmebene	Job, Task	Multitasking-Betriebs-system (z.B. time sharing)
Prozedurebene	Prozeß	MIMD-System
Ausdruckebene	Instruktion	SIMD-System
Bitebene	innerhalb Instruktion	von-Neumann-Rechner (z.B. 16 Bit ALU)

grobkörniger

↑
↓

feinkörniger

Abbildung 2.9: Parallelitätsebenen

Jede Ebene beinhaltet völlig verschiedene Aspekte einer parallelen Verarbeitung. Methoden und Konstrukte einer Ebene sind auf diese beschränkt und können im allgemeinen nicht auf eine andere Ebene übertragen werden. Die einzelnen Ebenen werden im
Anschluß kurz vorgestellt. Hierbei sind vor allem die Prozedurebene (grobkörnige,
asynchrone Parallelität) und die Ausdruckebene (feinkörnige oder massive, synchrone
Parallelität) von Interesse.

Programmebene

Auf dieser obersten Ebene laufen komplette Programme gleichzeitig (oder zumindest
zeitlich verzahnt) ab (siehe Abb. 2.10). Der ausführende Rechner muß dabei kein Parallelrechner sein, sondern es genügt das Vorhandensein eines Multitasking-Betriebssy-

stems (z.B. durch Zeitscheiben, *time sharing*, realisiert). Dort wird jedem Benutzer entsprechend seiner Priorität eine verschieden große Zeitscheibe von der Verwaltungseinheit (Scheduler) zugeteilt und er erhält immer nur für kurze Zeit die Rechenleistung der CPU, bis er wieder in die Warteschlange eingereiht wird.

Falls, wie in der Regel, im Rechner nicht genügend Prozessoren für alle Benutzer (bzw. Prozesse) vorhanden sind, wird durch "quasi-parallele" Abläufe eine Parallelverarbeitung simuliert.

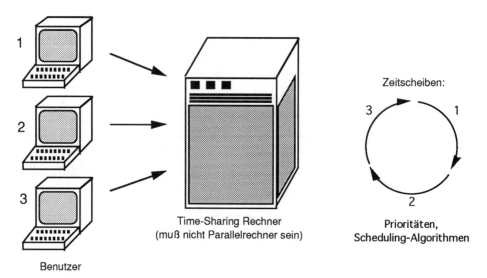

Abbildung 2.10: Parallelität auf Programmebene

Prozedurebene

In dieser Ebene sollen mehrere Abschnitte eines einzigen Programms parallel ablaufen. Diese Abschnitte werden "Prozesse" genannt und entsprechen in etwa den sequentiellen Prozeduren. Probleme werden in weitgehend unabhängige Teilprobleme zergliedert, damit nur selten relativ aufwendige Operationen zum Datenaustausch zwischen den Prozessen durchgeführt werden müssen. Bei den Anwendungsgebieten wird deutlich, daß diese Parallelitätsebene keineswegs auf die Parallelisierung sequentieller Programme beschränkt ist. Vielmehr existiert eine Reihe von Problemen, die diese Art der Parallelstruktur erfordern – auch wenn, wie bei der Programmebene, möglicherweise nur ein einziger Prozessor zur Verfügung steht.

Anwendungsgebiete:

- Echtzeitprogrammierung
  Steuerung zeitkritischer technischer Prozesse
  z.B. Kraftwerk

- Prozeßrechner
  Gleichzeitiges Ansprechen mehrerer Hardware-Komponenten
  z.B. Robotersteuerung

- Allgemeine Parallelverarbeitung
  Zerlegung eines Problems in parallele Teilaufgaben, die zur Erhöhung der
  Rechenleistung auf mehrere Prozessoren verteilt werden
  (siehe Beispiel in Abb. 2.11)

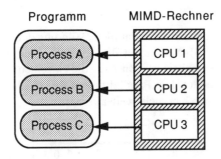

Abbildung 2.11: Parallelität auf Prozedurebene

Ausdruckebene

Arithmetische Ausdrücke werden komponentenweise parallel ausgeführt. Dies kann
nun im wesentlich einfacheren synchronen Verfahren ausgeführt werden. Handelt es
sich bei dem zu berechnenden Ausdruck beispielsweise um eine Matrixaddition (siehe
Abb. 2.12), so kann diese sehr einfach synchron parallelisiert werden, indem jedem
Prozessor je ein Matrixelement zugeordnet wird. Beim Einsatz von $n \times n$ PEs kann die
Summe zweier $n \times n$ Matrizen in der Zeit einer einzigen Addition berechnet werden (ohne Berücksichtigung der Zeit zum Laden und Zurückspeichern der Daten). Die auf dieser Ebene relevanten Verfahren sind die Vektorisierung und die sogenannte Daten-Parallelität. Der Begriff *Daten-Parallelität* bezieht sich auf die Feinkörnigkeit der Parallelität
auf dieser Ebene. Nahezu jedem Datenelement kann ein eigener Prozessor zugeordnet
werden, so daß die beim von-Neumann-Rechner "passiven Daten" quasi zu "aktiv rechnenden Einheiten" werden. Hierauf wird in späteren Kapiteln näher eingegangen.

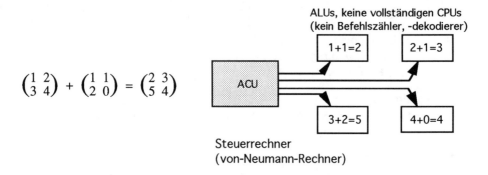

$$\begin{pmatrix} 1 & 2 \\ 3 & 4 \end{pmatrix} + \begin{pmatrix} 1 & 1 \\ 2 & 0 \end{pmatrix} = \begin{pmatrix} 2 & 3 \\ 5 & 4 \end{pmatrix}$$

Abbildung 2.12: Parallelität auf Ausdruckebene

Bitebene

In der Bitebene schließlich findet die Parallelausführung der Bit-Operationen in einem Wort statt (siehe Abb. 2.13). Man findet Bitebenen-Parallelität in jedem gängigen Mikroprozessor; z.B. werden bei einer 8-Bit ALU die einzelnen Bits durch parallele Hardware gleichzeitig verarbeitet. Die Parallelität auf dieser Ebene ist relativ einfach zu realisieren und wird deshalb hier nicht weiter vertieft.

```
        0 1 0 1 1 1 0 1
AND     1 1 0 1 1 0 0 0
        0 1 0 1 1 0 0 0
```

Abbildung 2.13: Parallelität auf Bitebene

2.3 Parallele Operationen

Eine völlig andere Sichtweise von Parallelität ergibt sich aus der Betrachtung mathematischer Operationen auf einzelne Datenelemente oder Gruppen von Daten. Man unterscheidet zwischen skalaren Daten, deren Verarbeitung sequentiell erfolgt, und vektoriellen Daten, auf die die geforderte mathematische Operation parallel angewendet werden kann. Die im folgenden skizzierten Operationen sind grundlegende Funktionen, wie sie in einem Vektor- oder Arrayrechner vorkommen.

Einfache Operationen auf Vektoren, wie beispielsweise die Addition zweier Vektoren, können direkt synchron parallel erfolgen. In diesem Fall kann für jede Vektorkomponente ein Prozessor eingesetzt werden. Bei komplexeren Operationen, wie beispielsweise der Bildung aller partiellen Summen, ist die Abbildung in einen effizienten parallelen Algorithmus nicht ganz so offensichtlich. Bei der folgenden Übersicht wird zwischen monadischen (einstelligen) und dyadischen (zweistelligen) Operationen unterschieden. Zu jedem Operationstyp ist ein typisches Beispiel angegeben.

Monadische Operationen

a: Skalar $\rightarrow$ Skalar   Sequentielle Verarbeitung
<u>Beispiel:</u> $9 \mapsto 3$ "Wurzel"

b: Skalar $\rightarrow$ Vektor   Vervielfältigung eines Datenwertes
<u>Beispiel:</u> $9 \mapsto (9,9,9,9)$ "Broadcast"

c: Vektor $\rightarrow$ Skalar   Reduzierung eines Vektors
                                                      auf einen Skalar
<u>Beispiel:</u> $(1,2,3,4) \mapsto 10$ "Aufaddieren"

d: Vektor $\rightarrow$ Vektor *(mit vereinfachender Annahme: die Vektorlänge bleibt erhalten)*
   i. Lokale Vektoroperation   Komponentenweise monad. Operation
    <u>Beispiel:</u> $(1,4,9,16) \mapsto (1,2,3,4)$ "Wurzel"

  ii. Globale Vektoroperation durch Permutation
    <u>Beispiel:</u> $(1,2,3,4) \mapsto (2,4,3,1)$ "Vertauschen der Vektorkomponenten"

 iii. Globale Vektoroperation (allgemein)   (oft zusammengesetzt aus einfachen Op.)
    <u>Beispiel:</u> $(1,2,3,4) \mapsto (1,3,6,10)$ "partielle Summen"

Dyadische Operationen

e: (Skalar, Skalar) $\rightarrow$ Skalar   Sequentielle Verarbeitung
<u>Beispiel:</u> $(1,2) \mapsto 3$ "skalare Adddition"

f: (Skalar, Vektor) $\rightarrow$ Vektor   Komponentenweise Anwendung der
                                                      Operation auf Skalar und Vektor
<u>Beispiel:</u> $(3, (1,2,3,4)) \mapsto (4,5,6,7)$ "Addition eines Skalars"

$$
\begin{array}{lll}
\text{Identisch zu:} \quad 3 \mapsto & (3,3,3,3) & \text{Vervielfältigung } b) \\
+ & (1,2,3,4) & \text{Vektoraddition } \quad g) \\
\hline
& (4,5,6,7) &
\end{array}
$$

g: (Vektor, Vektor) $\rightarrow$ Vektor   Komponentenweise Anwendung der
                                                          Operation auf zwei Vektoren

Beispiel: ((1,2,3,4), (0,1,3,2)) $\mapsto$ (1,3,6,6)   "Vektoraddition"

Die Anwendung dieser Operationen soll an einem einfachen Beispiel gezeigt werden. Dabei geht es um die Berechnung des Skalarproduktes zweier Vektoren. Dies kann ganz einfach erreicht werden, indem die Basisoperationen g (komponentenweise Anwendung einer Operation auf zwei Vektoren, hier: Multiplikation) und die Operation c (Reduktion eines Vektors auf einen Skalar, hier: mit Hilfe der Addition) hintereinander ausgeführt werden.

Beispiel: Skalarprodukt

$$((1,2,3), (4,2,1)) \overset{g}{\mapsto} (4,4,3) \overset{c}{\mapsto} 11$$

                          komponentenweise   Vektorreduktion
                          Multiplikation   durch Addition

3. Petri-Netze

Petri-Netze wurden von C. A. Petri bereits 1962 entwickelt, um die Koordination asynchroner Ereignisse darstellen zu können (siehe [Petri 62] und [Baumgarten 90]). Petri-Netze werden sehr häufig dazu benutzt, Abhängigkeiten und Synchronisationen zwischen parallelen Prozessen zu beschreiben.

Die Definition eines Petri-Netzes lautet:

Ein Petri-Netz ist ein **gerichteter, bipartiter Graph** mit **Markierungen**.

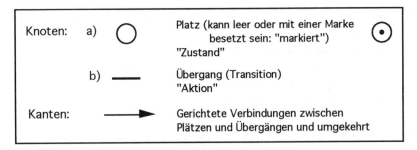

Abbildung 3.1: Elemente eines Petri-Netzes

Diese Definition ist folgendermaßen zu verstehen (siehe Abb. 3.1): Jedes Petri-Netz ist ein Graph, der über zwei getrennte Gruppen (bipartit) von Knoten verfügt: *Plätze* (auch Stellen genannt) und *Übergänge* (auch Transitionen genannt). Zwischen Plätzen und Übergängen können gerichtete Kanten verlaufen, jedoch dürfen keine Kanten zwei Plätze oder zwei Übergänge miteinander verbinden. Zwischen jedem Platz/Übergang-Paar darf maximal eine Kante vom Platz zum Übergang (*Eingangskante*) und maximal eine Kante vom Übergang zum Platz (*Ausgangskante*) verlaufen. Plätze können frei oder mit einer Marke belegt (*markiert*) sein; Übergänge können nicht markiert sein. Die Plätze, die Startpunkt einer Kante zu einem Übergang t sind, werden im nachfolgenden als *Eingangsplätze* von Übergang t bezeichnet. Die Plätze, die Endpunkte einer Kante von Übergang t sind, werden entsprechend als *Ausgangsplätze* von Übergang t bezeichnet.

Abb. 3.2 zeigt ein einfaches Petri-Netz, bestehend aus einem Übergang, drei Kanten und drei Plätzen, von denen zwei markiert sind und einer unmarkiert ist. Jeder Platz ist mit dem Übergang durch eine Kante verbunden. Die Funktionsweise dieses Petri-Netzes wird durch die Definitionen im nächsten Abschnitt klar.

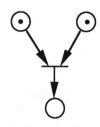

Abbildung 3.2:   Petri-Netz

3.1 Einfache Petri-Netze

Definitionen:

Aktiviert:	Ein Übergang t ist aktiviert, wenn alle Eingangsplätze p_i von t
(Zustand)	markiert sind.

Die Aktivierung ist also eine zeitabhängige Eigenschaft eines Übergangs und beschreibt einen Zustand. Der Übergang des Petri-Netzes in Abb. 3.2 ist aktiviert, da beide Plätze der eingehenden Kanten markiert sind.

Schalten:	Ein aktivierter Übergang t kann schalten. Dann verschwinden die Mar-
(Vorgang)	ken von allen Eingangsplätzen p_i von t und alle Ausgangsplätze p_j von
	t werden markiert.

Der Vorgang des Schaltens eines Übergangs setzt dessen Aktivierung voraus. Bei diesem Vorgang werden die Markierungen in den Plätzen des Petri-Netzes verändert. Abb. 3.3 zeigt ein Beispiel dieses Vorgangs: Der Übergang ist aktiviert, da die beiden Plätze der eingehenden Kanten markiert sind. Nach dem Schalten des Übergangs sind die Markierungen der beiden oberen (eingehenden) Plätze entfernt worden, während auf dem unteren (ausgehenden) Platz eine neue Marke erzeugt wurde.

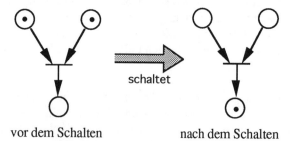

vor dem Schalten   nach dem Schalten

Abbildung 3.3:   Schalten eines Übergangs

Die Gesamtanzahl von Markierungen in einem Petri-Netz bleibt also nicht konstant. Wäre auf dem ausgehenden Platz bereits eine Marke vorhanden, so würde diese "überschrieben", d.h. der Platz enthält nach wie vor eine Marke.

Indeterminismus: Sind mehrere Übergänge gleichzeitig aktiviert, so ist es unbestimmt, welcher von ihnen zuerst schalten wird.

Die bisherigen Definitionen machen keine Aussagen über die Schalt-Reihenfolge von mehreren aktivierten Übergängen. Das **gleichzeitige Schalten** mehrerer Übergänge ist **nicht** möglich! Wie in Abb. 3.4 an einem Beispiel gezeigt ist, sind in diesem Fall zwei verschiedene Abläufe möglich; welcher von beiden tatsächlich ausgeführt wird, ist durch das Petri-Netz nicht eindeutig bestimmt. Da das Schalten des einen oder des anderen Übergangs durch äußere Parameter nicht erzwungen werden kann, enthält dieses Petri-Netz einen Indeterminismus.

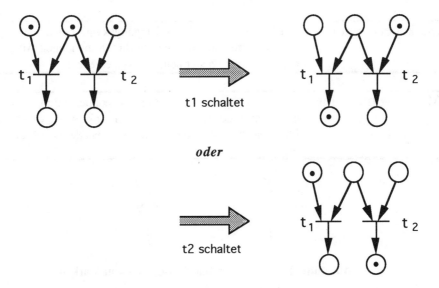

Abbildung 3.4: Indeterminismus beim Schalten eines Petri-Netzes

Wenn im Beispiel t_1 zuerst schaltet, ist t_2 nicht mehr aktiviert, und wenn t_2 zuerst schaltet, dann ist t_1 nicht mehr aktiviert.

Zustand: Der Markierungszustand (oder kurz Zustand) eines Petri-Netzes zu einem Zeitpunkt T ist als die Gesamtheit der Markierungen jedes einzelnen Platzes des Netzes definiert.

Der Markierungszustand kann bei einfachen Petri-Netzen durch eine Folge von Binärziffern (Bitstring) dargestellt werden. Das mögliche Schalten eines Übergangs wird durch den Übergang in einen Folgezustand angegeben (wenn wie in Abb. 3.4 mehrere Übergänge schalten können, so existieren verschiedene mögliche Folgezustände).

Wurde das Schalten jedes Übergangs durch eine solche Regel definiert, können auf einem Rechner alle Folgezustände eines gegebenen Anfangszustandes "berechnet" und möglicherweise auftretende Blockierungen (siehe unten) erkannt werden.

Markenerzeugung: Ein Übergang, der *keine* Eingangskante besitzt, ist immer aktiviert und kann auf den mit ihm verbundenen Ausgangsplätzen immer wieder neue Marken erzeugen.

Markenvernichtung: Ein Übergang, der keine Ausgangskante und nur eine Eingangskante besitzt, ist immer dann aktiviert, wenn dieser Platz markiert ist, und er kann immer wieder eine Marke vernichten.

Abbildung 3.5: Erzeugen und Vernichten von Marken

Tot: Ein Petri-Netz ist tot (blockiert), wenn keiner seiner Übergänge aktiviert
(Blockierung) ist.

Ein totes Petri-Netz ist statisch, d.h. es gibt keine neuen Folgezustände. Beispielsweise sind die beiden Petri-Netze auf der rechten Seite von Abb. 3.4 tot.

Lebendig:	Ein Petri-Netz ist lebendig (zu keinem Zeitpunkt blockiert), wenn mindestens einer seiner Übergänge aktiviert ist, und dies auch für jeden Folgezustand gilt.

Es muß hierbei beachtet werden, daß "lebendig" nicht das Gegenteil von "tot" ist. Ein lebendiges Petri-Netz ist nicht blockiert und wird es auch in keinem möglichen Folgezustand sein, während ein nicht blockiertes Petri-Netz nicht notwendigerweise auch lebendig sein muß. Es könnte z.B. erst nach mehreren Folgeschritten eine Blockierung auftreten. Abb. 3.6 zeigt zwei Beispiele:

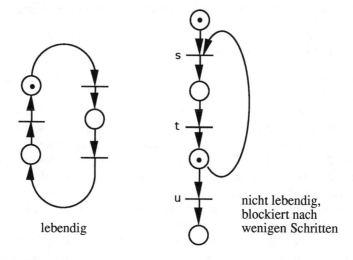

Abbildung 3.6: Lebendige und blockierende Petri-Netze

Das linke Petri-Netz in Abb. 3.6 ist lebendig, da seine Markierung von Platz zu Platz wechselt, aber nie verschwindet; ein Übergang ist immer aktiviert. Beim rechten Petri-Netz ist dies nicht der Fall. Zunächst kann entweder Übergang u schalten (dann ist das Netz sofort tot), oder Übergang s schaltet. Anschließend können noch die Übergänge t und u einmal schalten, dann ist das Petri-Netz ebenfalls tot.

Wie bereits erwähnt, kann mit Hilfe von Petri-Netzen die Synchronisation von asynchron parallel ablaufenden Prozessen beschrieben werden. Dies kann erforderlich sein, um Verklemmungen oder inkonsistente Daten zu verhindern, wenn zwei Prozesse auf einen gemeinsamen Datenbereich zugreifen sollen (siehe Abb. 3.7).

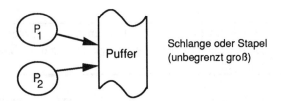

Abbildung 3.7: Zugriff zweier Prozesse auf gemeinsame Daten

Prozeß P_1 (*Erzeuger*) generiert hier unabhängig von P_2 Daten, schreibt sie in einen Pufferbereich, und will dann ohne zu warten parallel weiterarbeiten. Prozeß P_2 (*Verbraucher*) liest Daten aus dem Pufferbereich und verarbeitet sie parallel zu Prozeß P_1. Um inkonsistente Daten zu vermeiden, muß folgendes erfüllt werden:

> *Der gleichzeitige Zugriff der Prozesse auf den Pufferbereich muß verhindert werden.*

Bei der hierfür erforderlichen Synchronisation muß eventuell einer der beiden Prozesse für kurze Zeit warten.

Abb. 3.8 zeigt ein einfaches Beispiel dieses Falls, bei dem zwei Prozesse P_1 und P_2 synchronisiert werden sollen, da sie beispielsweise auf gemeinsame Daten zugreifen wollen. Jeder Prozeß besitzt hier zwei Zustände *Aktiv* und *Passiv*, symbolisiert durch zwei Plätze. Ein Prozeß befindet sich in jeweils dem Zustand, der durch eine Marke gekennzeichnet ist (d.h. in Abb. 3.8 sind beide Prozesse passiv). Jeder der beiden Prozesse kann zwischen den Zuständen *Aktiv* und *Passiv* wechseln, indem er den entsprechenden Übergang schaltet. Die beiden Zustandszyklen für P_1 und P_2 entsprechen jeweils einem einfachen Kreis wie in Abb. 3.6 links, doch sind beide Zyklen über den sogenannten Semaphor-Platz S miteinander gekoppelt. Ein Prozeß, der vom Zustand *Passiv* in den Zustand *Aktiv* wechseln möchte (um nun auf gemeinsame Daten zuzugreifen), benötigt für diesen Übergang eine Markierung in S, d.h. er kann nur dann in den Zustand *Aktiv* wechseln, wenn die Semaphor-Marke nicht schon vom jeweils anderen Prozeß verbraucht wurde (während dieser sich im Zustand *Aktiv* aufhält). Beim Übergang zu *Aktiv* wird die Markierung in S entfernt; falls der andere Prozeß nun ebenfalls von *Passiv* nach *Aktiv* (Zugriff auf gemeinsame Daten) wechseln möchte, muß er solange warten, bis der erste Prozeß von seinem Zustand *Aktiv* wieder nach *Passiv* wechselt und dabei die Semaphor-Marke S neu erzeugt.

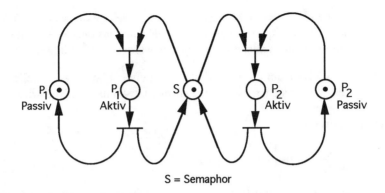

S = Semaphor

Abbildung 3.8: Petri-Netz zur Synchronisation von Prozessen

Die Synchronisierung durch dieses Petri-Netz stellt somit sicher, daß sich zu jedem Zeitpunkt immer nur ein Prozeß im Zustand *Aktiv* befindet. Bei gleichzeitigen Anforderungen werden die Prozesse sequentialisiert. Es können keinerlei Verklemmungen auftreten.

3.2 Erweiterte Petri-Netze

Die einfachen Petri-Netze, wie sie bisher vorgestellt wurden, sind für eine ganze Reihe von Anwendungen völlig ausreichend. Mit zwei einfachen Erweiterungen werden sie allerdings noch erheblich mächtiger. Hopcroft und Ullman bewiesen, daß die "erweiterten Petri-Netze" so mächtig sind wie die Turing-Maschine [Hopcroft, Ullman 69], d.h. sie können als allgemeines Modell der Berechenbarkeit verwendet werden.

Erweiterungen:

i) **Mehrfache Markierung**

 entspricht

Jeder Platz darf nun eine beliebige Anzahl von Markierungen enthalten (beim Zeichnen eines Petri-Netzes können die Markierungen als Zahl abgekürzt werden). Die Regeln für Aktivierung und Schalten werden entsprechend angepaßt:

• Ein Übergang ist genau dann aktiviert, wenn die Markierungszahl jedes seiner Eingangsplätze größer oder gleich eins ist.

• Wenn ein aktivierter Übergang schaltet, werden die Markierungszahlen aller Eingangsplätze dieses Übergangs um eins dekrementiert; die Markierungszahlen aller Ausgangsplätze werden um eins inkrementiert.

Auf diese Weise kann die Markierungszahl eines Platzes zwar beliebig groß werden, es ist aber sichergestellt, daß sie niemals kleiner als Null wird.

ii) Kantengewichte

Jede Kante kann ein konstantes ganzzahliges Gewicht größer oder gleich eins (default-Wert) haben. Für Aktivierung und Schalten eines Übergangs gilt nun:

• Ein Übergang ist genau dann aktiviert, wenn die Markierungszahl jedes seiner Eingangsplätze größer oder gleich dem zugehörigen Kantengewicht ist.

• Beim Schalten eines Übergangs wird die Markierungszahl jedes Eingangsplatzes um das Gewicht der zugehörigen Eingangskante reduziert; die Markierungszahl jedes Ausgangsplatzes wird um das Gewicht der zugehörigen Ausgangskante erhöht.

iii) Negations-Kanten

Negations-Kanten werden durch einen Kreis anstelle der Pfeilspitze dargestellt (siehe Abb. 3.9) und besitzen kein Kantengewicht; die zuvor definierten gewöhnlichen Kanten werden im folgenden als positive Kanten bezeichnet. Sie können immer nur von einem Platz zu einem Übergang verlaufen, aber nie umgekehrt. Die Einführung von Negations-Kanten bedingt eine erneute Anpassung der Regeln für Aktivierung und Schalten:

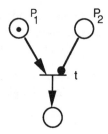

Abbildung 3.9: Negations-Kante

- Ein Übergang ist genau dann aktiviert, wenn die Markierungszahl jedes Eingangsplatzes mit positiver Kante größer oder gleich eins ist und wenn die Markierungszahl jedes Eingangsplatzes mit Negations-Kante gleich Null ist. (In Abb. 3.9 ist der Übergang t aktiviert, weil P_1 markiert ist und P_2 nicht markiert ist.)

- Wenn ein aktivierter Übergang schaltet, werden die Markierungszahlen aller Eingangsplätze mit positiven Kanten dieses Übergangs um eins dekrementiert, während die Markierungszahlen der Eingangsplätze mit Negations-Kanten unverändert bleiben. Die Markierungszahlen aller Ausgangsplätze werden wie bisher um eins inkrementiert.

Es folgt nun eine Reihe von Beispielen von erweiterten Petri-Netzen, die zum Teil auf den Beispielen in [Krishnamurthy 89] basieren. Im Prinzip kann jedes Programm einer beliebigen Programmiersprache in ein erweitertes Petri-Netz umgesetzt werden. Es muß dabei jedoch beachtet werden, daß die "Markierungs-Speicher" eines Platzes nur eine positive Zahl oder Null enthalten können. Negative Zahlen könnten z.B. mit Hilfe eines weiteren Platzes zur Verwaltung des Vorzeichens dargestellt werden. Jedes dieser Beispielnetze besitzt einen ausgezeichneten "Start"-Platz, mit dem die Berechnung eingeleitet wird, und einen "Fertig"-Platz, der markiert wird, wenn die Berechnung vollständig ausgeführt wurde und das Ergebnis vorliegt. Ausgezeichnete Start- und Fertig-Knoten sind insbesondere dann wichtig, wenn ein komplexes erweiteres Petri-Netz aus vorhandenen Komponenten zusammengesetzt werden soll.

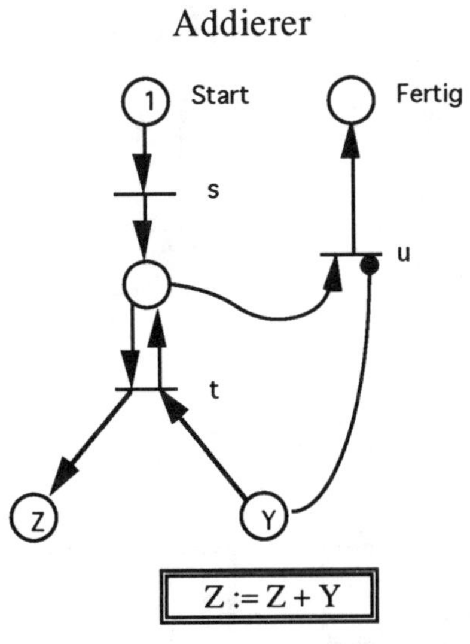

Addierer

Abbildung 3.10: Petri-Netz - Addierer

Der Addierer soll die Markierungen von Platz Y zu denen in Platz Z hinzuzählen, also die Summe Z+Y bilden. Es gibt einen ausgezeichneten Startknoten, der zu Beginn mit einer Markierung "1" vorbelegt wird. Nach dem Schalten des Übergangs s verschwindet diese Marke vom Start-Platz, und die Marke im Fertig-Platz erscheint erst dann, wenn der Additionsvorgang beendet ist und die Summe im Platz Z steht.

Nach dem Schalten des Start-Übergangs s wird der mittlere Platz des Petri-Netzes markiert. Schritt für Schritt wird durch Schalten von Übergang t eine Markierung von Platz Y weggenommen (Eingangsplatz) und gleichzeitig in Platz Z hinzugefügt (Ausgangsplatz). Der mittlere Platz selbst bleibt dabei markiert, da er sowohl eine Ausgangs- als auch eine Eingangskante besitzt (1 - 1 + 1 = 1). Dennoch ist dieser Platz nicht überflüssig, denn er sorgt dafür, daß die Addition erst nach der Freigabe durch den Start-Platz geregelt abläuft. Zum Abschluß, wenn Y = 0 ist, steht die berechnete Summe in Platz Z und Übergang t ist nicht mehr aktiviert. Dafür ist nun Übergang u aktiviert; wenn dieser schaltet, wird die Marke im mittleren Platz entfernt und eine Marke im Fertig-Platz erzeugt, was signalisiert, daß die Rechnung abgeschlossen ist.

Es sollte hierbei wie auch bei den folgenden Beispielen beachtet werden, daß der Anfangswert von Y zerstört wird (in diesem Fall wird er zu Null) und für eventuelle weiterführende Rechnungen nicht mehr zur Verfügung steht. Wird der Wert einer Variablen im weiteren Verlauf der Berechnung erneut benötigt, so muß das Petri-Netz so aufgebaut werden, daß der ursprüngliche Wert wiederhergestellt wird.

Subtrahierer

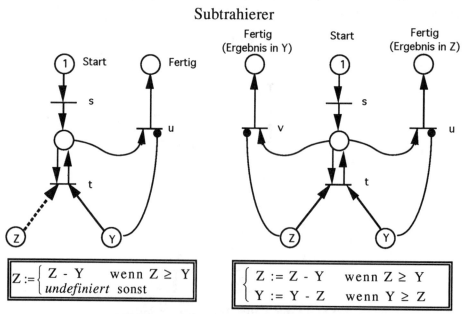

Abbildung 3.11: Petri-Netz - Subtrahierer

Einen einfachen Subtrahierer (Abb. 3.11, links) erhält man aus dem Addierer (Abb. 3.10), indem man einfach die Kante nach Z herumdreht (gestrichelt eingezeichnet). In jedem Schritt wird jetzt nicht mehr eine Markierung nach Z hinzugefügt, sondern eine weggenommen. Allerdings funktioniert diese Methode nur, falls Z ≥ Y ist, ansonsten stoppt die Abarbeitung, ohne die Ende-Markierung im Fertig-Platz zu setzen! Dies ist natürlich nicht sinnvoll; deshalb wurde in Abb. 3.11, rechts, der Subtrahierer erweitert und berechnet nun die symmetrische Differenz.

Bei der symmetrischen Subtraktion wird die Differenz Z-Y in Z abgelegt, falls Z ≥ Y ist, beziehungsweise die Differenz Y-Z in Y abgelegt, falls Y ≥ Z ist. Hierfür wurde das Petri-Netz um den Übergang v symmetrisch ergänzt.

Multiplizierer

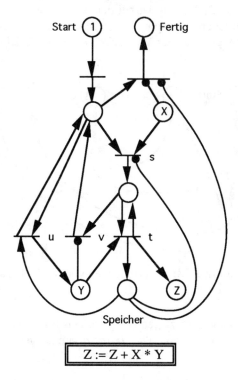

$$Z := Z + X * Y$$

Abbildung 3.12: Petri-Netz - Multiplizierer

Der Multiplizierer fällt etwas komplexer aus, jedoch erkennt man auch hier das Grundgerüst des Addierers um die Übergänge s, t und v. Dies verrät auch gleichzeitig die Funktionsweise des Multiplizierers: In jedem Durchgang wird X um eins dekrementiert und Y schrittweise zu Z addiert. In Platz "Speicher" wird der ursprüngliche Wert von Y kopiert und anschließend über Übergang u nach Y zurückkopiert, da er ja für den nächsten Durchlauf wieder benötigt wird. Ein neuer Durchlauf beginnt, wenn "Speicher" gleich Null ist; dann ist Übergang s durch die Negations-Kante erneut aktiviert. Die Durchläufe, in denen jeweils der Wert von Y zu Z addiert wird, werden solange ausgeführt, bis X gleich Null ist, also das Produkt X*Y zu Z addiert wurde.

Mehrere Rechenoperationen können nun leicht in einer Aktivierungskette aneinandergehängt werden, indem ihre Start- und Fertig-Plätze sequentiell in der Abarbeitungsreihenfolge oder auch parallel miteinander verbunden werden. Beim mehrfachen lesenden Zugriff auf dieselbe Speicherzelle muß die Verarbeitung jedoch sequentiell erfolgen. Außerdem müssen alle Operationen den ursprünglichen Wert der Speicherzelle wiederherstellen. Diese Bedingung ist bei den hier gezeigten Beispielen nur für die Variable Y im Multiplizierer-Beispiel erfüllt und müßte bei Bedarf ergänzt werden. Abb. 3.13 zeigt eine Möglichkeit zur Vervielfachung eines Variablenwertes.

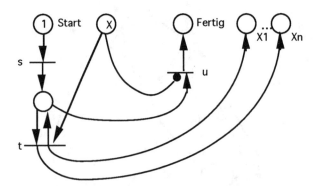

Abbildung 3.13: Vervielfachen von Variablenwerten

Die Abbildungen 3.14 und 3.15 zeigen Beispiele von komplexen Petri-Netzen, die aus einfacheren Modulen in der Art von *black boxes* zusammengesetzt sind.

i) Sequentielle Verarbeitung

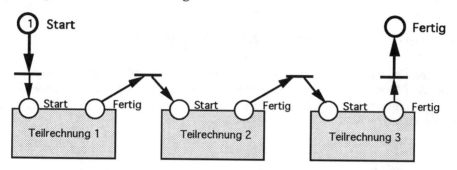

Abbildung 3.14: Sequentiell zusammengesetztes Petri-Netz

ii) Parallele Verarbeitung

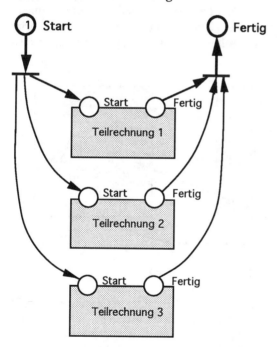

Abbildung 3.15: Parallel zusammengesetztes Petri-Netz

4. Konzepte der Parallelverarbeitung

Im folgenden werden die grundlegenden Konzepte für die Parallelverarbeitung vorgestellt. Alle Modelle werden an dieser Stelle nur kurz angerissen, während die wichtigsten Konzepte in den späteren Kapiteln über asynchrone bzw. synchrone Parallelität
vertieft werden.

4.1 Coroutinen

Bei Coroutinen handelt es sich um ein Konzept der eingeschränkten Parallelverarbeitung, wie es unter anderem bei Wirths Modula-2 vorkommt [Wirth 83]. Das hier zu-
grundeliegende Entwurfsmerkmal ist das Ein-Prozessor-Modell. Es gibt nur einen In-
struktionsstrom mit sequentiell verlaufendem Kontrollfluß. Jedoch kann das Betriebsmittel "Prozessor" von Coroutinen in kontrollierter Weise belegt und freigegeben werden.

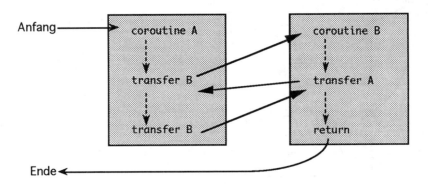

Abbildung 4.1: Coroutinen

Ein "quasi-paralleler" Ablauf findet zwischen zwei oder mehreren Coroutinen statt. Diese können als eine Art Prozedur angesehen werden, deren lokale Daten zwischen den
Aufrufen erhalten bleiben. Die Verarbeitung beginnt mit dem Aufruf *einer* Coroutine.
Jede Coroutine kann an beliebig vielen Stellen eine Anweisung für die Umschaltung
des Kontrollflusses auf eine andere Coroutine enthalten. Dies ist *kein* Prozeduraufruf,
d.h. die aufgerufene Coroutine muß die Kontrolle nicht an die aufrufende Coroutine
zurückgeben, sondern kann auch auf eine weitere Coroutine umschalten. Erhält eine
zuvor aktive Coroutine die Kontrolle zurück, dann wird die Verarbeitung an der auf die
Umschaltung folgenden Anweisung fortgesetzt. Terminiert die gerade aktive Coroutine,

so wird der Ablauf sämtlicher Coroutinen beendet. Die Umschaltung zwischen den Coroutinen muß explizit vom Anwendungsprogrammierer spezifiziert werden. Er muß daher auch dafür Sorge tragen, daß jede Coroutine erreicht wird und der Kontrollfluß an den richtigen Stellen weitergeleitet wird.

Da dieses Konzept auf nur einem einzigen Prozessor aufbaut (und auch nicht auf mehrere Prozessoren erweitert werden kann), vermeidet es den Verwaltungsaufwand für das Multitasking. Eine echte Parallelverarbeitung findet aber nicht statt!

Für die Umschaltung zwischen Coroutinen gibt es in Modula-2 die Prozedur "Transfer":

```
PROCEDURE TRANSFER (VAR Source, Destination: ADDRESS);
```

Bei jedem Weiterschalten muß also explizit der Name der aktuellen und der nachfolgenden Coroutine angegeben werden.

4.2 Fork und Join

Die Konstrukte fork und join (welche im Unix-Betriebssystem als fork und wait bekannt sind) wurden von Conway und Dennis / Van Horn eingeführt und gehören zu den frühesten parallelen Sprachkonstrukten überhaupt (siehe [Conway 63] und [Dennis, Van Horn 66]).

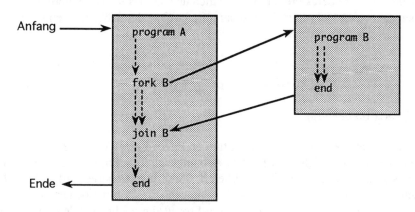

Abbildung 4.2: Fork und Join

Im Betriebssystem Unix [Kernighan, Pike 84] gibt es die Möglichkeit, parallele Prozesse mit der Operation fork zu starten, sowie auf deren Beendigung mit der Operation `wait` zu warten. Es handelt sich hier im Gegensatz zu Coroutinen um ein Beispiel für echt parallele Prozesse, wobei diese allerdings bei nicht vorhandener paralleler Hardware auch durch Multitasking auf einem Prozessor zeitverzahnt abgearbeitet werden können.

Bei dieser Art der parallelen Programmierung werden jedoch zwei grundsätzlich unterschiedliche Konzepte miteinander vermischt: Zum einen die Deklaration von parallelen Prozessen und zum anderen die Synchronisation von Prozessen. Da es sich um konzeptionell völlig unterschiedliche Aufgaben handelt, wäre es bei Beachtung der Grundsätze des Software Engineering besser, wenn diese auch in einer Programmiersprache durch unterschiedliche Sprachkonstrukte klar getrennt würden.

So übersichtlich wie in Abb. 4.2 funktioniert der Aufruf der Operation `fork` in Unix allerdings nicht. Statt dessen wird stets eine identische Kopie des aufrufenden Prozesses erzeugt, die dann parallel zu diesem abläuft. Die Variablenwerte und auch der Startwert des Programmzählers des neuen Prozesses sind gleich denen im ursprünglichen Prozeß. Die einzige Möglichkeit für einen Prozeß, seine Identität festzustellen (ob Eltern- oder Kind-Prozeß), ist die von der `fork`-Operation zurückgelieferte Identifikationsnummer auszuwerten. Dieser Wert ist bei einem Kind-Prozeß gleich Null, während er beim Eltern-Prozeß gleich der Prozeß-Identifikationsnummer im Unix-Betriebssystem ist (einem Wert, der immer ungleich Null ist). Diese Vorgehensweise entspricht jedoch nicht einer sicheren und übersichtlichen Programmierung.

Um dennoch ein anderes Programm zu starten und auf dessen Terminierung zu warten, können die beiden Unix-Systemprozeduraufrufe folgendermaßen in C eingebettet werden (aus [Kernighan, Pike 84]):

```
int status;
if (fork() == 0) execlp ("program_B",...);   /* Kind-Prozeß    */
...                                           /* Eltern-Prozeß */
wait(&status);
```

Der Aufruf der Operation `fork` liefert für den Eltern-Prozeß die Prozeß-Nummer des Kind-Prozesses zurück (hier ist `fork()` also ungleich 0), während `fork` für den Kind-Prozeß statt dessen den Wert 0 zurückliefert. Somit wird sichergestellt, daß der Kind-Prozeß sofort mit der Operation `execlp` ein neues Programm ausführt und nicht den Eltern-Code; gleichzeitig führt der Eltern-Prozeß die nachfolgenden Anweisungen parallel zum Kind-Prozeß aus. Der Eltern-Prozeß kann auf die Terminierung des Kind-Prozesses mit der Operation `wait` zu gegebener Zeit warten; der Rückgabeparameter enthält den Terminierungsstatus des Kind-Prozesses.

4.3 ParBegin und ParEnd

Analog zu `begin` und `end`, welche sequentielle Anweisungsblöcke umschließen, werden mit `parbegin` und `parend` (oftmals auch mit `cobegin` und `coend` bezeichnet) parallele Anweisungsblöcke definiert, d.h. die darin enthaltenen Anweisungen sollen gleichzeitig ausgeführt werden. Dieses Konzept ist beispielsweise in der Roboter-Programmiersprache AL implementiert [Mujtaba, Goldman 81]. Dort können mit einem parallelen Programm mehrere Roboter gleichzeitig gesteuert und deren Bewegungen über Semaphore (siehe Kapitel 7) koordiniert werden. Ein ähnliches Konstrukt besitzt Algol 68 mit dem `par` Operator. Dieser erlaubt das parallele Starten von Prozessen, welche ebenfalls über Semaphore synchronisiert werden. In Anlehnung an Signalmasten bei der Bahn ermöglichen Semaphore das kontrollierte Belegen und Freigeben von Betriebsmitteln, wobei nicht-erfüllbare Anforderungen in einer Blockierung mit späterer Freigabe des Aufrufers resultieren. Die Synchronisation mittels Semaphoren ist jedoch recht primitiv und teilweise unübersichtlich. Darüber hinaus existieren beim `parbegin`/`parend`-Konzept keine höheren Synchronisations- und Kommunikationskonzepte, die die parallele Programmierung unterstützen.

Wegen der hier genannten Einschränkungen findet das Konzept des parallelen Anweisungsblocks in moderneren parallelen Programmiersprachen keine Anwendung.

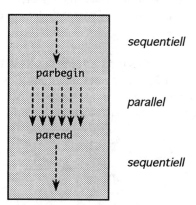

Abbildung 4.3: Paralleler Anweisungsblock

4.4 Prozesse

Prozesse sind ein Parallelkonzept für MIMD-Parallelrechner. Sie werden ähnlich wie Prozeduren deklariert und explizit durch eine Anweisung gestartet. Soll ein Prozeß in mehrfacher Ausfertigung existieren, so muß er entsprechend mehrfach gestartet werden, möglicherweise mit anderen Prozeß-Parametern (analog zu Prozedur-Parametern). Die Synchronisation zwischen den parallel ablaufenden Prozessen wird durch die Konzepte Semaphor bzw. Monitor mit Condition-Variablen [Hoare 74] geregelt (siehe Kapitel 7). Monitore ermöglichen gegenüber Semaphoren eine sicherere Synchronisation auf höherer Abstraktionsebene. Gemeinsame Daten, Zugriffsoperationen und Wartelisten (Conditions) sind zu einer Einheit, dem Monitor, gekapselt. Immer nur ein Prozeß darf zu einem Zeitpunkt einen Monitor betreten, wodurch viele Synchronisationsprobleme von vornherein eliminiert werden. Das Blockieren und Wiederfreigeben von Prozessen innerhalb eines Monitors erfolgt über explizite Operationen auf den Condition-Wartelisten.

Die explizite Synchronisation von parallelen Prozessen bereitet jedoch nicht nur einen zusätzlichen Verwaltungsaufwand, sondern sie ist auch extrem fehleranfällig, da diese Art der Darstellung paralleler Abläufe recht gewöhnungsbedürftig ist. Sollen verschiedene Prozesse auf gemeinsame Daten zugreifen, dann müssen diese sogenannten "kritischen Abschnitte" mittels Synchronisations-Konstrukten geschützt werden. D.h. es darf zu jedem Zeitpunkt immer nur ein Prozeß diesen Abschnitt betreten und auf den gemeinsamen Daten arbeiten. Häufige Fehler sind das unkontrollierte Betreten oder Verlassen eines kritischen Abschnittes (d.h. Vergessen der Synchronisations-Operationen), sowie Fehler bei der Verwaltung wartender (blockierter) Prozesse. Diese Fehler führen im ersten Fall zu fehlerhaften (inkonsistenten) Daten, während im zweiten Fall ein "Deadlock", die Blockierung einzelner Prozesse oder gar des gesamten Prozeßsystems, auftreten kann.

Die Kommunikation und Synchronisation erfolgt bei Systemen mit gemeinsamem Speicher ("eng gekoppelt") über Monitore mit Conditions. Bei Systemen ohne gemeinsamen Speicher ("lose gekoppelt") sind die im folgenden Abschnitt behandelten Konzepte zum Senden und Empfangen von Nachrichten erforderlich.

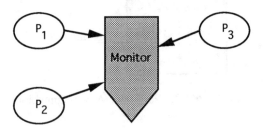

Abbildung 4.4: Über einen Monitor synchronisierte Prozesse

4.5 Remote-Procedure-Call

Um das Prozeß-Konzept auf Parallelrechner ohne gemeinsamen Speicher zu erweitern, muß die Kommunikation zwischen Prozessen auf verschiedenen Prozessoren über den Austausch von Nachrichten erfolgen. Das Nachrichten-Konzept kann allerdings auch auf einem MIMD-Rechner mit gemeinsamem Speicher implementiert werden (komfortabler, jedoch mit höherem Verwaltungsaufwand).

Das Programmsystem gliedert sich in mehrere parallele Prozesse, wobei jeder Prozeß entweder die Rolle eines Servers oder eines Clients annehmen kann. Jeder Server enthält im wesentlichen eine Endlosschleife, in der er auf die nächste Anforderung wartet, die gewünschten Dienste (Berechnungen) ausführt und gegebenenfalls einen Ergebniswert zurückliefert. Jeder Server kann dabei auch selbst zum Client werden, indem er Dienste eines anderen Servers in Anspruch nimmt. Jeder Client vergibt Aufgabenblöcke an einen oder mehrere entsprechend konfigurierte Server-Prozesse.

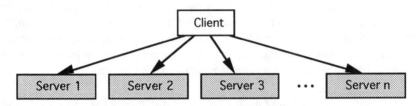

Abbildung 4.5: Client und mehrere Server

Implementiert wird diese Art der parallelen Arbeitsteilung mit dem "remote procedure call"-Mechanismus (RPC, siehe Abb. 4.6). Der Verarbeitungsdurchsatz steigt natürlich erheblich, wenn der Client nicht bei jeder Anforderung auf die Ergebnisse des Servers warten muß, sondern parallel dazu auf seinem Prozessor weiterrechnen kann. Aus dieser Forderung nach besserer Auslastung der parallelen Hardware und damit größerer Effizienz entstehen jedoch auch Probleme. Rückgabe-Parameter sind nun nicht mehr sofort nach Ausführen der Server-Operation verfügbar, da diese nun eher einer "Auftragsabgabe"-Operation entspricht. Zurückzuliefernde Ergebnisse müssen in diesem Fall nach der Berechnung durch den Server mit einem weiteren expliziten Datenaustausch, jetzt in umgekehrter Richtung vom Server zum Client, gesendet werden. Schwierigkeiten bereitet beim "remote procedure call" die Erstellung von fehlertoleranten Protokollen für ein Rücksetzen und Wiederanlaufen nach dem Ausfall eines Servers.

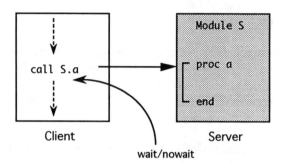

Abbildung 4.6: Remote Procedure Call

4.6 Implizite Parallelität

Alle bisher vorgestellten Parallelkonzepte verwendeten spezielle, *explizite* Sprachkonstrukte zur Steuerung der parallelen Abläufe. Wesentlich eleganter sind allerdings Programmiersprachen, die ganz ohne Sprachkonstrukte zur Behandlung von Parallelität auskommen und dennoch eine Parallelverarbeitung ermöglichen. Solche Programmiersprachen werden als Sprachen mit *impliziter* Parallelität bezeichnet.

Der Programmierer hat hier aber auch weniger Einflußmöglichkeiten auf den Einsatz der parallelen Prozessoren für sein Problem. Dabei muß in jedem Fall sichergestellt sein, daß auch genügend prozedurale Information ("Wissen") vorhanden ist, um eine effiziente Parallelisierung zu ermöglichen, denn diese Aufgabe muß nun zum Beispiel ein "intelligenter" Compiler ohne Interaktion mit dem Anwendungsprogrammierer lösen. Dieses Problem wird vor allem bei deklarativen Programmiersprachen wie bei Lisp (funktional) oder bei Prolog (logisch) klar. Durch die deklarative Repräsentation des Wissens, bzw. der Aufgabenstellung (z.B. eine komplizierte mathematische Formel), ist die Lösung möglicherweise eindeutig bestimmt. Jedoch ist es teilweise recht schwierig, dieses Wissen in einen imperativen parallelen Programmablauf umzuformen, d.h. ein Programm zur Lösung der Formel zu erstellen und das Problem in parallele Teilaufgaben zu zergliedern, also die eigentliche Parallelisierung durchzuführen.

Implizite Parallelität kann zum Beispiel aus vektoriellen Ausdrücken der Programmiersprachen FP (*Functional Programming* [Backus 78], siehe Abschnitt 17.2) oder APL (*A Programming Language* [Iverson 62]) direkt extrahiert werden. In APL existieren jedoch keine höheren Kontrollstrukturen, die für jede (sequentielle oder parallele) Programmiersprache unbedingt erforderlich sind.

Wie in Abb. 4.7 gezeigt, enthält die mathematische Schreibweise einer Matrix-Addition eine implizite Parallelität, die in diesem Fall recht einfach durch eine automatische Parallelisierung für eine parallele Rechnerarchitektur umgesetzt werden kann (siehe Parallelität der Ausdruckebene in Abschnitt 2.2).

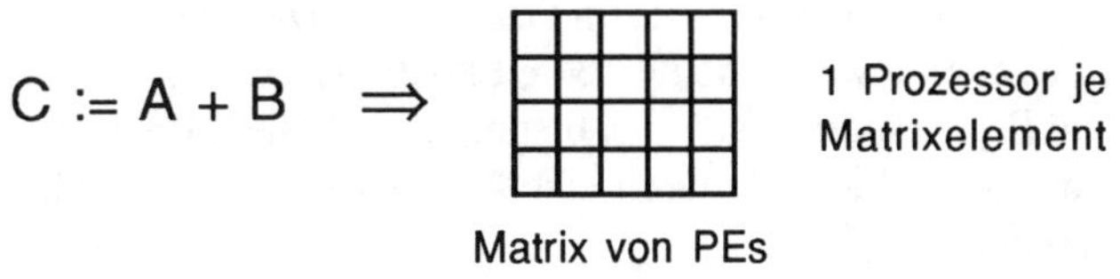

$$C := A + B \quad \Rightarrow$$

1 Prozessor je
Matrixelement

Matrix von PEs

Abbildung 4.7: Implizite Parallelität bei Matrixoperationen

4.7 Explizite versus implizite Parallelität

Den Abschluß dieses Kapitels bildet eine Zusammenstellung der Vorteile und Nachteile von expliziter und impliziter Parallelität.

Explizite Parallelität	**Implizite Parallelität**
• Programmierer hat vollständige Kontrolle über parallele Vorgänge	• Programmierer wird von den Verwaltungsaufgaben für parallele Vorgänge befreit
• Effiziente Programmausführung (abhängig vom Programmierer, evtl. Spezialkenntnisse erforderlich)	• Oftmals ineffizientere Programmausführung
• Schwierige, fehleranfällige Programmierung	• Einfache Programmierung, weniger fehleranfällig
• Meist prozedurale Programmiersprachen (Ausnahme *LISP)	• Meist nicht-prozedurale Programmiersprachen oder parallelisierende/vektorisierende Compiler für prozedurale Programmiersprachen (z.B. Fortran)

Abbildung 4.8: Gegenüberstellung von expliziter und impliziter Parallelität

Implizite Parallelität entlastet den Programmierer, da er sich nicht um die Verwaltungsaufgaben kümmern muß. Die Programmierung findet auf einer höheren Abstraktionsebene statt, weshalb die implizite Parallelität auch häufig bei höheren nicht-prozeduralen
Programmiersprachen anzutreffen ist. Im Gegensatz dazu gibt die explizite Parallelität
dem Programmierer eine wesentlich größere Flexibilität, womit sich bei richtigem Einsatz eine höhere Prozessorauslastung und somit eine höhere Rechenleistung erreichen
läßt. Dieser Vorteil wird jedoch durch eine kompliziertere und fehleranfälligere Programmierung erkauft.

5. Verbindungsstrukturen

Jeder Parallelrechner besteht aus einer Reihe von Prozessoren und einem oder mehreren Speichermodulen. Diese funktionalen Einheiten müssen über eine geeignete Verbindungsstruktur miteinander verknüpft werden, um ein Gesamtsystem zu bilden. Alle höheren Kommunikationskonzepte, wie etwa "shared memory" (real oder virtuell) oder der Austausch von Nachrichten, werden auf die in einem Parallelrechner vorhandene Verbindungsstruktur abgebildet. Je nach Aufgabe des Rechnersystems muß die Verbindungsstruktur verschiedene Kriterien erfüllen. Zum einen soll sie eine möglichst hohe *Konnektivität* aufweisen, d.h. es soll zwischen zwei beliebigen Prozessoren (oder Speichermodulen) eine Verbindung aufgebaut werden können, ohne dabei über zu viele Zwischenstationen gehen zu müssen. Außerdem soll eine möglichst hohe Zahl von gleichzeitigen Verbindungen möglich sein, damit die Parallelverarbeitung der Prozessoren nicht durch das Verbindungsnetz eingeschränkt wird. Auf der anderen Seite gibt es aber auch eine Reihe von Restriktionen. So kann die Anzahl der Verbindungsleitungen je Prozessor nicht beliebig ansteigen und auch die Bandbreite (Übertragungsgeschwindigkeit) eines Netzwerkes ist begrenzt.

Für ein paralleles System mit n PEs (processing elements) werden die folgenden Arten von Kosten definiert:

Kosten: a) Anzahl der Verbindungen je PE
          (Produktionskosten)

          b) Distanz zwischen den PEs
          (Betriebskosten)

Wie aus den zuvor angestellten Überlegungen hervorgeht, sollte die Anzahl der Verbindungen je PE vertretbar niedrig gehalten werden, während die Distanz, die kürzeste Verbindung zwischen zwei gegebenen PEs, möglichst gering sein sollte. Die Verbindungsstruktur sollte für kleinere und größere Netzwerke erweiterbar *(skalierbar)* sein.

Verbindungsstrukturen werden in drei große Klassen eingeteilt, welche in den folgenden Abschnitten vorgestellt werden:

*   Bus-Netzwerke

*   Netzwerke mit Schaltern

*   Punkt-zu-Punkt Verbindungsstrukturen

5.1 Bus-Netzwerke

Der Bus als Verbindungsstruktur ist schon vom Aufbau eines von-Neumann-Rechners her bekannt. Während der Bus beim sequentiellen Rechner die funktionalen Einheiten miteinander verbindet, können beim Parallelrechner die einzelnen Prozessoren bzw. Speichermodule über den Bus miteinander gekoppelt werden (siehe Abb. 5.1).

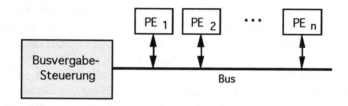

Abbildung 5.1: Bussystem

Die Zahl der Verbindungen je PE ist immer gleich 1, also optimal. Auch der Abstand zwischen zwei PEs ist immer konstant gleich 2 (nicht 1, denn für jede Verbindung muß vom PE auf den Bus und zurück gegangen werden: $PE_i \rightarrow Bus \rightarrow PE_j$). Dies ist ebenfalls fast optimal. Die Nachteile des Busses liegen aber darin begründet, daß zu einem Zeitpunkt immer nur *eine* Verbindung aufgebaut werden kann. Paralleles Lesen von der gleichen Adresse eines Speichermoduls ist zwar möglich, paralleles Schreiben jedoch nicht. In keinem Fall können mehrere Prozessorpaare unabhängig voneinander Daten austauschen; eine Parallelverarbeitung beim Datenaustausch zwischen Prozessoren ist nicht möglich. Die Busvergabesteuerung muß eine Sequentialisierung gleichzeitiger Busanforderungen sicherstellen.

Bei einer Erweiterung des Systems um mehr Prozessoren bleibt die Übertragungsbandbreite des Busses konstant. Dieser gravierende Nachteil verhindert die Skalierbarkeit von Busstrukturen. Deshalb sind Bussysteme als Verbindungsstrukturen von Parallelrechnern in der Größenordnung von mehr als zehn Prozessoren unbrauchbar.

5.2 Netzwerke mit Schaltern

Netzwerke mit Schaltern sind dynamische Verbindungsstrukturen. Über Steuerleitungen können verschiedene Verbindungsmuster zur Laufzeit eines parallelen Programms eingestellt werden. Die hier vorgestellten dynamischen Netzwerke sind Kreuzschienenverteiler, Delta-Netzwerke, Clos-Koppelnetzwerke und Fat-Trees.

a) Kreuzschienenverteiler

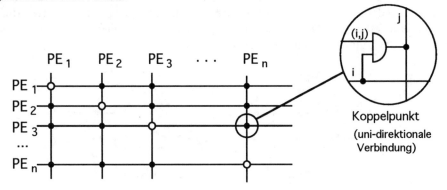

Abbildung 5.2: Kreuzschienenverteiler

Jedes PE hat n-1 Koppelpunkte, da keine Verbindungen entlang der Hauptdiagonalen nötig sind. Somit besitzt das gesamte Netzwerk n * (n–1) Koppelpunkte. Es kann jede beliebige Verbindungsmenge zwischen allen PEs eingestellt werden (jede "Permutation von PE-Verbindungen", siehe Abschnitt 2.3), d.h. es kann kollisionsfrei ein voll paralleler Datenaustausch stattfinden. Erheblicher Nachteil eines Kreuzschienenverteilers sind die Kosten für den Aufbau eines solchen Netzwerkes, die für n PEs bei n^2 - n Koppelpunkten liegen. Quadratische Kosten sind jedoch nur bei einer sehr kleinen Anzahl von Prozessoren realisierbar. Schon bei 100 PEs sind hier insgesamt 9.900 Koppelpunkte erforderlich.

b) Delta-Netzwerke

Um die bei Kreuzschienenverteilern auftretenden Kosten von n^2 zu reduzieren, wurden Delta-Netzwerke entwickelt. Im einfachsten Fall (siehe Abb. 5.3) können zwei Datenleitungsbündel mittels einer einzelnen Steuerleitung entweder durchgeschaltet oder gekreuzt werden.

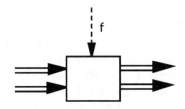

Abbildung 5.3: Delta-Netzwerk

Abb. 5.4 zeigt den Vorgang innerhalb der "black box" eines Delta-Netzwerkes. Liegt eine Null an der Steuerleitung an, so werden die beiden Eingangsdatenleitungen (bzw. Leitungsbündel) zu den Ausgangsleitungen gerade durchgeschaltet. Liegt eine Eins an, so werden die Leitungen gekreuzt durchgeschaltet.

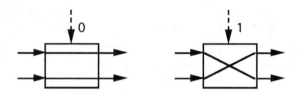

Abbildung 5.4: Schalter eines Delta-Netzwerkes

Auf diese einfachen Basiseinheiten können größere Netzwerke aufbauen. Abb. 5.5 zeigt ein dreistufiges Delta-Netzwerk, welches 8 Eingänge mit 8 Ausgängen verbindet. Jedes Kästchen entspricht dabei einem Basiselement aus Abb. 5.3 .

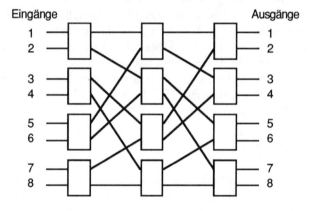

Abbildung 5.5: 8 × 8 Delta-Netzwerk

Der Vorteil von Delta-Netzwerken sind ihre im Vergleich zu Kreuzschienenverteilern geringen Kosten von $\frac{n}{2}$ * log n elementaren Delta-Schaltern (black boxes). Der entscheidende Nachteil ist, daß nun nicht mehr alle möglichen Permutationen von Verbindungen zwischen Prozessoren eingestellt werden können. Es können Blockierungen auftreten, die durch spezielle Programmierkonzepte abgefangen werden müssen. Eine Blockierung bedeutet aber immer eine erheblich längere Laufzeit eines parallelen Programms, da eine Umkonfigurierung des Netzwerkes und ein erneuter Verbindungsaufbau erforderlich sind. Diesen Sachverhalt gibt der Vergleich mit einem Telefonnetz recht gut wieder.

c) Clos-Koppelnetzwerke

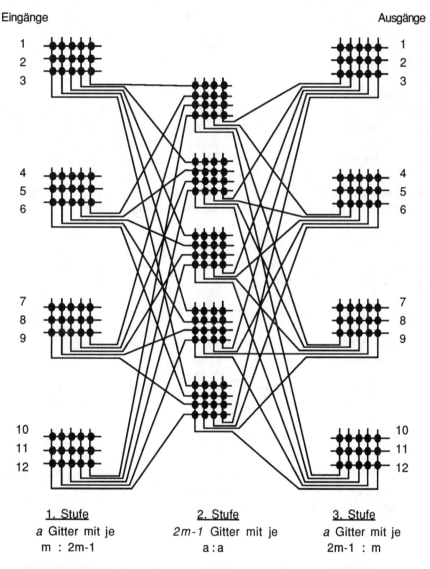

Abbildung 5.6: Dreistufiges Clos-Netzwerk für N = 12 (mit a=4, m=3)

Die besten Eigenschaften von Kreuzschienenverteilern und Delta-Netzwerken versucht man in Clos-Koppelnetzwerken zu vereinen [Clos 53], [Gonauser, Mrva 89]. Die Anforderung an diese Netzwerke ist, daß jede beliebige Permutation von Verbindungen einstellbar sein soll, d.h. es dürfen keine Blockierungen auftreten. Andererseits sollen die Kosten (Zahl der Koppelpunkte insgesamt) minimal sein. Dies wird durch den kostenminimierten Aufbau eines mehrstufigen Netzwerkes erreicht, wobei die Elemente einer Stufe aus einfacheren kleinen Kreuzschienenverteilern bestehen. Abb. 5.6 zeigt ein dreistufiges Clos-Netzwerk mit N=12 Eingängen, aufgeteilt in a=4 Gruppen mit je m=3 Eingängen.

Beim dreistufigen Clos-Netzwerk wird die Gesamtzahl N der durchzuschaltenden Leitungen in der ersten Stufe durch a kleine Kreuzschienenverteiler mit je m Eingängen und $2*m-1$ Ausgängen realisiert (N = a*m). Die zweite Stufe bilden $2*m-1$ Kreuzschienenverteiler mit je a Eingängen und a Ausgängen, während die dritte Stufe wieder a Kreuzschienenverteiler bilden, jetzt aber mit je $2*m-1$ Eingängen und m Ausgängen. Der Parameter, der bei der Konfigurierung eines Clos-Netzwerkes gewählt werden kann, ist also m. Wie man leicht beweisen kann, ist die Gesamtzahl der Koppelpunkte eines dreistufigen Clos-Netzwerkes näherungsweise minimal, wenn

$$m \approx \sqrt{\frac{N}{2}}$$

gewählt wird (für N ≥ 24, denn erst dann ist ein Clos-Netzwerk günstiger als ein einfacher Kreuzschienenverteiler).

Die Gesamtzahl der Koppelpunkte in einem dreistufigen Clos-Netzwerk beträgt:

$$\begin{aligned} K &= m*(2*m - 1) * \mathbf{a} + a^2 * (\mathbf{2*m - 1}) + (2*m - 1)*m * \mathbf{a} \\ &= m*(2*m - 1) * 2*a + a^2 * (2*m - 1) \end{aligned}$$

(2*a)   Kreuzschienenverteiler mit "m : (2*m-1)" [Stufe 1 und 3] und
(2*m-1) Kreuzschienenverteiler mit "a : a"   [Stufe 2]

$$\Rightarrow \quad K = (2*m - 1) * \left(\frac{N^2}{m^2} + 2*N \right)$$

Bei optimaler Wahl von m liegen die Kosten für ein dreistufiges Clos-Netzwerk demnach ungefähr bei $K \approx \sqrt{32} * N^{3/2}$. Im Gegensatz dazu betragen die Kosten ungefähr N^2 für einem vollständigen Kreuzschienenverteiler.

Beispiel:

Für ein dreistufiges Clos-Netzwerk mit 1.000 Ein- und Ausgängen gilt:

$$m \approx \sqrt{\frac{1.000}{2}} \approx 22{,}4$$

Es wird als Näherung gewählt:

$$m = 20 \quad \Rightarrow \quad a = 50 \quad \left(= \frac{N}{m} \right)$$

Die Gesamtzahl der Koppelpunkte beträgt hier also

$$K = 39 * (\frac{1.000.000}{400} + 2.000)$$

$$= \underline{\underline{175.500}}$$

Diese Zahl an benötigten Koppelpunkten ist erheblich geringer als für einen vollständigen Kreuzschienenverteiler benötigt worden wären:

$$K_{KS} = N^2 - N = 999.000$$

Das Clos-Netzwerk spart hier also über 82% der Koppelpunkte gegenüber einem Kreuzschienenverteiler ein.

Ein Clos-Netzwerk ist ein "mehrstufiger Kreuzschienenverteiler", wobei die reduzierte Zahl der Koppelpunkte durch eine größere Verzögerungszeit beim Durchführen der Kommunikation erkauft wird (die Daten müssen die einzelnen Stufen des Clos-Netzwerkes durchlaufen). Die Größen der als Teilstücke eingesetzten Kreuzschienenverteiler sind dabei geeignet gewählt, so daß keine Blockierungen auftreten können.

d) Fat-Tree – Netzwerke

Der Fat-Tree ist eine recht neue Entwicklung im Bereich der baumartigen Verbindungsstrukturen [Leiserson 85]. Diese Netzwerkstruktur kann sowohl in der Anzahl der Prozessoren als auch in der Anzahl der gleichzeitig möglichen Kommunikationen skaliert werden. Die Prozessoren bilden die Blätter eines vollständigen Binärbaums, während die inneren Knoten Schaltelemente sind. Die Zahl der Prozessoren ist also eine Zweierpotenz ($N = 2^m$) und die Zahl der Schalter ist gleich N-1. Je höher sich ein Schalter in der Baumstruktur befindet, um so mehr Leitungen werden durch ihn durchgeschaltet (allerdings nicht notwendigerweise doppelt so viele für jede Baumebene).

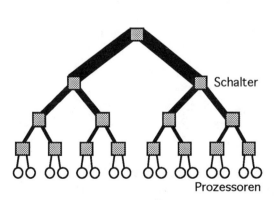 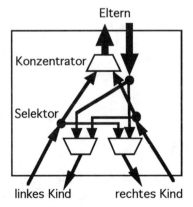

Abbildung 5.7: Fat-Tree und einzelner Schalter

Es wurde in [Leiserson 85] bewiesen, daß für jedes beliebige Kommunikations-Netz-werk ein Fat-Tree zur Simulation dieses Netzwerks mit gleichem Hardware-Aufwand erstellt werden kann, der nur um einen polylogarithmischen Faktor langsamer ist. Das heißt, der Fat-Tree ist eine nahezu optimale Verbindungsstruktur. Diese Eigenschaft macht ihn für den Einsatz in Parallelrechnern äußerst interessant. Die Verbindungs-strukturen des Rechners KSR-1 von Kendall Square Research Co. sowie der Connec-tion Machine CM-5 von Thinking Machines Co. basieren auf Fat-Trees.

5.3 Punkt-zu-Punkt – Verbindungsstrukturen

Es folgen die statischen Punkt-zu-Punkt Verbindungsstrukturen. Die bei den im An-schluß vorgestellten Verbindungsstrukturen verwendeten Abkürzungen sind:

n	= Anzahl der PEs im Netzwerk
V	= Verbindungsleitungen je PE
A	= Maximaler Abstand zwischen zwei PEs

a) Ring

Die Ringstruktur kommt mit nur zwei Verbindungsleitungen je PE aus (sehr positive Eigenschaft), sie benötigt aber im schlimmsten Fall n/2 Schritte für einen Datenaus-tausch (sehr schlechte Eigenschaft), wenn nämlich die beiden im Kreis am weitesten entfernten PEs miteinander kommunizieren wollen.

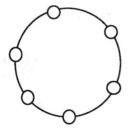

$$V = 2$$
$$A = \frac{n}{2}$$

Abbildung 5.8: Ring

b) Vollständiger Graph

Das Gegenstück zum Ring ist der vollständige Graph. Seine optimale Konnektivität (je-des PE ist von jedem PE aus direkt erreichbar) wird durch die enorme Anzahl von n-1 Verbindungsleitungen je PE erkauft.

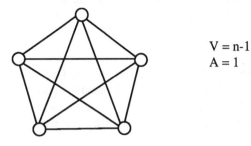

Abbildung 5.9: Vollständiger Graph

c) Gitter und Torus

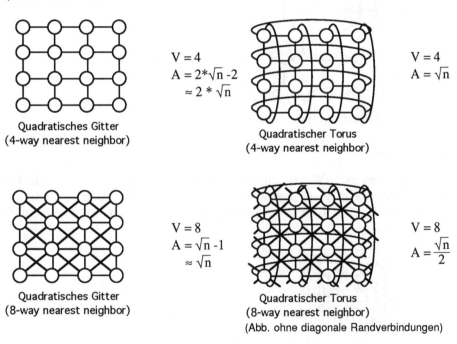

Quadratisches Gitter
(4-way nearest neighbor)

$$V = 4$$
$$A = 2*\sqrt{n} - 2$$
$$\approx 2 * \sqrt{n}$$

Quadratischer Torus
(4-way nearest neighbor)

$$V = 4$$
$$A = \sqrt{n}$$

Quadratisches Gitter
(8-way nearest neighbor)

$$V = 8$$
$$A = \sqrt{n} - 1$$
$$\approx \sqrt{n}$$

Quadratischer Torus
(8-way nearest neighbor)
(Abb. ohne diagonale Randverbindungen)

$$V = 8$$
$$A = \frac{\sqrt{n}}{2}$$

Abbildung 5.10: Quadratische Gitter und Tori

Sehr häufig eingesetzte Verbindungsstrukturen sind Gitterstrukturen und ihre geschlossenen Varianten, die Tori. In Abb. 5.10 wird zwischen Strukturen mit 4-facher und 8-facher Nearest-Neighbor-Verbindung unterschieden. Alle quadratischen Gitter haben einen maximalen Abstand in der Größenordnung der Wurzel der Anzahl der PEs. Durch Verdoppeln der Verbindungsleitungen im 8-fachen Nearest-Neighbor-Gitter wird der maximale Abstand nur halbiert. Das gleiche erreicht man durch Übergang zum Torus ohne Erhöhung der Leitungszahl je PE.

d) Hexagonales Gitter

Eine Abwandlung des quadratischen Gitters ist das hexagonale Gitter, das ebenfalls zweidimensional ist. Je nachdem, ob die PEs auf den Kreuzungen der Verbindungs- linien oder in der Mitte der Waben angeordnet werden, sind 3 bzw. 6 Verbindungs- leitungen je PE erforderlich. Der maximale Abstand bleibt in jedem Fall wegen der Zweidimensionalität der Struktur bei Wurzel von n.

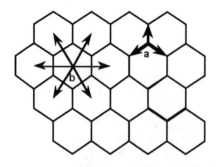

a) PEs auf den Wabenecken
    $V = 3$
    $A \approx 2 * \sqrt{n}$

b) PEs in der Wabenmitte
    $V = 6$
    $A \approx 2 * \sqrt{n}$

Abbildung 5.11: Hexagonales Gitter

e) Kubisches Gitter

Der Übergang von zwei auf drei Dimensionen erfolgt beim kubischen Gitter. Die PEs sind nun würfelartig im Raum angeordnet und benötigen je 6 Verbindungsleitungen zu ihren Nachbar-PEs. Der maximale Abstand zwischen zwei PEs reduziert sich auf die dritte Wurzel aus n.

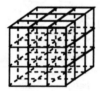

$$V = 6$$
$$A = 3 * \sqrt[3]{n} - 3$$
$$\approx 3 * \sqrt[3]{n}$$

Abbildung 5.12: Kubisches Gitter

f) Hypercube

Ein Hypercube der Dimension *Null* ist ein einzelnes Element (siehe Abb. 5.13, links). Ein Hypercube der Dimension *i+1* entsteht aus zwei Hypercubes der Dimension *i*, indem die korrespondierenden Elemente miteinander verbunden werden. Beispielswei- se entsteht in Abb. 5.13 aus zwei Quadraten (Hypercubes mit Dimension 2) ein Würfel

(Hypercube mit Dimension 3) durch Verbinden jedes Elements des "vorderen" Quadrats mit dem entsprechenden Element des "hinteren" Quadrats.

Jedes PE benötigt $\log_2 n$ Verbindungen zu Nachbar-PEs. Die Anzahl der Verbindungen je PE ist also nicht mehr wie bei den vorherigen Gitterstrukturen konstant. Dafür sinkt aber auch der maximale Abstand auf den gleichen logarithmischen Wert. Der Hypercube ist damit ein universelles Verbindungsnetzwerk mit einem geringen logarithmischen Abstand und einer noch nicht zu hohen logarithmischen Anzahl von Verbindungen je PE.

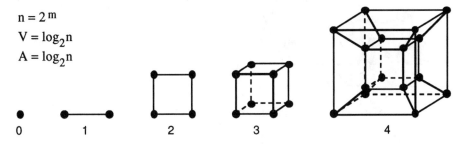

$$n = 2^m$$
$$V = \log_2 n$$
$$A = \log_2 n$$

Abbildung 5.13: Hypercubes der Dimensionen Null bis Vier

g) Binärbaum

Weitere Verbindungsstrukturen mit logarithmischem Abstand sind Baumstrukturen. Bei den hier zunächst vorgestellten Binärbäumen sind nur 3 Verbindungen je PE erforderlich, um einen logarithmischen Abstand zu erreichen. Der Nachteil der Baumstruktur ist der "Wurzel-Engpaß", der den parallelen Datenaustausch zwischen Paaren von PEs aus verschiedenen Teilbäumen in ähnlicher Weise einschränkt wie ein Bussystem. Eine Abhilfe sind hier die in Abschnitt 5.2 vorgestellten Fat-Trees.

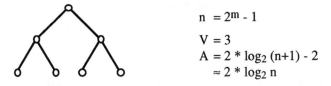

$$n = 2^m - 1$$
$$V = 3$$
$$A = 2 * \log_2 (n+1) - 2$$
$$\approx 2 * \log_2 n$$

Abbildung 5.14: Binärbaum

h) Quadtree

Beim Quadtree hat jeder Knoten vier Nachfolger im Baum, was unter anderem für Algorithmen zur Bildaufteilung in Quadranten genutzt werden kann. Der maximale Abstand zwischen zwei PEs beträgt bei Bäumen immer das Doppelte der Baumhöhe, da im schlimmsten Fall bei der Verbindung zweier Blätter über die Wurzel gegangen werden muß. Dies ist beim Quadtree ungefähr gleich dem Logarithmus zur Basis vier von n.

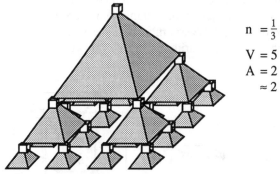

$$n = \frac{1}{3}(4^m - 1)$$

$$V = 5$$

$$A = 2 * \log_4(3*n+1) - 2$$

$$\approx 2 * \log_4 n$$

Abbildung 5.15: Quadtree

i) Shuffle-Exchange

Eine weitere Verbindungsstruktur mit logarithmischem Maß ist das Shuffle-Exchange Netzwerk. Es besteht aus zwei getrennten Verbindungen, dem uni-direktionalen "shuffle" und dem bi-direktionalen "exchange".

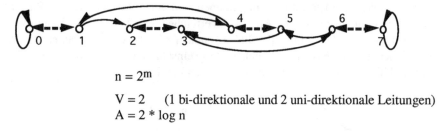

$$n = 2^m$$

$$V = 2 \quad \text{(1 bi-direktionale und 2 uni-direktionale Leitungen)}$$

$$A = 2 * \log n$$

Abbildung 5.16: Shuffle-Exchange

Die beiden getrennten Verbindungsstrukturen lassen sich recht einfach mit Hilfe von Operationen zur Abbildung der PE-Nummern in Binärschreibweise darstellen:

shuffle	$(p_m, \dots, p_1)$	$= (p_{m-1}, \dots, p_1, p_m)$	*Rotation links*
exchange	$(p_m, \dots, p_1)$	$= (p_m, \dots, p_2, \overline{p_1})$	*Negation des niedrigsten Bits*

Der Shuffle-Teil verbindet demnach jedes PE mit demjenigen PE, dessen Nummer in Binärschreibweise einer Linksrotation der ursprünglichen Nummer entspricht. Das erste und letzte Element (in Abb. 5.16 sind dies PE Nr. 0 und PE Nr. 7) werden auf sich selbst abgebildet, während die anderen PEs in Zyklen verbunden sind. Die Exchange-Verbindung negiert in der Binärschreibweise das niedrigste Bit eines PEs, d.h. anschaulich verbindet Exchange bi-direktional jedes geradzahlige PE mit seinem rechten Nachbarn.

Beispiel zur Anwendung der Shuffle- und Exchange-Operation:

i) $\quad 001 \xrightarrow{\text{sh.}} 010 \xrightarrow{\text{sh.}} 100 \xrightarrow{\text{sh.}} 001$

ii) $\quad 011 \xrightarrow{\text{ex.}} 010 \xrightarrow{\text{ex.}} 011$

j) Plus-Minus-2^i-Netzwerk (PM2I)

Das letzte in dieser Reihe vorgestellte Netzwerk ist etwas komplexer. Es besteht bei $n = 2^m$ Netzwerkknoten (PEs) aus $2*m - 1$ getrennten Verbindungsstrukturen, die mit PM_{+0}, PM_{-0}, PM_{+1}, PM_{-1}, PM_{+2}, PM_{-2}, ..., PM_{m-1} bezeichnet werden. Für die PMs gelten die Definitionen:

$$PM_{+i}(j) = (j + 2^i) \bmod n$$
$$PM_{-i}(j) = (j - 2^i) \bmod n$$

Der Index jeder uni-direktionalen Struktur gibt dabei jeweils an, wie groß die Entfernung zum nächsten Nachbarknoten sein soll (in Zweierpotenzen). Bei PM_{+0} wäre der Abstand jeweils $+ 2^0$, also $+ 1$. Bei PM_{-0} entsprechend $- 2^0 = - 1$. Der Abstand zwischen Knoten für PM_{+2} ist dabei schon $+ 2^2 = + 4$; bei PM_{-2} dagegen $- 4$. Für die höchste Potenz $m-1$ gilt wegen der Abgeschlossenheit der Struktur:

$$PM_{+(m-1)} \equiv PM_{-(m-1)}$$

Die beiden Strukturen sind identisch, was erklärt, weshalb nur $2*m - 1$ Strukturen existieren und nicht $2*m$.

Abb. 5.17 zeigt das PM2I-Netzwerk für $n = 8$ PEs. PM_{+0} und PM_{-0} verbinden jedes PE mit seinem rechten bzw. linken Nachbarn und bilden zusammen einen bi-direktionalen Ring. PM_{+1} und PM_{-1} umfassen jeweils zwei getrennte uni-direktionale Strukturen mit je 4 PEs. Jedes PE hat das übernächste PE zum Nachbarn, wobei die Modulo-Operation diese Verbindungsstrukturen zu Ringen abschließt. Zusammen bilden diese beiden Abbildungen zwei getrennte bi-direktionale Ringe, wie in obiger Abbildung dargestellt ist. Die letzte Struktur PM $_{+2}$ ist identisch zu PM $_{-2}$. Jedes PE ist hier mit dem PE in Entfernung 4 (modulo 8) verbunden.

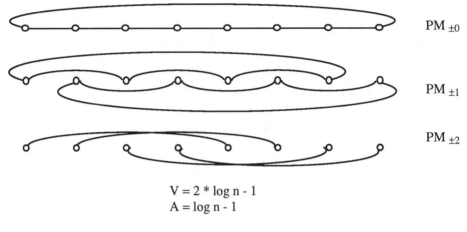

$$V = 2 * \log n - 1$$
$$A = \log n - 1$$

Abbildung 5.17: PM2I

5.4 Vergleich von Netzwerken

Wie schon zuvor angemerkt, ist ein Vergleich von Netzwerken keineswegs nur aufgrund der Werte V (Anzahl der Verbindungen je PE) und A (maximaler Abstand zwischen zwei PEs) möglich. Ein Vergleich zwischen Netzwerken oder eine Eignungsanalyse für ein bestimmtes Netzwerk kann eigentlich nur in Abhängigkeit der beabsichtigten parallelen Anwendung erfolgen. Je nach Anwendung ist die eine Verbindungsstruktur geeigneter als die andere. Erfordert ein Algorithmus zur Lösung eines Problems ein bestimmtes Netzwerk, so wird im allgemeinen die physische Realisierung genau dieses Netzwerkes, selbst wenn es "schlechte" V- und A-Werte besitzt, wesentlich bessere Resultate liefern, als die Anpassung an ein anderes Netzwerk mit "guten" Werten.

Da man aber nicht für jedes Problem einen Spezialrechner bauen möchte, muß man andere Wege gehen. Jeder Parallelrechner verfügt eben nur über ein oder zwei (wie in manchen Fällen) Netzwerkstrukturen, die allerdings beliebig vielseitig und möglicherweise dynamisch rekonfigurierbar sein können. Alle Algorithmen, die auf diesem Parallelrechner implementiert werden sollen, müssen mit dieser Netzwerkstruktur (oder einem Teil davon) auskommen. Die Güte eines Netzwerkes ist also davon abhängig, wie gut sie für die häufig vorkommenden Problemstellungen *im Mittel* einsetzbar ist. Der Parallelrechner MasPar MP-1 (siehe Abschnitt 11.1) verfügt beispielsweise über zwei verschiedene Netzwerke: eine Gitterstruktur und ein dreistufiges Clos-Netzwerk, das eine gute allgemeine Konnektivität bietet. Algorithmen, die eine Gitterstruktur benötigen, können nun diese schnelle lokale Struktur direkt nutzen, während Algorithmen, die eine andere Netzwerkstruktur benötigen, diese über Routing auf dem globalen Clos-Netzwerk unter gewissen Effizienzverlusten realisieren können. Andere Parallelrechner wie der "Distributed Array Processor" (DAP, siehe Abschnitt 11.1) verfügen ausschließlich über ein quadratisches Gitter, was ihre Einsatzmöglichkeiten von vornherein auf solche Anwendungsgebiete beschränkt, die effizient mit einer Gitterstruktur arbeiten können (z.B. numerische Algorithmen oder Bildverarbeitung).

Die Simulation von verschiedenen Netzwerken durch ein anderes Netzwerk wurde von Siegel untersucht [Siegel 79]. Dabei zeigt sich vor allem die Überlegenheit von Shuffle-Exchange und Hypercube als "Universal-Netzwerke", d.h. zur effizienten Emulation von einer Vielzahl verschiedener Netzstrukturen. Das Gitter ist nur dann sinnvoll, wenn eine Gitterstruktur erforderlich ist; zur Simulation von anderen Netzwerken ist es nicht geeignet. Allerdings kann die hier diskutierte Netzwerk-Emulation automatisch von einem Compiler nur dann ausgeführt werden, wenn außer der Netzwerkstruktur des Zielrechners auch die vom Anwenderprogramm geforderte Struktur bekannt ist. Dies ist aber leider in den wenigsten Fällen so: Meist sind die Nachbarschaftsrelationen, entlang derer Daten zwischen Prozessoren ausgetauscht werden sollen, als komplizierte arithmetische Ausdrücke gegeben, weichen geringfügig vom "Standard" ab oder werden gar erst zur Laufzeit berechnet. Aus diesen Angaben kann nicht mehr automatisch rekonstruiert werden, um welche Netzwerkstruktur es sich handelt. Der Datenaustausch kann dann nur mit Hilfe eines allgemeinen und möglicherweise weniger effizienten Routing-Algorithmus bewerkstelligt werden, welcher keine Informationen des Anwendungsprogramms berücksichtigt.

Die Tabelle in Abb. 5.18 gibt die Zahl der benötigten Simulationsschritte (Transferschritte) in Abhängigkeit von der PE-Anzahl n an.

Netz 1 simuliert ↓ Netz 2 →	Gitter (2-D)	PM2I	Shuffle-Exchange	Hypercube
Gitter (2-D)	–	$\approx \sqrt{n}/2$	$\approx \sqrt{n}$	$\sqrt{n}$
PM2I	1	–	$\approx \log_2 n$	2
Shuffle-Exchange	$\approx 2 \cdot \log_2 n$	$\approx 2 \cdot \log_2 n$	–	$\log_2 n + 1$
Hypercube	$\log_2 n$	$\log_2 n$	$\log_2 n$	–

Abbildung 5.18: Netzwerkvergleich nach Siegel

Übungsaufgaben I

1. Das Vektorprodukt (Kreuzprodukt) zweier Vektoren soll mit Hilfe von Basis-Operationen dargestellt werden. Außer einer Reihe von Zwischenschritten ist hierbei auch die Speicherung von Vektor-Zwischenergebnissen in einer Hilfsvariablen notwendig.

$$((a_x, a_y, a_z), (b_x, b_y, b_z)) \mapsto \ldots \mapsto (a_y b_z - a_z b_y, \; a_z b_x - a_x b_z, \; a_x b_y - a_y b_x)$$

2. Entwerfen Sie ein einfaches Petri-Netz zur Synchronisation von drei parallelen Prozessen.

3. Entwerfen Sie ein erweitertes Petri-Netz, welches folgende Berechnung ausführt:

$$z := \begin{cases} x + 2 & \text{falls } y > 0 \\ 2 * x & \text{falls } y = 0 \end{cases}$$

4. Entwerfen Sie ein erweitertes Petri-Netz, welches folgende Berechnung ausführt:

$$z := x \text{ div } y$$

Die Plätze für x, y und z enthalten nicht-negative Zahlen und dürfen nur einmal auftreten. Das erweiterte Petri-Netz soll ausgezeichnete Plätze für *Start*, *Fertig* und *Fehler* enthalten. Bei "Division durch Null" sollen die Plätze *Fertig* und *Fehler* markiert werden.

5. Entwerfen Sie ein erweitertes Petri-Netz, welches folgende Berechnung ausführt:

$$z := x \text{ mod } y$$

Die Plätze für x, y und z enthalten nicht-negative Zahlen und dürfen nur einmal auftreten. Das erweiterte Petri-Netz soll ausgezeichnete Plätze für *Start*, *Fertig* und *Fehler* enthalten. Falls y gleich Null ist, sollen die Plätze *Fertig* und *Fehler* markiert werden.

6. Erstellen Sie ein erweitertes Petri-Netz zur Subtraktion ganzer Zahlen. Das Vorzeichen einer Zahl soll mit Hilfe eines zusätzlichen Platzes verwaltet werden.

7. a) Beweisen Sie, daß im Shuffle-Exchange–Netzwerk für den Datenaustausch zwischen zwei Knoten im schlimmsten Fall 2 * log(n) - 1 Schritte benötigt werden.

  b) Worin besteht der Zusammenhang zwischen einem Delta-Netzwerk und einem Shuffle-Exchange–Netzwerk ?

  c) Worin besteht der Zusammenhang zwischen einem Hypercube und einem PM2I-Netzwerk ?

8. Bestimmen Sie die (näherungsweise) optimalen Werte für *m* und *a* für ein dreistufiges Clos-Netzwerk mit N = 16.384 .

9. Die Gesamtzahl der Leitungen eines dreistufigen Clos-Netzwerkes ist nahezu optimal, wenn für die Gruppierung *m* folgendes gewählt wird

$$m \approx \sqrt{\frac{N}{2}}$$

Beweisen Sie diese Optimalitätsregel.

10. Ein Clos-Netzwerk ist erst ab N ≥ 24 kostengünstiger als ein vollständiger Kreuzschienenverteiler. Beweisen Sie diese Schranke mit Hilfe der Näherungsregel aus Aufgabe 9 .

II

Asynchrone Parallelität

Entsprechend den beiden großen Klassen der Parallelverarbeitung wird zwischen synchroner Parallelität und asynchroner Parallelität unterschieden. Bei der "klassischen" asynchronen Parallelität wird die zu lösende Aufgabe in Teilaufgaben zerlegt, die in Form von Prozessen auf eine Gruppe von selbständigen, unabhängigen Prozessoren verteilt werden, d.h. ein asynchron paralleles Programm besteht aus mehreren Kontrollflüssen. Sind die Teilaufgaben nicht völlig unabhängig voneinander, so müssen die Prozesse untereinander Daten austauschen und sich dazu gegenseitig synchronisieren. Die Prozesse führen meist größere Teilaufgaben aus, denn das Aufteilen kleiner Aufgaben, wie etwa arithmetischer Ausdrücke, würde im Vergleich zum Parallelitätsgewinn zu hohe Synchronisationskosten erfordern. Aus diesem Grund wird die asynchrone Parallelität oft auch als "grobkörnige Parallelität" bezeichnet.

6. Aufbau eines MIMD-Rechners

Das allgemeine Modell eines MIMD-Rechners (multiple instruction, multiple data) ist in Abb. 6.1 gezeigt. Die Prozessoren (PE) sind eigenständige Rechner, die unabhängig voneinander Programme ausführen können. Sie können je nach Konfiguration über eigene lokale Speicher verfügen (Mem), oder gemeinsame globale Speicherblöcke ansprechen. Die Verbindung zwischen den Prozessoren und den globalen Speichereinheiten erfolgt über ein Verbindungsnetzwerk. Auf den Unterschied zwischen eng gekoppelten MIMD-Rechnern mit gemeinsamem globalem Speicher und lose gekoppelten MIMD-Rechnern mit ausschließlich lokalem Speicher wurde bereits in Kapitel 2 eingegangen. Während bei MIMD-Rechnern mit gemeinsamem Speicher meist eine Busstruktur zur Verbindung der Prozessoren eingesetzt wird, kommen bei MIMD-Rechnern ohne gemeinsamen Speicher oft komplexere Netzwerkstrukturen zum Einsatz. Da aber die Busstruktur nur für eine begrenzte Anzahl von Prozessoren geeignet ist, haben die meisten MIMD-Rechner mit vielen Prozessoren keinen physischen gemeinsamen Speicher. Bei diesen kann allerdings mit dem Konzept des "virtual shared memory" (auch "shared virtual memory" genannt) ein gemeinsamer Speicherbereich über Datenaustauschprotokolle zwischen den PEs simuliert werden.

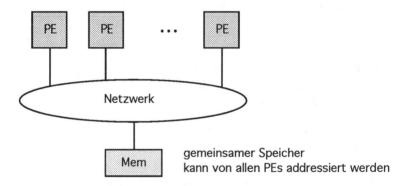

Abbildung 6.1: MIMD Rechnermodell mit gemeinsamem Speicher

Die Prozessoren arbeiten asynchron unabhängig voneinander. Zum Austausch von Daten müssen sie daher synchronisiert werden. Die Softwarestruktur eines MIMD-Programms spiegelt diese Hardwarestruktur wider. Ein Programm wird in mehrere eigenständige Prozesse zergliedert, die asynchron parallel ablaufen und zum Datenaustausch über spezielle Mechanismen synchronisiert werden müssen. Die ideale Zuordnung wäre hier *1 Prozeß : 1 Prozessor*, was jedoch in der Praxis meist an der beschränkten Zahl der zur Verfügung stehenden Prozessoren scheitert. Die allgemeine Zuordnung ist daher *n Prozesse : 1 Prozessor*. D. h. ein Prozessor muß mehrere Prozesse im Time-Sharing-Verfahren abarbeiten, was für jeden Prozessor einen Scheduler mit zusätzlichem Verwaltungsaufwand erforderlich macht.

Als typische Vertreter der MIMD-Parallelrechnerklassen mit bzw. ohne gemeinsamen Speicher werden im Anschluß die Sequent Symmetry sowie der Intel iPSC Hypercube und Paragon vorgestellt. Weitere Informationen zum Aufbau und insbesondere zur Hardwareseite von Parallelrechnern finden sich in [Hwang, Briggs 84] und [Almasi, Gottlieb 89].

6.1 MIMD-Rechnersysteme

In diesem Abschnitt werden die MIMD-Rechnersysteme Sequent-Symmetry (Bus-Verbindungsstruktur), Intel Hypercube (Hypercube-Netzwerk) und Intel Paragon (zweidimensionales Gitter) kurz vorgestellt.

a) Sequent Symmetry

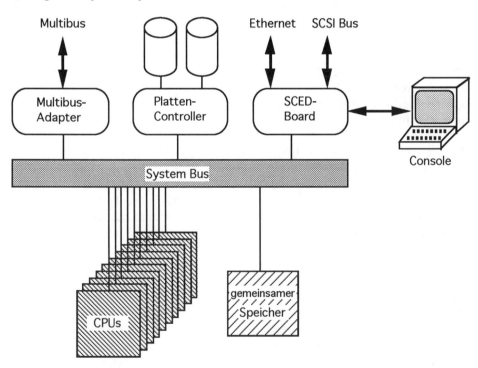

Abbildung 6.2: Blockstruktur Sequent Symmetry

Der MIMD-Rechner Sequent Symmetry ist ein Beispiel für die enge Koppelung von Prozessoren und gemeinsamem globalem Speicher über einen zentralen Bus (siehe Abb. 6.2). Alle CPUs, der gemeinsame Speicher und die Anbindungen der peripheren Geräte kommunizieren über diesen Systembus. Bis zu 30 hochgetaktete 80486 CPUs können zusammengeschaltet werden.

Ein Bus läßt keine Parallelität beim Datenaustausch zu, da immer nur zwei Partner miteinander kommunizieren können. Daher beschränkt der Bus die Erweiterbarkeit dieses Parallelrechners. Die alte Modellvariante der Sequent Symmetry, mit Prozessoren vom Typ 80386, wurde schon recht bald von Ein-Prozessor-Workstations mit höherer Leistung eingeholt. Und dies, ohne daß ein Programm aufwendig parallelisiert werden muß.

b) Intel iPSC Hypercube und Paragon

Die Reihe der Intel Scientific Computer (iSC) besteht aus den drei Generationen iPSC/1 (Intel Personal Supercomputer), iPSC/2 und iPSC/860 (siehe [Trew, Wilson 91]), die jeweils auf den CPUs 80286, 80386 bzw. 80860 basieren. Vorläufer der von Intel verwendeten Rechnerarchitektur war der am CalTech, Pasadena, entwickelte Cosmic Cube.

Bis zu 128 sehr leistungsfähige Prozessoren können beim iPSC/860 in einem Hypercube zusammengeschaltet werden. Diese Verbindungsstruktur erlaubt eine sehr viel größere Parallelität beim Datenaustausch zwischen Prozessoren als dies bei einem Bus oder Ring möglich ist.

Die Systemarchitektur des Intel Hypercube besitzt keinen gemeinsamen Speicher. Die Prozessoren sind nur über das Verbindungsnetzwerk "lose" gekoppelt und müssen zeitaufwendige Nachrichten-Kommunikationsverfahren für den Datenaustausch untereinander durchführen. Prozeß-Synchronisationsmechanismen, die auf einem gemeinsamen Speicher basieren wie z.B. Semaphore und Monitore, können nur lokal auf einzelnen Prozessoren eingesetzt werden, nicht jedoch zwischen verschiedenen Prozessorknoten.

Paragon XP/S ist das derzeit jüngste Parallelrechnermodell von Intel. Es ging aus dem "Touchstone Delta"-Projekt hervor und baut auf i860 XP Prozessoren auf. Das Rechnersystem kann bis zu 512 Knoten enthalten, wobei jeder Knoten aus zwei i860 XP Prozessoren besteht, einem Prozessor für arithmetisch/logische Aufgaben und einem Prozessor allein für den Datenaustausch. Die Verbindungsstruktur des Paragon ist sehr viel einfacher als die des iPSC Hypercubes: die Rechnerknoten sind durch ein zweidimensionales Gitter miteinander verbunden (4-way nearest neighbor). Die Knoten können spaltenweise entweder für Benutzer (compute node), für Systemdienste (service node) oder zur Ankoppelung peripherer Geräte (I/O node) dynamisch konfiguriert werden.

6.2 Prozeßzustände

Ein Prozeß ist ein eigenständiger Programmteil, der asynchron parallel zu anderen Prozessen abläuft. Da im allgemeinen mehrere Prozesse auf einem Prozessor ablaufen, wird eine anteilige Rechenzeit der Prozesse über Zeitscheiben erreicht. Nach Ablauf seiner Zeitscheibe wechselt der gerade aktive Prozeß vom Zustand *Rechnend* in den Zustand *Bereit* und wartet dort in einer Warteschlange auf seine erneute Aktivierung (Prozeßwechsel). Dabei müssen Verwaltungsdaten (Programmzähler, Register, Datenadressen, usw.) im jeweiligen Prozeß-Kontroll-Block (PCB) gespeichert und später erneut geladen werden. Neu hinzukommende Prozesse werden in die *Bereit*-Warteschlange eingefügt, während terminierende Prozesse aus dem *Rechnend*-Zustand heraus den Prozessor für den nächsten wartenden Prozeß freigeben. Prozesse, die längerfristig auf das Eintreten einer Bedingung, wie etwa die Verfügbarkeit eines Betriebsmittels oder die Synchronisation mit einem anderen Prozeß warten, sollen nicht unnötig durch das aufwendige Hin- und Herschalten zwischen den Zuständen *Bereit* und *Rechnend* den Prozessor belasten. Deshalb wechseln sie in den Zustand *Blockiert* und warten dort in einer für die Wartebedingung spezifischen Warteschlange. Erst nach Eintreten dieser Bedingung werden die blockierten Prozesse wieder freigegeben. Sie werden dann in die *Bereit*-Warteliste eingereiht und bewerben sich erneut um den Prozessor. Die Betriebssystemkomponente, die diese Operationen auf den einzelnen Prozessen ausführt, wird *Scheduler* genannt.

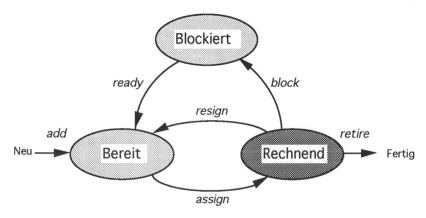

Abbildung 6.3: Prozeßmodell

Für jeden Prozessor existiert ein solcher Scheduler, der die Bearbeitungsabfolge der Prozesse auf diesem Prozessor steuert. Komplexere Verfahren, auf die später eingegangen wird, führen auch Prozessor-übergreifende Schedulingverfahren aus (z.B. Auslagern eines Prozesses auf einen anderen, weniger ausgelasteten Prozessor), um eine bessere Systemauslastung zu erzielen. Die Zuordnung, welcher Prozeß auf welchem Prozessor abläuft, ist bei diesem Modell mit identischen Prozessoren für den Programmierer transparent, d.h. nicht beeinflußbar.

7. Synchronisation und Kommunikation in MIMD-Systemen

Hier und in den folgenden Kapiteln werden die in den Abschnitten 4.4 und 4.5 vorgestellten Parallelkonzepte von Prozessen und der Kommunikation mittels Remote-Procedure-Call zugrundegelegt. Bei der parallelen Ausführung von Prozessen treten zwei Probleme auf:

1. Zwei Prozesse möchten Daten miteinander austauschen.
   (Kommunikation)

2. Falls gemeinsamer Speicher vorhanden ist, muß der gleichzeitige Zugriff mehrerer Prozesse auf den gleichen Datenbereich verhindert werden.
   (Synchronisation zur Vermeidung von fehlerhaften Daten oder Blockierungen, siehe Kapitel 8)

Da die Prozesse weitgehend unabhängig voneinander arbeiten, ist der Datenaustausch zwischen Prozessen das zentrale Problem der MIMD-Programmierung. Die beiden Partner eines Datenaustauschs laufen ungekoppelt, asynchron und möglicherweise auf verschiedenen Prozessoren ab. Zum Austausch von Daten müssen sie sich daher zunächst synchronisieren, denn erst wenn beide Partner für einen Datenaustausch bereit sind, kann dieser durchgeführt werden. Das zweite Problem tritt unter anderem bei der Lösung des ersten auf: Wird der Datenaustausch zwischen zwei Prozessen über einen gemeinsamen Speicherbereich durchgeführt, muß sichergestellt werden, daß der Zugriff (lesend oder schreibend) sequentialisiert wird, da sonst fehlerhafte Daten oder Verklemmungen von Prozessen, z.B. beim Abfragen fehlerhafter Daten vor Synchronisations-Operationen, entstehen können.

Abbildung 7.1: Nachrichtenaustausch

Im folgenden wird zunächst der einfachere Fall betrachtet, daß die beiden Prozesse, die kommunizieren möchten, auf demselben Prozessor ausgeführt werden. Hierfür existieren eine Reihe von Lösungsansätzen auf unterschiedlichen Abstraktionsebenen. Der schwierigere Fall der Kommunikation zwischen Prozessoren wird anschließend behandelt. Sämtliche Synchronisationsvorgänge lassen sich mit den in Kapitel 3 vorgestellten Petri-Netzen modellieren und analysieren.

7.1 Softwarelösung

Peterson und Silberschatz beschreiben eine Lösung des Synchronisationsproblems für Systeme mit gemeinsamem Speicher, die ohne spezielle Hardware auskommt [Peterson, Silberschatz 85]. Diese reine Softwarelösung wird hier schrittweise vorgestellt.

Das Programm besteht aus zunächst zwei parallelen Prozessen, die beide auf einen gemeinsamen Datenbereich zugreifen möchten. Die Operationen auf den Daten (lesen oder schreiben) sind hier nicht weiter interessant und werden deshalb mit *<kritischer Abschnitt>* bezeichnet. Die nicht mit der Synchronisation zusammenhängenden Anweisungen jedes Prozesses werden als *<sonstige Anweisungen>* bezeichnet.

Die beiden Prozesse P₁ und P₂ werden im Hauptprogramm nacheinander gestartet und laufen von da ab parallel weiter:

```
...
start(P1);
start(P2);
...
```

1. Versuch:

Die hier untersuchte Möglichkeit zur Synchronisierung ist die Verwendung von Synchronisationsvariablen. Beide Prozesse können auf die gemeinsame Variable turn zugreifen, wobei das Lesen oder Schreiben des Variablenwertes als atomare (unteilbare elementare) Operation verstanden wird.

$$\text{var turn: } 1..2;$$
$$\text{Initialisierung: turn:=1;}$$

P₁	**P₂**

```loop```
  ```while``` turn≠1 ```do``` *(*nichts*)* ```end;```
    <kritischer Abschnitt>
  ```turn:=2;```
    <sonstige Anweisungen>
```end```
	```loop```
	  ```while``` turn≠2 ```do``` *(*nichts*)* ```end;```
	    <kritischer Abschnitt>
	  ```turn:=1;```
	    <sonstige Anweisungen>
	```end```

Analyse:
- Diese Lösung garantiert, daß nur ein Prozeß den kritischen Abschnitt betritt.
- Aber es gibt einen großen Nachteil: Es wird ein alternierender Zugriff der beiden Prozesse erzwungen.

⟹ *Einschränkung*

Jeder Prozeß wartet vor Betreten des kritischen Abschnittes in einer "busy wait"-Schleife so lange, bis die Synchronisationsvariable `turn` die eigene Prozeßnummer angibt. Danach wird der kritische Abschnitt ausgeführt und die Synchronisationsvariable auf die Nummer des jeweils anderen Prozesses gesetzt. Diese Synchronisation funktioniert zwar, aber nachdem Prozeß P_1 den kritischen Abschnitt verlassen hat, muß immer erst P_2 durch den kritischen Abschnitt hindurchlaufen, bevor ihn P_1 erneut betreten kann. Dies ist aber eine durch nichts gerechtfertigte Einschränkung, denn vielleicht ist es erforderlich, daß P_1 mehrmals hintereinander durch Betreten des kritischen Bereiches Daten ablegt, die von P_2 auf einmal gelesen werden sollen.

2. Versuch:

Die Synchronisationsvariable wird hier durch ein Feld von zwei booleschen Werten ersetzt (eines für jeden Prozeß). Vor Betreten des kritischen Abschnittes setzt jeder Prozeß sein Feldelement auf den Wert `true` und nach dem Verlassen wieder auf `false`. Damit markiert er für den jeweils anderen Prozeß seinen Aufenthalt im kritischen Abschnitt. Zuvor wartet jeder Prozeß in einer "busy-wait"-Schleife (`while...do` *(*nichts*)* `end`) auf die Freigabe des kritischen Abschnitts durch den anderen Prozessor.

```
var flag: array [1..2] of BOOLEAN;
Initialisierung: flag[1]:=false; flag[2]:=false;
```

P_1	P_2
| ```
loop
  while flag[2] do (*nichts*) end;
  flag[1]:=true;
    <kritischer Abschnitt>
  flag[1]:=false;
    <sonstige Anweisungen>
end
``` | ```
loop
  while flag[1] do (*nichts*) end;
  flag[2]:=true;
    <kritischer Abschnitt>
  flag[2]:=false;
    <sonstige Anweisungen>
end
``` |

Analyse:
  • Trotz vorheriger Abfrage können unter Umständen beide Prozesse gleichzeitig den kritischen Abschnitt betreten.

⟹ *Fehlerhaft !!*

Ganz so einfach funktioniert es offenbar doch nicht. Falls beide Prozesse gleichzeitig ihre `while`-Schleife verlassen, kommen sie trotz Sicherheitsabfrage beide in den kritischen Abschnitt. Genau dies sollte jedoch verhindert werden.

3. Versuch:

Da die Abfrage im 2. Versuch nicht ausreichend war, liegt es nahe, diesen Versuch dahingehend zu modifizieren, daß nun das Setzen des jeweiligen Flags *vor* dem "busy-wait" mit der `while`-Schleife erfolgt. Die Abfrage und das Warten werden sozusagen mit in den kritischen Abschnitt aufgenommen.

```
var flag: array [1..2] of BOOLEAN;
Initialisierung: flag[1]:=false; flag[2]:=false;
```

P_1	P_2
`loop`	`loop`
`  flag[1]:=`**`true`**`;`	`  flag[2]:=`**`true`**`;`
`  while flag[2] do `*(*nichts*)*` end;`	`  while flag[1] do `*(*nichts*)*` end;`
<kritischer Abschnitt>	*<kritischer Abschnitt>*
`  flag[1]:=`**`false`**`;`	`  flag[2]:=`**`false`**`;`
<sonstige Anweisungen>	*<sonstige Anweisungen>*
`end`	`end`

Analyse:
- Es ist nun sichergestellt, daß zu einem Zeitpunkt nur ein Prozeß den kritischen Abschnitt betreten kann.
- Wenn beide Prozesse gleichzeitig ihr jeweiliges Flag setzen und dann warten, entsteht eine Verklemmung ("Livelock").

$\Longrightarrow$ *Fehlerhaft !!*

Die gewünschte Bedingung des gegenseitigen Ausschlusses wurde hier zwar erreicht, falls aber nun beide Prozesse ihr Flag auf `true` setzen und dann beide in der `while`-Schleife auf den jeweils anderen Prozeß warten, dann ist eine Verklemmung entstanden. Keiner der beiden Prozesse kann seine Schleife wieder verlassen; das parallele Programmsystem ist blockiert!

4. Versuch:

Der vierte Versuch bringt nun die komplexeste aber auch (endlich) die korrekte Lösung des Synchronisationsproblems (nach [Peterson 81]). Es kommen sowohl die einfache Synchronisationsvariable `turn` als auch das Flagfeld `flag` zum Einsatz. Zuerst zeigt ein Prozeß durch Setzen des jeweiligen Flagelements an, daß er den kritischen Abschnitt betreten möchte. Dann gibt er der Variablen `turn` die Nummer des *anderen* Prozesses und wartet, falls der andere Prozeß ebenfalls sein Flag gesetzt hat *und* die Synchronisationsvariable die Nummer des anderen Prozesses enthält, so lange bis eine Änderung eintritt. Nach dem Aufenthalt im kritischen Abschnitt löscht jeder Prozeß wieder sein Flagelement.

```
var  turn: 1..2;
     flag: array [1..2] of BOOLEAN;
Initialisierung: turn:=1; (* beliebig *)
     flag[1]:=false; flag[2]:=false;
```

P_1	P_2

```
loop                               loop
 flag[1]:=true;                     flag[2]:=true;
 turn:=2;                           turn:=1;
 while flag[2] and (turn=2) do      while flag[1] and (turn=1) do
 (*nichts*) end;                    (*nichts*) end;
   <kritischer Abschnitt>             <kritischer Abschnitt>
 flag[1]:=false;                    flag[2]:=false;
   <sonstige Anweisungen>             <sonstige Anweisungen>
end                                end
```

Analyse:
- Es ist sichergestellt, daß zu einem Zeitpunkt nur ein Prozeß den kritischen Abschnitt betreten kann.
- Es können keine Verklemmungen auftreten.

⟹ *Korrekt*

Die erweiterte Abfrage in der Wartebedingung der while-Schleife hilft, eine Verklemmung zu vermeiden. Es wird nur dann gewartet, wenn der andere Prozeß sein Flag gesetzt hat und auch tatsächlich an der Reihe ist. Sobald der Prozeß, der als erster zum Zuge kam, den kritischen Abschnitt wieder verläßt, löscht er sein Flag und der andere Prozeß kann seine "busy-wait"-Schleife beenden, um nun seinerseits den kritischen Abschnitt zu betreten.

Es gibt auch Algorithmen, wie die von Dekker [Ben-Ari 82] oder von Eisenberg und McGuire [Eisenberg, McGuire 72], die das Synchronisationsproblem für beliebig viele Prozesse lösen. Ein Nachteil haftet aber auch diesen Lösungen an: Da meist nicht für jeden Prozeß ein eigener Prozessor zur Verfügung steht, entstehen durch die "busy-wait"-Schleifen erhebliche Verluste in der Rechenleistung. Die Algorithmen von Dekker und Eisenberg/McGuire sind jedoch recht kompliziert und werden in der Praxis nicht eingesetzt (siehe Hardwarelösung im folgenden Abschnitt).

7.2 Hardwarelösung

Obwohl eine reine Software-Lösung des Synchronisationsproblems paralleler Prozesse möglich ist, wie im letzten Abschnitt gezeigt wurde, ist diese jedoch recht umständlich. Aus diesem Grund verwenden die meisten Rechner eine Hardwarelösung. Bei einem einfachen Ein-Prozessor-System, auf dem die Prozesse im Zeitmultiplex-Verfahren abgearbeitet werden, kann dies durch das Sperren (*disable*) aller Interrupts geschehen. Da nun kein Zeit-Interrupt mehr möglich ist, kann kein Prozeßwechsel stattfinden und der ausführende Prozeß kann ungehindert die kritischen Operationen ausführen. Wesentlich besser geeignet ist jedoch die im Anschluß vorgestellte "Test-and-Set"-Operation. Diese ist keineswegs eine "exotische" Operation; da sie für den Aufbau eines Multitasking-Betriebssystems äußerst hilfreich ist, befindet sich die Test-and-Set–Operation auch im Befehlssatz der Mikroprozessoren 68020 (TAS *test and set*, CAS *compare and swap*) und 80286 (XCHG *exchange*).

Die Test-and-Set–Operation ist eine sehr einfache Hardware-Lösung und besteht aus zwei Teiloperationen :

1. Lesen eines booleschen Variablenwertes und

2. Überschreiben dieses Variablenwertes mit `true`

```
procedure test_and_set
  (var lock: BOOLEAN): BOOLEAN;
var mem: BOOLEAN;
begin (* unteilbar *)
  mem  := lock;
  lock := true;
  return(mem)
end; (* unteilbar *)
```

Diese beiden Teiloperationen müssen direkt hintereinander als *unteilbare* Operation ausgeführt werden, so daß kein anderer Prozeß die Möglichkeit hat, dazwischen einen Zugriff zu machen. Test-and-Set wird daher als *atomare Operation* bezeichnet und oft dadurch realisiert, daß dieser Befehl direkt zum Befehlsvorrat des Prozessors gehört und in einem einzigen Instruktionszyklus ausgeführt wird. Bei den Befehlen TAS und CAS des Prozessors 68020 wird dies beispielsweise durch das Aktivieren des Signals RMC (read-modify-write cycle) erreicht, während dessen keine andere Einheit den Bus erhalten oder eine Unterbrechung anfordern kann.

Unter Verwendung der Test-and-Set–Hardwarelösung kann das Synchronisationsproblem für beliebig viele Prozesse nun wesentlich einfacher gelöst werden. Das Zurücksetzen des Variablenwertes auf `false` kann als einfache Zuweisung durchgeführt werden und benötigt keine spezielle Hardwareunterstützung.

```
          var  lock: BOOLEAN;
Initialisierung:  lock:=false;
```

P_i

```
loop
   while test_and_set(lock) do (*nichts*) end;
       <kritischer Abschnitt>
   lock:=false;
       <sonstige Anweisungen>
end.
```

Jeder Prozess wartet in einer "busy wait"-Operation darauf, daß die Synchronisationsvariable `lock` den Wert `false` hat. Bei erfolgreicher Abfrage mit `test_and_set` wird sie sofort mit dem Wert `true` belegt und der Prozeß kann nun als einziger den kritischen Abschnitt betreten. Nach Verlassen des kritischen Abschnittes setzt er die Variable wieder auf `false` und der nächste wartende Prozeß kann sie sich mit `test_and_set` reservieren.

Die Lösung des Synchronisationsproblems ist jetzt recht einfach und übersichtlich geworden, jedoch ist auch diese Lösung wegen den "busy-wait"-Schleifen immer noch ziemlich ineffizient. Die meiste Rechenzeit geht unnötigerweise in diesen Warteschleifen der Prozesse verloren. Auf die Ersetzung dieser Warteschleifen durch erheblich effizientere Warteschlangen zielen die höheren Synchronisationskonstrukte, die in den nachfolgenden Abschnitten behandelt werden.

7.3 Semaphore

Semaphore wurden 1965 von Dijkstra in Anlehnung an die Signalmasten beim Zugverkehr eingeführt [Dijkstra 65]. Sie wurden allerdings schon längere Zeit zuvor in mehreren Betriebssystemen implementiert, ohne unter diesem Namen bekannt zu sein. Im einfachsten Fall kann ein Semaphor nur zwei Zustände einnehmen: frei oder belegt – das Passieren eines "kritischen Abschnittes" ist erlaubt oder es muß gewartet werden. Die Operationen zum Stellen oder Zurückstellen eines Signals (um beispielsweise einen eingleisigen Streckenabschnitt befahren zu können) heißen hier P und V, nach den holländischen Worten für "passieren" und "verlassen" eines kritischen Abschnittes. Semaphore können für die Sicherung kritischer Abschnitte, aber auch allgemein für das Belegen und Freigeben von Betriebsmitteln (Drucker, Terminal, etc.) verwendet werden. Sie sind im Gegensatz zu "busy-wait"-Schleifen ein sehr effizientes Synchronisationsverfahren.

Anwendung:

P$_i$

...

```
P(sema);
```
   <kritischer Abschnitt>
```
V(sema);
```

...

Die Anwendung eines Semaphors ist denkbar einfach: Jeder Prozeß "klammert" seine kritischen Abschnitte mit einer P- und V-Semaphoroperation ein. Dabei muß die verwendete Semaphorvariable für einen kritischen Abschnitt bei allen Prozessen, die dort auf gemeinsame Daten zugreifen, *identisch* sein! Das Semaphor gehört also gewissermaßen zu den gemeinsamen Daten und *nicht* zu einem einzelnen Prozeß.

Realisierung:

Die Datenstruktur für ein Semaphor ist ein Verbund aus dem Semaphor-Wert und einer Warteliste von Prozessen, die auf das Freiwerden dieses Semaphors warten. Der Semaphor-Wert kann in einfachen Fällen ein boolescher Wahrheitswert sein, dann handelt es sich um ein "boolesches Semaphor", oder es kann (wie hier beschrieben) ein Integer-Zahlenwert sein, dann ist es ein "allgemeines Semaphor".

```
type Semaphore = record
                   value: INTEGER;
                   L:     List_of_ProcID;
                 end;
var S: Semaphore;
```

Die Operationen P und V müssen logischerweise als atomare (unteilbare) Operationen implementiert werden, da verschiedene Prozesse auf gemeinsame Semaphordaten zugreifen wollen.

Initialisierung eines Semaphors:
```
S.L      ←  leere Liste
S.value  ←  Zahl der erlaubten P-Operationen ohne eintreffende V-Operation
```

Während ein einfaches Semaphor, wie beispielsweise zum Schutz eines kritischen Abschnitts, immer mit dem Wert 1 initialisiert wird, gibt es durchaus auch Fälle, in denen ein höherer (oder niedrigerer) Initialisierungswert sinnvoll ist. Bei einem höheren Wert als 1 entspricht dies der Zahl der nacheinander ausführbaren P-Operationen (ohne zwischendurch ausgeführte V-Operation), ohne daß ein Prozeß im Semaphor blockiert wird.

```
P(S):   S.value := S.value-1;
        if S.value < 0 then
        begin
            append(S.L, actproc);   (* diesen Prozeß an S.L anhängen *)
            block(actproc)          (* und in Zustand "blockiert" bringen *)
        end;
```

Die P-Operation reduziert den Semaphor-Wert um 1 und prüft, ob dieser kleiner als Null ist, d.h. ob das Semaphor bereits belegt ist. Falls ja, wird der ausführende Prozeß in die Warteschlange dieses Semaphors eingereiht und blockiert.

```
V(S):   S.value := S.value+1;
        if S.value ≤ 0 then
        begin
            getfirst(S.L, P);       (* Prozeß P aus S.L entfernen *)
            ready(P)                (* und in Zustand "bereit" bringen *)
        end;
```

Die V-Operation erhöht den Semaphor-Wert um 1 und prüft, ob dieser immer noch kleiner oder gleich Null ist, d.h. ob sich noch Prozesse in der Semaphor-Warteschlange befinden. Falls ja, wird der nächste wartende Prozeß aus der Warteschlange entfernt und in die Liste der bereiten Prozesse eingereiht ("freigegeben").

Wie wird nun erreicht, daß P und V *selbst* atomare Operationen sind ?

- Softwarelösung (siehe Abschnitt 7.1):
  Durch eine *kurze* busy-wait-Schleife mit der kurzen P- bzw. V-Operation als kritischem Abschnitt. Die busy-wait-Schleife ist natürlich immer noch eine ineffiziente Operation, aber jetzt besteht der "kritische Abschnitt" nur aus den zwei bis vier elementaren Anweisungen der P- oder V-Semaphoroperation selbst. D.h. es muß (wenn überhaupt) nur eine äußerst kurze Wartezeit in Kauf genommen werden.

- Hardwarelösung (siehe Abschnitt 7.2):
  Durch eine *kurze* busy-wait-Schleife für den "Test-and-Set"-Befehl vor Beginn der P- bzw. V-Operation. Auch bei der Hardware-Lösung läßt sich ein eventuelles kurzes busy-wait nicht vermeiden. Es gilt aber genauso das oben Gesagte: wegen der Kürze des "kritischen Abschnitts", nämlich der P- oder V-Operation selbst, entstehen keine nennenswerte Effizienzverluste.

Es entsteht jedoch ein Problem, wenn ein Prozeß *während* der Ausführung dieser "vier elementaren Operationen" seine Zeitscheibe verliert. Dann verwenden die weiteren Prozesse, die ebenfalls eine Semaphor-Operation ausführen möchten, ihre gesamte Zeitscheibe für "busy wait", bis der ursprüngliche Prozeß wieder an die Reihe kommt und die Semaphor-Operation abschließen kann. Wie im folgenden beschrieben ist, wird dieses Problem noch erheblich schlimmer, wenn es auf der Ebene von Warteschlangen statt bei "busy wait" auftritt.

Das Konvoi-Phänomen

Ein Problem, welches aufgrund ungünstiger Implementierung von Scheduling-Strategien bei Semaphor-Operationen in älteren Betriebssystemen auftrat, ist das "Konvoi-Phänomen" [Blasgen, Gray, Mitoma, Price 79]. Analog zu einem Stau auf der Autobahn, können auch Prozesse beim Vorhandensein eines von vielen Prozessen P_1 bis P_n häufig und regelmäßig benutzten Semaphors (*high traffic lock*) in einen Warteschlangenstau geraten. Dieses Phänomen tritt nur dann auf, wenn erheblich mehr Prozesse in einem System vorhanden sind als Prozessoren und wenn ein "pre-emptive"-Scheduling mit FIFO-Strategie (*first in first out*) durchgeführt wird. Der Begriff pre-emptive bedeutet, daß der Scheduler auch Prozesse, die ein Semaphor belegt haben, vom Zustand *Rechnend* in den Zustand *Bereit* überführen kann; FIFO bedeutet, daß die auf ein Semaphor wartenden Prozesse in der Reihenfolge ihres Eintreffens wieder freigegeben werden.

Falls ein Prozeß P_1 gerade *während* der Durchführung seiner kritischen Operationen, also "im Besitz" des "high traffic"-Semaphors S seine Zeitscheibe verliert, kann keiner der Prozesse P_2 bis P_n das Semaphor S belegen. Die Wahrscheinlichkeit für dieses Ereignis ist zwar sehr gering, aber nicht gleich Null; das heißt daß es *irgendwann* und nicht-reproduzierbar dazu kommen wird. Der Verlust der Zeitscheibe bei belegtem "high traffic"-Semaphor bedeutet, daß sehr bald danach P_2 bis P_n (eine große Anzahl von Prozessen), die ebenfalls "nur eine kurze Operation" im von S geschützten kritischen Abschnitt ausführen wollen, in der Semaphor-Warteschlange aufgereiht sind und die Leistung des Rechners dramatisch zurückgeht. Erst nachdem P_1 wieder mit einer neuen Zeitscheibe aktiviert wird und das Semaphor frei gibt, darf der nächste Prozeß P_2 weiterrechnen. Da ein Prozeßwechsel aber, verglichen mit arithmetischen Befehlen oder Semaphor-Operationen, eine sehr teure Operation ist, und P_1 recht bald danach wieder das Semaphor S für die Ausführung einer kritischen Operation belegen muß, wird sich P_1 noch in der gleichen Zeitscheibe wieder in die Warteschlange für das häufig benutzte Semaphor S einreihen. Es ist ein Stau entstanden (auch als *lock thrashing* bezeichnet), der sich nur sehr schwer von selbst auflösen kann. Die meiste CPU-Zeit wird jetzt für (unnütze) Prozeßwechsel verwendet.

In modernen Betriebssystemen tritt das Konvoi-Phänomen nicht mehr auf. Vorkehrungen, die dazu getroffen werden können, sind beispielsweise:

- Änderung des Dispatchers
  Kenntnis über belegte "high traffic"-Semaphore

- Änderung der Scheduling-Strategie
  Kein FIFO (first in first out), sondern z.B. "busy-wait"-Schleifen oder bei V-Operation *alle* wartenden Prozesse freigeben, welche dann erneut die P-Operation ausführen müssen (Einschließen von P in eine `while`-Schleife)

- Generelle Vermeidung von "high traffic locks"

- Reduzierung der für einen Prozeßwechsel erforderlichen Operationen

Den Abschluß der Behandlung von Semaphoren bilden einige typische Anwendungsfälle. Die hier und auch in den folgenden Abschnitten zur Notation verwendete Programmiersprache ist Modula-P [Bräunl, Hinkel, von Puttkamer 86], eine um das Prozeß-Konzept erweiterte Variante von Modula-2, auf die in Abschnitt 9.7 im Detail eingegangen wird. Hier dient die Sprache nur zur Darstellung der Synchronisationskonzepte.

Das Erzeuger-Verbraucher–Problem

Es müssen zwei Prozesse synchronisiert werden, die Daten über einen gemeinsamen Pufferbereich austauschen. Ein Prozeß erzeugt Daten und legt sie im Puffer ab; der andere Prozeß liest Daten aus dem Puffer und verarbeitet sie weiter. Mit Hilfe von Semaphoren wird verhindert, daß – falls der Erzeuger schneller ist als der Verbraucher – noch nicht verarbeitete Daten vom Erzeuger überschrieben werden und somit verlorengehen oder daß – falls der Verbraucher schneller ist als der Erzeuger – die gleichen Daten vom Verbraucher mehrfach gelesen werden.

Für die Verwaltung eines einzigen Puffer-Speicherplatzes benötigt dieses Beispiel zwei boolesche Semaphore. Ein Semaphor gibt an, ob der Puffer leer ist, das andere zeigt an, ob der Puffer voll ist.

```
Deklaration und Initialisierung:
var leer: semaphore [1];
    voll: semaphore [0];

process Erzeuger;              process Verbraucher;
begin                         begin
  loop                          loop
    <erzeuge Daten>               P(voll);
    P(leer);                      <leere Puffer>
    <fülle Puffer>                V(leer);
    V(voll);                      <verarbeite Daten>
  end;                          end;
end process Erzeuger.         end process Verbraucher.
```

Zu Beginn wird mit der Initialisierung das Semaphor `leer` auf 1 und das Semaphor `voll` auf 0 gesetzt, d.h. der Puffer hat den Zustand *leer*. Der Erzeuger generiert zunächst neue Daten, versichert sich dann mit einer P-Operation auf das Semaphor `leer`, daß der Puffer leer ist (bzw. wartet so lange, bis der Puffer geleert wurde), füllt den Puffer mit seinen Daten (dies ist der kritische Abschnitt) und signalisiert anschließend mit einer V-Operation auf das Semaphor `voll`, daß der eventuell wartende Verbraucher die Daten lesen kann. Der Verbraucher seinerseits prüft, ob der Puffer voll ist bzw. wartet zunächst darauf, daß er gefüllt wird (P-Operation auf das Semaphor `voll`), liest dann die Daten aus dem Pufferbereich (der kritische Abschnitt), führt anschließend eine V-Operation auf das Semaphor `leer` aus (signalisiert damit dem eventuell wartenden Erzeuger-Prozeß, daß er nun wieder neue Daten in den Puffer schreiben kann) und verarbeitet erst jetzt die gelesenen Daten.

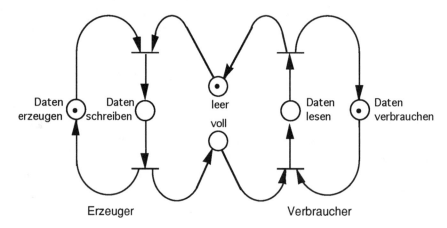

Abbildung 7.2: Petri-Netz zum Erzeuger-Verbraucher–Problem

Abb. 7.2 verdeutlicht das Synchronisationsproblem an Hand eines einfachen Petri-Netzes. Jeder der beiden Prozesse beschreibt einen Kreis, entsprechend der Endlosschleife `loop` im Programm. Eine P-Operation auf eines der beiden Semaphore `leer` bzw. `voll` entspricht einer Eingangskante auf einen Übergang, eine V-Operation entspricht einer Ausgangskante. Schaltet beispielsweise der obere Übergang im Erzeuger-Prozeß, so verschwindet die Marke im Semaphor-Platz `leer` und blockiert diesen Prozeß im nächstern Durchlauf (bzw. weitere, hier nicht eingezeichnete Erzeuger) so lange, bis der Verbraucher die V-Operation darauf ausführt. Dies entspricht hier dem Schalten des oberen Übergangs des Verbrauchers, welcher eine Ausgangskante zum Platz `leer` besitzt und somit die Marke wieder erzeugt.

Das Bounded-Buffer-Problem

Beim vorangegangenen Beispiel konnten Erzeuger- und Verbraucher-Prozeß zwar weitgehend unabhängig voneinander parallel arbeiten, jedoch stellte der Pufferbereich mit nur einem einzigen Speicherplatz eine Einschränkung der möglichen Parallelität dar: Es ist z.B. möglich, daß sowohl bei der Erzeugung als auch bei der Verarbeitung von Daten unterschiedlich lange Rechenzeiten benötigt werden. Diese würden sich zwar im Mittel ausgleichen, bei der Verarbeitung mit nur einem Puffer aber ungünstig aufaddieren. Die Abhilfe besteht aus einem größeren (aber immer noch begrenzten) Pufferbereich. Im hier gezeigten Beispiel wird ein Puffer mit n Speicherplätzen verwaltet. Dazu werden ein boolesches Semaphor zur Sicherung des kritischen Abschnittes und zwei allgemeine Semaphore zur Verwaltung des Belegungsgrades des Puffers benötigt.

```
Deklaration und Initialisierung:
var kritisch:  semaphore[1];
    frei    :  semaphore[n];      (* Es gibt n Pufferplätze *)
    belegt  :  semaphore[0];
```

```
process Erzeuger;                 process Verbraucher;
begin                             begin
  loop                              loop
     <Daten erzeugen>                  P(belegt);
     P(frei);                          P(kritisch);
      P(kritisch);                       <aus dem Puffer lesen>
       <in den Puffer schreiben>       V(kritisch);
      V(kritisch);                     V(frei);
     V(belegt);                         <Daten verarbeiten>
  end;                              end;
end process Erzeuger;             end process Verbraucher;
```

Bei der Initialisierung erhält das Semaphor `frei` den Startwert n und `belegt` den Startwert 0, d.h. der Puffer besitzt n freie Plätze. Das Semaphor `kritisch` wird mit 1 initialisiert, damit immer nur ein Prozeß den kritischen Abschnitt betreten kann. Im Anweisungsteil der beiden Prozesse sind nun die Schreib- und Lese-Operationen im Puffer in eine P- und V-Klammer mit dem Semaphor für den kritischen Abschnitt eingeschlossen. Dies ist nötig, da im Gegensatz zum vorangegangenen Beispiel der Pufferbereich nun gleichzeitig sowohl freie als auch belegte Plätze haben kann. Analog zum letzten Beispiel führt der Erzeuger-Prozeß zunächst eine P-Operation auf das Semaphor `frei` aus, legt die Daten im Puffer ab und führt anschließend eine V-Operation auf das Semaphor `belegt` aus. In gleicher Weise beginnt der Verbraucher mit einer P-Operation auf das Semaphor `belegt` (nur wenn Daten im Puffer vorhanden sind, kann er weiterarbeiten) und führt zum Abschluß eine V-Operation auf das Semaphor `frei` aus (durch das Lesen eines Datenelements aus dem Puffer ist nun ein weiterer Speicherplatz frei). Die Bedeutung ist dabei leicht verändert, da nun n Speicherplätze durch zwei allgemeine Semaphore verwaltet werden, statt wie zuvor ein Speicherplatz mit zwei booleschen Semaphoren. In `frei` und `belegt` werden entsprechend die freien und belegten Speicherplätze herauf- und heruntergezählt, je nachdem, ob eine V- oder P-Operation auf sie angewendet wird.

Dieser Synchronisations-Mechanismus ist in Abb. 7.3 mit einem erweiterten Petri-Netz dargestellt. Dieses Petri-Netz entsteht aus dem einfachen Beispiel in Abb. 7.2 durch Ersetzen der beiden booleschen Semaphorplätze durch allgemeine Semaphore, was bei erweiterten Petri-Netzen durch Plätze mit beliebig vielen Markierungen dargestellt werden kann. Zusätzlich wird der (boolesche) Semaphor-Platz `kritisch` eingeführt, der für die Synchronisation von mehreren Erzeugern und Verbrauchern benötigt wird. Der Platz `belegt` gibt nun die Anzahl der momentan belegten Pufferplätze an, der Platz `frei` gibt die Anzahl der momentan freien Pufferplätze an.

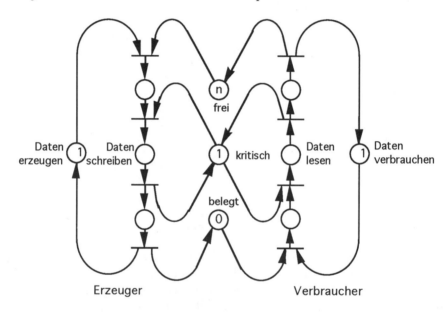

Abbildung 7.3: Erweitertes Petri-Netz zum Bounded-Buffer-Problem

Das Readers-Writers–Problem

Sehr häufig tritt das Problem auf, daß eine Gruppe von Prozessen ein Betriebsmittel *exklusiv* benötigt, während bei einer anderen Gruppe die *gleichzeitige parallele* Nutzung möglich ist. Dies tritt beispielsweise dann auf, wenn mehrere Prozesse auf einen gemeinsamen Speicherbereich zugreifen möchten, einige schreibend und einige lesend. Während mehrere Prozesse gleichzeitig auf die gemeinsamen Daten lesend zugreifen dürfen, muß sichergestellt werden, daß immer nur ein schreibender Prozeß Zugang erhält. Währenddessen darf *kein* Leser mehr auf diesen Daten arbeiten, sonst können inkonsistente Daten entstehen (siehe Abschnitt 8.1). Bei einer trivialen Lösung mit nur einem Semaphor kann immer nur ein einziger Leser aktiv sein, es würde also mögliche Parallelität verschenkt. Die hier gezeigte Lösung dieses sogenannten "Readers-Writers–Problems" nach [Courtois, Heymans, Parnas 71] läßt die maximal mögliche Parallelität zu.

Jeder Leser muß vor dem Datenzugriff prüfen, ob er der erste Prozeß ist, der auf den gemeinsamen Datenbereich zugreifen möchte. In diesem Fall ist readcount gleich Null und das Semaphor r_w wird für die Leser belegt. Weitere hinzukommende Leser erhöhen nur den Zähler readcount, führen aber keine Semaphor-Operation durch. Falls nun ein Schreiber auf den gemeinsamen Datenbereich zugreifen möchte, wird er beim Aufruf von P(r_w) blockiert. Wenn nach und nach die Leser-Prozesse den kritischen Bereich verlassen, dekrementieren sie den readcount-Zähler, bis der letzte ausscheidende Leser die V-Operation auf das Semaphor r_w ausübt. Somit kommt der wartende Schreiber zum Zuge. Neuankommende Leser und Schreiber müssen nun warten, bis die exklusive Nutzung durch den Schreiber-Prozeß beendet ist.

Deklaration und Initialisierung:

```
var count  :    semaphore[1];
    r_w    :    semaphore[1];   (* Ein Schreiber oder viele Leser *)
    readcount:  INTEGER;
```

Initialisierung: readcount:=0;

```
process Leser;                        process Schreiber;
begin                                 begin
loop                                    loop
  P(count);                               <Daten erzeugen>
  if readcount=0 then P(r_w)              P(r_w);
  end;
  readcount := readcount + 1;             <in den Puffer schreiben>
  V(count);
                                          V(r_w);
  <aus dem Puffer lesen>                end; (* loop *)
                                      end process Schreiber;
  P(count);
  readcount := readcount - 1;
  if readcount=0 then V(r_w)
  end;
  V(count);
  <Daten verarbeiten>
end; (* loop *)
end process Leser;
```

Die Zähler-Operationen und die bedingten Semaphor-Operationen bilden bei den Leser-Prozessen zwei zusätzliche kritische Abschnitte, die mit einem weiteren Semaphor (count) geschützt werden müssen.

Bei dieser Lösung ist leicht ein "Aushungern" der Schreiber-Prozesse durch genügend viele Leser-Prozesse möglich. Bei ständig neu hinzukommenden und ausscheidenden Leser-Prozessen kommen die wartenden Schreiber-Prozesse möglicherweise nie mehr an die Reihe. Dies kann bei einer komplexeren Lösung dadurch verhindert werden, daß ab dem ersten wartenden Schreiber-Prozeß keine neuen Leser-Prozesse mehr zugelassen werden.

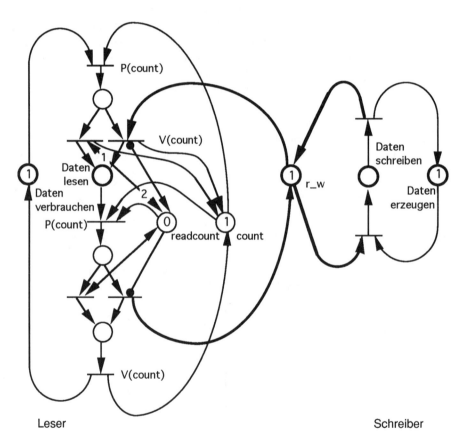

Abbildung 7.4: Erweitertes Petri-Netz zum Readers-Writers-Problem

In Abb. 7.4 ist dieser Sachverhalt wie bei den vorhergehenden Problemstellungen als erweitertes Petri-Netz realisiert, wobei nur jeweils *ein* Leser und *ein* Schreiber abgebildet sind. Dabei sind zur Verdeutlichung die Verbindungen mit dem zentralen Semaphorplatz r_w fett gezeichnet, sowie Hin- und Rückverbindungen zwischen einem Platz und einem Übergang durch Doppelpfeile (bzw. Doppelpfeile mit Negation) ersetzt. Falls mehrere Leser vorhanden sind, greifen diese auf die *gleichen* Plätze count, readcount und r_w zu; entsprechend haben alle Schreiber den *gleichen* Platz r_w gemeinsam!

Nach dem Belegen des Semaphors count (Entfernen der Marke) durch den ersten Leser-Prozeß wird über eine Negationskante eine Fallunterscheidung durchgeführt, je nachdem ob die Variable readcount den Wert Null oder einen Wert größer als Null besitzt, d.h. ob dieser Prozeß der erste Leser ist, oder ob zu diesem Zeitpunkt bereits mehrere Leser auf den gemeinsamen Datenbereich zugreifen. Nur falls readcount gleich Null ist, wird beim Schalten des betreffenden Übergangs auch eine P-Operation auf das zentrale Semaphor r_w durchgeführt (Entfernen der Marke). In beiden Fällen wird beim Schalten des Übergangs die Variable readcount um eins inkrementiert (falls readcount > 0 gilt, wird über die Kantengewichte 1 subtrahiert und 2 addiert, also insgesamt ebenfalls 1 hinzugefügt). Nun kann der Leser-Prozeß seine Operationen auf dem gemeinsamen Datenbereich durchführen. Wenn er diesen wieder verlassen möchte, muß er erneut das Semaphor count für den kritischen Abschnitt belegen und den Zähler readcount um eins dekrementieren. Nur falls readcount anschließend gleich Null ist, d.h. es handelt sich um den letzten aktiven Leser-Prozeß, wird die V-Operation auf das Semaphor r_w durchgeführt (Erzeugen der Marke in r_w), bevor in beiden Fällen das Semaphor count wieder freigegeben wird (Erzeugen der Marke in count).

Das Verhalten des Schreiber-Prozesses ist dagegen sehr einfach. Vor jedem Zugriff wird die Marke des Semaphorplatzes r_w über eine Eingangskante gelöscht (P-Operation) und nach jedem Zugriff durch eine Ausgangskante wieder erzeugt (V-Operation).

In Datenbanksystemen wird außer dem in diesem Abschnitt vorgestellten Typ des "exklusiven" Semaphors auch der Typ des "shared" Semaphors verwendet (siehe [Gray, Reuter 92]). Ein "shared"-Semaphor kann entweder im *shared*-Modus von mehreren Prozessen gleichzeitig belegt werden (z.B. von mehreren Lesern), oder aber läßt im *exklusiv*-Modus nur einen Prozeß zu (z.B. einen Schreiber). Dies heißt, das oben gezeigte Readers-Writers–Problem kann mit Shared-Semaphoren auf triviale Weise gelöst werden. Shared-Semaphore sind somit das allgemeinere Modell eines Semaphors; sie können allerdings wie oben gezeigt auch mit Hilfe von Exklusiv-Semaphoren implementiert werden.

Abschließend sollte bemerkt werden, daß Semaphore zwar eine sehr einfache Art der Prozeßsynchronisation sind, aber auch eine große Fehlerquelle darstellen. Dies reicht von im Programm "vergessenen" P- bzw. V-Operationen bis zur Ausnahmebehandlung (*exception handling*) in Prozessen. Falls bei einem Prozeß nach dem Belegen eines Semaphors (P-Operation) ein Fehler (*exception*) auftritt und er deshalb terminiert, kann unter Umständen das gesamte Prozeßsystem blockiert werden, da keine Freigabe des Semaphors erfolgte. Nur in Betriebssystemen mit aufwendiger sogenannter "functional recovery" kann eine gewisse Fehlertoleranz erreicht werden, indem versucht wird, die von terminierenden Prozessen belegten Semaphore wieder freizugeben. Semaphore sind ein Werkzeug für die Systemprogrammierung und sollten in Anwenderprogrammen wenn immer möglich durch höhere Konzepte, wie beispielsweise die im folgenden Abschnitt beschriebenen Monitore, ersetzt werden.

7.4 Monitore

Monitore wurden in den Jahren 1974/75 von Hoare und Brinch Hansen als ein weiteres Synchronisationskonzept für parallele Prozesse eingeführt [Hoare 74], [Brinch Hansen 75]. Ein Monitor ("Überwacher") ist ein abstrakter Datentyp, d.h. er bewegt sich auf einer höheren Abstraktionsebene als die bereits vorgestellten Semaphore. Jeder Monitor umfaßt sowohl die zu schützenden Daten, als auch die zugehörigen Zugriffs- und Synchronisationsmechanismen, die hier "Entries" und "Conditions" heißen.

Anwendung:

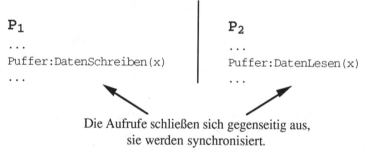

$$P_1$$

...

Puffer:DatenSchreiben(x)

...

$$P_2$$

...

Puffer:DatenLesen(x)

...

Die Aufrufe schließen sich gegenseitig aus,
sie werden synchronisiert.

Die Anwendung von Monitoren ist erheblich einfacher als die von Semaphoren. Die zu synchronisierenden Prozesse rufen schlicht Monitor-Entries mit entsprechenden Parametern auf, was in etwa speziellen Prozeduraufrufen entspricht. Insbesondere können keine Probleme in der Art von "vergessenen P- oder V-Operationen" auftreten. Das Erstellen der Monitor-Entries mit den dazugehörigen Conditions ist allerdings nicht ganz so einfach, wie folgendes Beispiel verdeutlicht. Es soll ein Pufferstapel (siehe Abb. 7.5) verwaltet werden, den beliebig viele Prozesse zum Ablegen und Lesen von Daten verwenden dürfen.

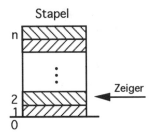

Abbildung 7.5: Stapel

Im Monitor werden zunächst die Monitor-Daten definiert. Diese haben die folgenden Eigenschaften:

- statisch
  d.h. Monitor-Daten behalten ihren Wert zwischen zwei Aufrufen von Monitor-Entries (im Gegensatz zu Prozedur-Daten)

- lokal
  d.h. auf Monitor-Daten kann ausschließlich über Monitor-Entries zugegriffen werden (analog zu lokalen Prozedur-Daten)

Danach folgen die Deklarationen der Entries ("Monitor-Prozeduren"). Diese sind als einzige nach außen hin sichtbar und können von Prozessen mit Werte- oder Ergebnisparametern (VAR) aufgerufen werden. Da sie auf gemeinsame Daten zugreifen, schliessen sich Monitor-Entries gegenseitig aus. Die dazu notwendige Synchronisation wird automatisch vom Betriebssystem durchgeführt. D.h. solange ein Prozeß einen Monitor-Entry ausführt, müssen alle anderen Prozesse warten, die einen Entry desselben Monitors ausführen möchten. Am Ende des Monitors befindet sich der Initialisierungsteil, der genau einmal beim Start des gesamten Programmsystems noch vor dem Start eines Prozesses, d.h. vor der Initialisierung des Hauptprogramms, ausgeführt wird.

Conditions sind Warteschlangen, analog zu den Warteschlangen der Semaphore, sie besitzen jedoch keinen Zähler wie diese. Auf Conditions sind drei Operationen definiert, die im Realisierungsteil näher erläutert werden:

- wait (Cond)
  Der ausführende Prozeß blockiert sich selbst und wartet so lange, bis ein anderer Prozeß eine signal-Operation auf diese Condition ausführt.

- signal (Cond)
  Alle in der Condition Cond wartenden Prozesse werden reaktiviert und bewerben sich erneut um den Zugang zum Monitor. (Eine andere Variante befreit *nur einen* Prozeß: den nächsten in der Wartereihenfolge.)

- status (Cond)
  Diese Funktion liefert die Anzahl der auf den Eintritt dieser Bedingung wartenden Prozesse.

Es folgt ein Programmbeispiel für die Verwaltung eines Pufferstapels in der Sprache
Modula-P:

```
monitor Puffer;
var   Stapel: array [1..n] of Datensatz;
      Zeiger: 0..n;
      frei, belegt: condition;

entry DatenSchreiben(a: Datensatz);
begin
  while Zeiger=n do              (* Stapel voll *)
    wait(frei)
  end;
  inc(Zeiger);
  Stapel[Zeiger]:=a;
  if Zeiger=1 then signal(belegt) end;
end DatenSchreiben;

entry DatenLesen(var a: Datensatz);
begin
  while Zeiger=0 do              (* Stapel leer *)
    wait(belegt)
  end;
  a:=Stapel[Zeiger];
  dec(Zeiger);
  if Zeiger=n-1 then signal(frei) end;
end DatenLesen;

begin                           (* Monitor-Initialisierung *)
  Zeiger:=0
end monitor Puffer;
```

In diesem Beispiel werden zwei Conditions deklariert, die frei und belegt heißen. In
diese Warteschlangen werden Prozesse eingereiht, die auf das Eintreten der entsprechenden Bedingung warten. Für das Entry DatenSchreiben gilt: Falls der Ausdruck
Zeiger=n erfüllt ist, ist der Stapel voll und der Prozeß muß so lange warten, bis ein
Pufferplatz frei ist. Dieses Warten muß innerhalb einer while-Schleife erfolgen, denn
sonst könnte bei mehreren wartenden Prozessen ein anderer Prozeß zuvorkommen und
den freien Platz bereits wieder verbraucht haben (die Operation signal reaktiviert *alle*
in der Condition wartenden Prozesse). Anschließend folgen Operationen auf den Moni-

tor-Daten (Eintragen des Datensatzes) und zum Abschluß ein Signal auf die Condition `belegt`, die eventuell wartende Prozesse des Entries `DatenLesen` aktiviert.

Der Entry `DatenLesen` ist analog aufgebaut. Hier muß gegebenenfalls auf das Eintreten der Condition `belegt` gewartet werden, bevor Daten aus dem Stapel gelesen werden können, und zum Abschluß wird ein Signal auf die Condition `frei` gegeben, um eventuell wartende Schreib-Prozesse zu aktivieren. Da Signale aufwendige Operationen sind, werden sie in `if`-Abfragen eingeschlossen und nur dann ausgeführt, wenn tatsächlich die Möglichkeit besteht, daß Prozesse auf diese Condition warten (z.B. die Bedingung `Zeiger=1` für das Signal auf `belegt` in `DatenSchreiben`: dann war der Zeiger zuvor gleich Null und der Puffer völlig leer).

<u>Realisierung</u>

Monitore werden im allgemeinen mit Hilfe von Semaphoren implementiert. Dies ist nach [Nehmer 85] in den folgenden sechs Schritten beschrieben.

1) Deklaration eines booleschen Semaphors für jeden vorkommenden Monitor
   var   MSema: **semaphore**[1];

2) Umformung der Entries in Prozeduren, wobei jede dieser Prozeduren in eine Klammer aus P- und V-Operation auf das Monitor-Semaphor eingeschlossen wird. Dies garantiert, daß immer nur ein Prozeß einen der Entries des Monitors aufrufen kann.

   ```
   procedure xyz(...)
   begin
     P(MSema);
      <Anweisungen>
     V(MSema);
   end xyz;
   ```

3) Umwandlung der Monitor-Initialisierung in eine Prozedur und Einfügen eines entsprechenden Aufrufs zu Beginn des Hauptprogramms.

4) Implementierung der Wait-Operation
   Der ausführende Prozeß wird in die Condition-Warteschlange eingereiht und blockiert. Danach wird das Monitor-Semaphor wieder freigegeben (damit ein anderer Prozeß den Monitor betreten kann) und der nächste Prozeß im Zustand "bereit" zur Ausführung auf dem Prozessor geladen. Die parallele Konstante `actproc` bezeichnet die Nummer des gerade aktiven Prozesses.

```
procedure wait(Cond: condition; MSema: semaphore);
begin
    append(Cond,actproc);      (* ProcID in Condition-Warteschlange einf. *)
    block(actproc);            (* ProcID in Blockiert-Liste einfügen *)
    v(MSema);                  (* Monitor-Semaphor wieder freigeben *)
    assign;                    (* Laden des nächsten bereiten Prozesses *)
end wait;
```

5) Implementierung der Signal-Operation

a) Variante, die nur einen wartenden Prozeß befreit:

Hier muß die wait-Operation immer innerhalb einer if-Schleife stehen, damit nicht auf eine bereits eingetretene Bedingung gewartet wird. Der nächste in der Condition wartende Prozeß wird herausgenommen und eine P-Operation für *diesen* Prozeß (aber nicht für den Prozeß, der die Signal-Operation ausführt – daher die umständliche Schreibweise!) auf dem Monitor-Semaphor ausgeführt.

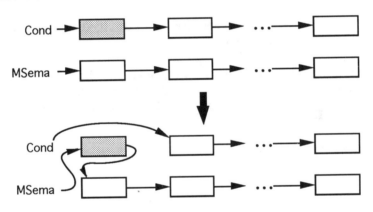

Abbildung 7.6: Signal Variante (a)

```
procedure signal(Cond: condition; MSema: semaphore);
var NewProc: Proc_ID;
begin
    if status(Cond) > 0 then
        getfirst(Cond, NewProc);
        putfirst(MSema.L, NewProc);  } P-Operation für NewProc
        dec(MSema.Value)
    end
end signal;
```

b) Variante, die alle wartenden Prozesse befreit (z.B. in Modula-P):
Hier muß die `wait`-Operation immer innerhalb einer `while`-Schleife stehen, da
ansonsten die Condition durch einen anderen, ebenfalls befreiten Prozeß schon
wieder ungültig gemacht (*invalidiert*) sein kann.

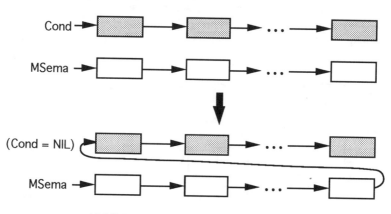

Abbildung 7.7: Signal Variante (b)

```
procedure signal(Cond: condition; MSema: semaphore);
var NewProc: Proc_ID;
begin     (* hier ist die Status-Abfrage nicht erforderlich *)
   MSema.Value := MSema.Value - status(Cond);
   append(MSema.L,Cond);   (* Listen aneinanderhängen *)
   Cond := nil;
end signal;
```

6) Implementierung der Status-Operation
Diese Funktion liefert die Länge der Condition-Warteschlange zurück.

```
procedure status(Cond: condition): CARDINAL;
begin
   return length(Cond);
end status;
```

7.5 Nachrichten und Remote-Procedure-Call

Alle bisher behandelten Synchronisationsmechanismen können nur dann eingesetzt
werden, wenn die Prozessoren, auf denen die Prozesse ausgeführt werden, über gemeinsamen Speicher verfügen. Bei verteilten Systemen ist jedoch der Botschaften- oder
Nachrichtenaustausch die einzige Möglichkeit, um zwei Prozesse miteinander zu synchronisieren oder um Daten auszutauschen. Andererseits sind die Konzepte des Nach-

richtenaustausches und des darauf aufbauenden Remote-Procedure-Call - Mechanismus auch für Systeme mit gemeinsamem Speicher geeignet. Diese Verfahren sind zwar einerseits sehr komfortabel, erfordern jedoch andererseits einen erhöhten Rechenaufwand für Verwaltungsaufgaben. Prozesse, die einen Remote-Procedure-Call durchführen, werden nachfolgend als "Clients" bezeichnet (sie sind sozusagen *Kunden* einer Dienstleistung anderer Prozesse), während die dabei aufgerufenen Prozesse als "Server" bezeichnet werden (sie sind dementsprechend die *Anbieter* einer Dienstleistung für andere Prozesse).

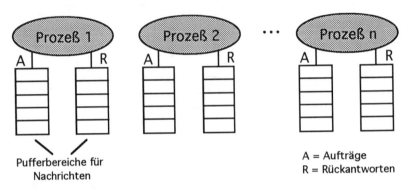

Abbildung 7.8: Prozesse mit Nachrichtenpuffern

Ein einfaches Modell für eine Auftragsabwicklung mittels Nachrichtenaustausch zwischen Prozessen nach [Nehmer 85] zeigt Abb. 7.8. Da jeder Prozeß sowohl Server als auch Client sein kann, erhält jeder zwei verschiedene Puffer für eintreffende Nachrichten, "A" für eintreffende Aufträge und "R" für eintreffende Rückantworten.

Folgende Operationen sind für den Nachrichtenaustausch definiert:

- Senden eines Auftrages
  `Send_A     (Empfänger, Nachricht)`

- Empfangen eines Auftrages
  `Receive_A (`**`var`**` Absender; `**`var`**` Nachricht)`

- Senden einer Rückantwort
  `Send_R     (Empfänger, Nachricht)`

- Empfangen einer Rückantwort
  `Receive_R (`**`var`**` Absender; `**`var`**` Nachricht)`

Natürlich könnte man auch mit nur zwei Operationen zum Senden und Empfangen von Nachrichten auskommen. Die hier gewählte Variante ermöglicht es jedoch, zwischen erhaltenen Aufträgen und Rückantworten zu unterscheiden. Damit kann eine flexiblere Abarbeitungsreihenfolge gewählt werden. Ansonsten könnte z.B. ein auf eine Rückantwort wartender Prozeß durch einen neu erhaltenen Auftrag blockiert werden.

Anwendung:

Der Client-Prozeß P_C sendet seinen Auftrag an den Server-Prozeß P_S. Anschließend kann er weitere Aufgaben erledigen, bis er schließlich auf das Eintreffen der Rückantwort des Servers wartet. Der Server arbeitet in einer Endlosschleife Aufträge verschiedener Client-Prozesse ab. Der Auftrag wird eingelesen, ausgeführt und das Ergebnis an den Absender zurückgeliefert.

$$P_C$$

```
...
Send_A(nach_Server,Auftrag);
...
Receive_R(von_Server,Ergebnis)
```

$$P_S$$

```
loop
   Receive_A(Client,Auftrag);
   <Auftrag erledigen>
   Send_R(Client,Ergebnis);
end;
```

Realisierung

Bei Parallelrechnern mit gemeinsamem Speicher kann das Nachrichtenkonzept mit Hilfe eines Monitors realisiert werden. Bei einem Parallelrechner ohne gemeinsamen Speicher ist eine zusätzliche dezentrale Netzwerksteuerung mit Nachrichten-Protokollen und Routing-Verfahren nötig, auf die an dieser Stelle nicht näher eingegangen wird. Es folgt hier eine kurze Implementierungsskizze für die in jedem Fall benötigte Nachrichtenverwaltung innerhalb *eines* Rechnerknotens (bei verteilten Systemen) bzw. für ein System mit beliebig vielen Prozessoren und gemeinsamem Speicher.

Wie in Abb. 7.9 gezeigt ist, sollen alle Nachrichten in einem globalen Pool verwaltet werden. Die parallele Konstante actproc liefert lokal für jeden Prozeß dessen Prozeßnummer.

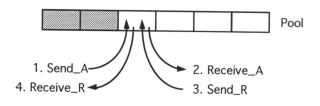

Abbildung 7.9: Nachrichtenpool

Implementierungsskizze nach [Nehmer 85]:

```
type PoolElem = record
                    free: BOOLEAN;
                    from: 1..anzahlProcs;
                    info: Nachricht;
                end;
     Schlange  = record
                    contents: 1..max;
                    next    : pointer to Schlange
                end;

monitor Nachrichten;
var Pool            : array [1..max] of Nachricht;
                      (* globaler Nachrichtenpool *)

    pfree           : CONDITION;
                      (* Warteschlange, falls Pool vollständig belegt ist *)

    Afull, Rfull    : array [1..anzahlProcs] of CONDITION;
                      (* Ws. für jeden Prozeß für eintreff. Nachrichten *)

    queueA, queueR: array [1..anzahlProcs] of Schlange;
                      (* lokale Nachrichtenpools für jeden Prozeß *)

entry Send_A (nach: 1..anzahlProcs; a: Nachricht);
var id: 1..max;
begin
  while not GetFreeElem(id) do wait(pfree);
  with pool[id] do
    free := false;
    from := actproc;
    info := a;
  end;
  append(queueA[nach],id);    (* Platznr. in Auftragsqueue eintragen *)
  signal(Afull[nach]);
end Send_A;

entry Receive_A (var von: 1..anzahlProcs; var a: Nachricht);
var id: 1..max;
begin
  while empty(queueA[actproc]) do wait(Afull[actproc]) end;
  id  := head(queueA[actproc]);
  von := pool[id].from;
  a   := pool[id].info;    (* pool[id] noch nicht freigeben*)
end Receive_A;
```

```
entry Send_R (nach: 1..anzahlProcs; ergebnis: Nachricht);
var id: 1..max;
begin
   id := head(queueA[actproc]);
   tail(queueA[actproc]);   (* entfernt erstes Element (head) der Schlange *)
   pool[id].from := actproc;
   pool[id].info := ergebnis;
   append(queueR[nach],id];      (* Platznr. in Rückantwortqueue eintragen *)
   signal(Rfull[nach])
end Send_R;


entry Receive_R (var von: 1..anzahlProcs; var erg: Nachricht);
var id: 1..max;
begin
   while empty(queueR[actproc]) do wait(Rfull[actproc]) end;
   id := head(queueR[actproc]);
   tail(queueR[actproc]);   (* entfernt erstes Element (head) der Schlange *)
   with pool[id] do
     von  := from;
     erg  := info;
     free := true;        (* Freigabe des Poolementes *)
   end;
   signal(pfree);          (* freies Poolelement vorhanden *)
end Receive_R;
```

8. Probleme bei asynchroner Parallelität

Wie in den vorangegangenen Kapiteln gezeigt wurde, ist die asynchrone parallele Programmierung recht kompliziert und daher fehleranfällig. Das Vergessen einer P- oder V-Operation oder die Verwendung eines falschen Semaphors sind häufige Fehler mit meist schwerwiegenden Folgen für die Programmausführung. Bei Monitoren besteht die Gefahr, Fehler beim Gebrauch der Condition-Variablen und den Operationen Wait und Signal zu machen. Allgemein können durch Programmierfehler bei der Prozeß-Synchronisation folgende Probleme auftreten:

    a) Inkonsistente Daten

    b) Verklemmungen (Deadlock / Livelock)

Auf die Auswirkungen dieser Probleme und Möglichkeiten zu ihrer Vermeidung soll in den nächsten beiden Abschnitten näher eingegangen werden. Anschließend wird das Problem der Lastbalancierung behandelt, womit eine effiziente Auslastung der Prozessoren erreicht werden soll.

8.1 Inkonsistente Daten

Ein Datum bzw. eine Relation zwischen Daten ist nach Ausführung einer parallelen Operation genau dann inkonsistent, wenn es nicht den Wert besitzt, den es bei sequentieller Abarbeitung der Operation erhalten hätte. Ohne ausreichende parallele Kontrollmechanismen (z.B. Verriegelungen) können bei der Abarbeitung paralleler Prozesse leicht fehlerhafte Daten entstehen. Folgende Problemklassen werden unterschieden [Date 86]:

* Verlorener Update   *(lost update problem)*
* Inkonsistente Analyse   *(inconsistent analysis problem)*
* Unbestätigte Abhängigkeit *(uncommitted dependency problem)*

Verlorener Update

Dieses Problem soll an einem Beispiel verdeutlicht werden: Das Gehalt von Herrn Müller betrage DM 1000,- . Prozeß 1 soll (unter anderem) das Gehalt von Herrn Müller um eine Zulage von DM 50,- erhöhen. Prozeß 2, der parallel dazu abgearbeitet wird, soll das Gehalt von Herrn Müller um 10% erhöhen. Je nach Ausführungsreihenfolge bzw. Verzahnung bei der Ausführung der beiden Prozesse, ergeben sich verschiedene Resultate. Diese können natürlich nicht alle gleichermaßen korrekt sein.

Das Beispiel in Abb. 8.1 listet alle vier möglichen Resultate auf. Generell können sämtliche Ergebnisse durch systematisches Ausprobieren aller möglichen verzahnten Ausführungsreihenfolgen der beteiligten Prozesse gefunden werden.

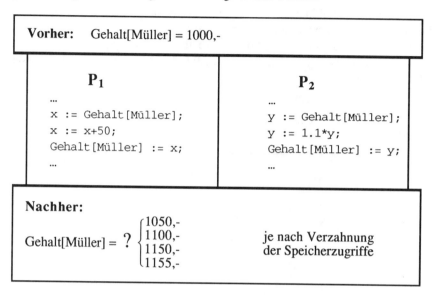

Abbildung 8.1: Verlorener Update

Der Wert 1050,- beispielsweise ergibt sich folgendermaßen:

> Beide Prozesse führen zunächst ihre erste Anweisung gleichzeitig durch, d.h. x und y erhalten den ursprünglichen Wert 1000,- zugewiesen. Dann führt zunächst P_2 seine beiden restlichen Anweisungen durch und setzt das Gehalt von Müller kurzfristig auf 1,1 * 1000,- gleich 1100,- DM. Dann aber führt P_1 seine verbleibenden beiden Anweisungen durch und setzt das Gehalt von Müller auf den endgültigen Wert von 1000,- + 50,- gleich 1050,- DM. Der zwischenzeitlich von P_2 berechnete Wert wird nicht beachtet und überschrieben.

Entsprechend der ursprünglichen Intention der beiden Transaktionen (die hier nicht dargelegt wurde) gibt es genau eine vorgeschriebene Reihenfolge, z.B. P_1 komplett vor P_2. Diese sequentielle Abarbeitung liefert das korrekte Ergebnis (hier 1155,-). Alle anderen Werte sind falsch; sie kommen durch eine fehlerhafte Abarbeitungsreihenfolge der Prozesse zustande. Diese Fehler sind "zeitabhängige Fehler". Da sie von einer Vielzahl von nicht direkt beeinflußbaren Parametern, wie der Zahl der zur Verfügung stehenden Prozessoren, der Auslastung des Systems usw. abhängen, sind diese Fehler besonders tückisch. Zeitabhängige Fehler sind in der Regel *nicht reproduzierbar*, d.h. sie können durch systematisches Testen nicht gefunden werden!

Inkonsistente Analyse

Das typische Beispiel hierfür ist eine Banküberweisung. Die Summe der beiden beteiligten Konten ist vor und nach Durchführung der Transaktion identisch, jedoch kann ein anderer Prozeß, der während der Abarbeitung der Überweisungs-Transaktion die aktuellen Kontostände liest (analysiert), zu falschen Ergebnissen gelangen (siehe Beispiel in Abb. 8.2).

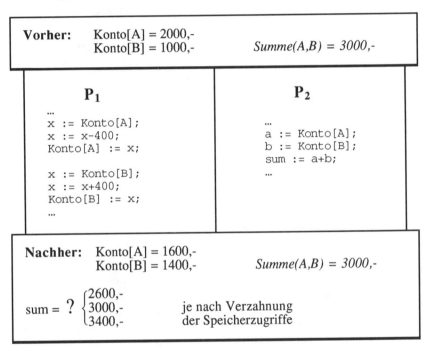

Abbildung 8.2: Inkonsistente Analyse

Während Prozeß P_1 die Überweisungs-Transaktion ausführt, stimmt kurzzeitig die Relation zwischen den beiden Daten (Kontoständen) nicht. Analyse-Prozeß P_2 erhält fehlerhafte Daten, falls er gerade in diesem Moment den aktuellen Wert eines Datenelementes oder beider Datenelemente (Kontostände) liest.

Unbestätigte Abhängigkeit

Die mögliche Abhängigkeit von unbestätigten (uncommitted) Transaktionen ist ein typisches Problem bei Datenbanken. Da eine Transaktion, wie unten erläutert ist, entweder gelingen oder scheitern kann, sind die von einer Transaktion gemachten Änderungen auf globalen Daten vor deren erfolgreichem Abschluß immer nur unter Vorbehalt gültig. Falls eine Transaktion A globale Daten ändert, Transaktion B diese liest und Transaktion A anschließend scheitert, so hat Transaktion B ungültige Daten benutzt.

In Datenbanksystemen werden Transaktionen als "atomare Operationen" implementiert (eine nicht ganz einfache Aufgabe, wie die hier geschilderten Problemfälle belegen, siehe [Date 86]). Eine Transaktion kann demnach entweder erfolgreich sein oder scheitern. Eine erfolgreiche Transaktion wird vollständig abgearbeitet (*commit*), während im Fehlerfall eine gescheiterte Transaktion vollständig zurückgesetzt werden muß (*rollback*). Falls vor Auftreten des Fehlers schon einige Operationen auf der Datenbank ausgeführt wurden, so müssen diese in der Form rückgängig gemacht werden, als hätte die Transaktion nie stattgefunden. Bei Einhaltung des Transaktionskonzeptes werden inkonsistente Daten verhindert.

8.2 Verklemmungen

Bei Verklemmungen unterscheidet man zwischen *Deadlocks* und *Livelocks*. Ein Deadlock beschreibt den Zustand, in dem alle Prozesse blockiert sind und sich aus dieser Blockierung nicht mehr lösen können. Beim Livelock handelt es sich im Unterschied dazu um eine Verklemmung von aktiven Prozessen, d.h. diese befinden sich zwar nicht im Zustand "blockiert", führen aber beispielsweise Warteoperationen in einer Schleife aus und können sich ebenfalls nicht mehr aus der Verklemmung lösen.

Definition Deadlock:

> Eine Gruppe von Prozessen wartet auf das Eintreten einer Bedingung, die nur durch Prozesse der Gruppe selbst hergestellt werden kann (wechselseitige Abhängigkeit).

Deadlocks treten beispielsweise auf, wenn alle Prozesse in Semaphor- oder Condition-Warteschlangen blockiert sind. Das folgende Beispiel zeigt die Entstehung eines Deadlocks bei der Verwendung von Semaphoren. Jeder der beiden Prozesse benötigt die beiden Betriebsmittel Terminal (TE) und Drucker (DR), jedoch erfolgen die Anforderungen in Form von P-Operationen in unterschiedlicher Reihenfolge. Während P_1 zuerst das Terminal und dann den Drucker anfordert, versucht P_2 diese beiden Betriebsmittel in umgekehrter Reihenfolge zu belegen. Obwohl sich jeder Prozeß für sich allein gesehen korrekt verhält, kann durch das Zusammenspiel der beiden ein Deadlock auftreten. Dieser tritt nicht jedesmal auf, sondern nur dann, wenn P_1 bereits das Terminal und P_2 bereits den Drucker belegt hat. Dann wartet P_1 in seiner P-Operation für immer auf den Drucker, den P_2 bereits belegt hat und erst dann wieder freigibt, wenn er das Terminal belegen kann, welches sich wiederum bereits in Besitz von P_1 befindet. Die beiden Prozesse befinden sich demnach in einer wechselseitigen Abhängigkeit, aus der sie sich nicht mehr befreien können. Es ist ein Deadlock entstanden.

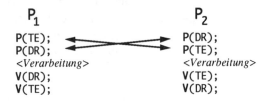

Abbildung 8.3: Deadlock-Gefahr

Folgende Voraussetzungen müssen gegeben sein, damit ein Deadlock auftreten kann (nach [Coffman, Elphick, Soshani 71]):

1. Betriebsmittel können nur exklusiv benutzt werden.

2. Prozesse sind im Besitz von Betriebsmitteln, während sie neue anfordern.

3. Betriebsmittel können den Prozessen nicht zwangsweise entzogen werden.

4. Es exisitiert eine zirkuläre Kette von Prozessen, so daß jeder Prozeß ein Betriebsmittel besitzt, das vom nächsten Prozeß der Kette angefordert wird.

Es existieren eine Reihe von Algorithmen zur Deadlock-Erkennung und -Vermeidung, die auf diesen vier Punkten aufbauen und versuchen, eine der Deadlock-Voraussetzungen zu durchbrechen. Die folgenden Ansätze sind Beispiele dafür, sie werden hier jedoch nicht näher behandelt:

*   Durchbrechen von Voraussetzung Nr. 3:
    Wenn ein Deadlock entsteht, können den Prozessen auch bereits zugeteilte Betriebsmittel wieder entzogen werden. Dafür sind jedoch aufwendige Verfahren zur Erkennung, ob ein Deadlock vorliegt, und zum Wiederaufsetzen der zurückgesetzten Prozesse nötig.

*   Durchbrechen von Voraussetzung Nr. 2:
    Jeder Prozeß muß alle von ihm benötigten Betriebsmittel auf einmal anfordern. Dieses Verfahren legt ein Anforderungs-Protokoll fest, das alle Prozesse einhalten müssen. Die Anforderung mehrerer Betriebsmittel muß als *atomare Operation* realisiert werden, d.h. beispielsweise durch ein Semaphor für kritische Ab-

schnitte eingeschlossen werden. Stellt ein Prozeß zur Laufzeit fest, daß er weitere Betriebsmittel benötigt, so muß er zuerst sämtliche zu diesem Zeitpunkt bereits belegten Betriebsmittel wieder freigeben, bevor er erneut die Gesamtheit der jetzt benötigten Betriebsmittel auf einmal anfordern kann.

Wenn sich alle Prozesse an dieses Anforderungsprotokoll halten, kann zu keinem Zeitpunkt ein Deadlock entstehen. Dafür entsteht ein erhöhter Verwaltungsaufwand für das Belegen und Freigeben von Betriebsmitteln. Darüber hinaus ist die Kontrolle, ob sich alle Prozesse an dieses Protokoll halten, nur schwer zu realisieren und Betriebsmittel werden unter Umständen wesentlich länger belegt als sie eigentlich erforderlich sind.

Weitere Verfahren zur Deadlock-Vermeidung finden sich in [Habermann 76].

8.3 Lastbalancierung

Ein weiterer großer Problemkreis der asynchronen parallelen Programmierung, wenngleich mit nicht ganz so drastischen Auswirkungen wie die zuvor behandelten Problemgruppen, ist die Lastbalancierung. Durch ungeschicktes Verteilen von Prozessen auf Prozessoren können erhebliche Effizienzverluste auftreten, die man gerade beim Einsatz eines Parallelrechners natürlich vermeiden möchte.

Beim einfachen Scheduling-Modell wird eine statische Verteilung von Prozessen auf Prozessoren vorgenommen, d.h. zur Laufzeit findet keine Verlagerung von einmal zugeteilten Prozessen auf andere, weniger ausgelastete Prozessoren statt. Wie das Beispiel in Abb. 8.4 zeigt, kann dieses Verfahren unter Umständen zu großen Ineffizienzen führen.

Zu Beginn werden neun Prozesse gleichmäßig auf die drei vorhandenen Prozessoren verteilt. Während des Ablaufs des Programmsystems werden alle Prozesse der Prozessoren zwei und drei in Warteschlangen blockiert, während alle Prozesse von Prozessor eins weiter aktiv sind. Die Leistung des Parallelrechners sinkt somit auf die eines einzigen Prozessors, obwohl eine weitere Parallelverarbeitung möglich wäre.

Um solche Ineffizienzen zu vermeiden, wurden erweiterte Scheduling-Modelle entwickelt [Hwang, DeGroot 89]. Diese ermöglichen eine dynamische Verteilung von Prozessen auf Prozessoren zur Laufzeit (Dynamische Lastbalancierung, *dynamic load balancing*) durch Umgruppieren bereits zugeordneter Prozesse (*process migration*) in Abhängigkeit der Prozessorlast bezüglich eines Schwellwerts (*threshold*). Zur Steuerung der zentralen Operation der "process migration" werden drei prinzipielle Methoden unterschieden.

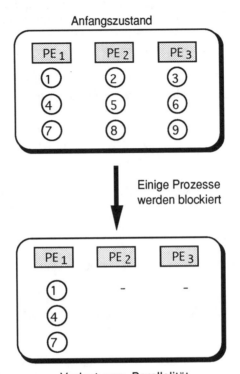

Abbildung 8.4: Probleme bei statischer Lastbalancierung

Methoden der Lastbalancierung:

i) Empfänger-Initiative: Prozessoren mit geringer Last fordern weitere Prozesse an.
                            Gut geeignet bei hoher Systemlast.

ii) Sender-Initiative: Prozessoren mit hoher Last versuchen Prozesse abzugeben.
                            Gut geeignet bei niedriger Systemlast.

iii) Hybride Methode: Umschalten zwischen Sender- und Empfänger-Initiative in
                            Abhängigkeit von der globalen Last des Systems.

Vorteile und Nachteile der Methoden zur Lastbalancierung:

+   Es wird eine höhere Prozessorauslastung erreicht und es wird keine mögliche
     Parallelität verschenkt.

o   Ein zirkuläres "process migration", d.h. ein fortdauerndes Weiterschicken eines
     Prozesses zwischen Prozessoren muß durch geeignete parallele Algorithmen
     und Schrankenwerte verhindert werden.

–   Es entsteht ein recht hoher allgemeiner Verwaltungsaufwand zur Feststellung
     der Prozessorlast (bzw. zusätzlich zur Feststellung der globalen Systemlast).

–   Das Weiterreichen eines Prozesses zu einem anderen, weniger ausgelasteten
     Prozessor (process migration) ist eine teure Operation und sollte deshalb nur bei
     länger laufenden Prozessen eingesetzt werden, was zur Laufzeit ohne zusätzli-
     che Information aber nicht festgestellt werden kann.

–   Alle Methoden zur Lastbalancierung setzen zu spät ein, nämlich erst dann, wenn
     das Last-Gleichgewicht bereits erheblich gestört ist. Eine "vorausschauende
     Balancierung" ist jedoch ohne Zusatzinformation über das Laufzeitverhalten der
     einzelnen Prozesse nicht möglich.

–   Bei voller paralleler Systemlast ist jede Lastbalancierung zwecklos, denn dann
     kann nur ein Mangel verwaltet werden, und der allgemeine Verwaltungsauf-
     wand für die Lastbalancierung verursacht einen unnötigen Mehraufwand an
     Rechenzeit.

9. MIMD-Programmiersprachen

Hier werden zunächst die prozeduralen parallelen Programmiersprachen für MIMD-Rechner behandelt. Nicht-prozedurale parallele Sprachen (funktionale und logische Sprachen) folgen in Kapitel 17. Die einzelnen Sprachen werden kurz vorgestellt; die wichtigsten Konzepte werden besprochen und anhand von Programmbeispielen erläutert. Eine Zusammenstellung von Artikeln über MIMD-Programmiersprachen findet sich in [Gehani, McGettrick 88].

9.1 Concurrent Pascal

Entwickler: Per Brinch Hansen, 1975
Concurrent Pascal ([Brinch Hansen 75] und [Brinch Hansen 77]) ist, wie der Name schon andeutet, eine parallele Erweiterung von Wirths sequentieller Programmiersprache Pascal. Es handelt sich um eine der ersten parallelen Programmiersprachen.

Die wichtigsten parallelen Konzepte von Concurrent Pascal sind:

- die Einführung des Prozeß-Konzepts
  (Deklaration von `process`-Typen und zugehörigen Variablen, den Prozessen)

- die Synchronisation paralleler Prozesse über Monitore mit Condition-Variablen
  (hier `queue` genannt)

- die Zusammenfassung von Programmbausteinen zu Klassen
  (abstrakter Datentyp)

Die Konzepte von Concurrent Pascal werden hier nicht weiter vertieft, sondern es wird auf Abschnitt 9.7 über Modula-P verwiesen, wo eine Weiterentwicklung von Concurrent Pascal auf der Basis von Modula-2 beschrieben wird.

9.2 Communicating Sequential Processes CSP

Entwickler: C. A. R. Hoare, 1978
Einige Jahre nach der Entwicklung des Monitor-Konzeptes zusammen mit Brinch Hansen stellte Hoare seine eigene parallele Sprache CSP vor ([Hoare 78] und [Hoare 85]). Obwohl Compiler dafür existieren, wird CSP von vielen nur als Design-Notation und

nicht als Programmiersprache angesehen – im Gegensatz zu der auf CSP basierenden Sprache occam (siehe Abschnitt 9.3).

Bei CSP handelt es sich um eine recht kryptische Sprache. Ein System besteht aus einer Anzahl von parallelen Prozessen, die jeder für sich sequentiell ablaufen, und die bei Bedarf miteinander kommunizieren, also Daten austauschen. Primitive Ein-/Ausgabe-Befehle für die Nachrichtenkommunikation, ein Befehl für die parallele Ausführung von Anweisungen und die Verwendung von Dijkstras "guarded commands" sind die grundlegenden Konzepte von CSP. Da die gesamte Synchronisation und Kommunikation von Prozessen in CSP über das Nachrichten-Konzept abläuft, sind keine Semaphore oder Monitore erforderlich.

Parallele Sprachkonstrukte:

`[P1 || P2]`	Starten paralleler Prozesse
`terminal ? zahl`	Daten empfangen vom Prozeß `terminal`
`drucker ! zeile`	Daten senden zum Prozeß `drucker`

`[ x=1 → m:=a ]`
  `x=2 → m:=b ]`

"guarded command"
{*IF x=1 THEN m:=a ELSE IF x=2 THEN m:=b ELSE error*}
Es handelt sich um eine Selektions-Anweisung, wobei jedem "case" eine Bedingung (*guard*) vorgeschaltet sein muß, mit der der Programmierer sicherstellen soll, daß die nachfolgende Anweisung korrekt ausgeführt wird.

`*[ x=1 → m:=a ]`
  `x=2 → m:=b ]`

"repetitive command" (Kennzeichnung durch "*")
Die Befehlsfolge wird iterativ so lange ausgeführt, bis kein Guard mehr erfüllt ist.

Zum Abschluß folgt ein CSP-Beispielprogramm nach [Hoare 78]. Es ist die Implementierung des Bounded-Buffer-Problems mit zehn Puffer-Speicherplätzen (wobei allerdings *keine* Prüfung auf Überlauf der Variablen in und out stattfindet!).

Programm für Bounded-Buffer in CSP:

Aufruf vom Erzeuger aus:	`BB!p`	Ablegen neuer Daten
Aufruf vom Verbraucher aus:	`BB!more(); BB?p`	Lesen neuer Daten

```
BB::
buffer : (0..9) datensatz;
in, out: integer;   in:=0; out:=0;
  *[in    < out+10; erzeuger?buffer(in mod 10)
                   → in := in+1
   ▯ out < in;      verbraucher?more()
                   → verbraucher!buffer(out mod 10); out := out+1]
```

Nach der Deklaration und Initialisierung der lokalen Daten folgt ein einziger Repetitive (Guarded) Command, der in einer Endlosschleife wiederholt wird. Dabei bestehen beide Guards aus je zwei Teilen, die gemeinsam erfüllt werden müssen. Nachrichten vom Erzeuger-Prozeß werden nur angenommen, falls noch Pufferplätze frei sind, sonst muß der Erzeuger warten (guard: in < out+10). Bei genügend Pufferplatz wird der gelieferte Datensatz übernommen und der in-Zeiger um eins erhöht. Der Puffer wird als zyklische Schlange verwaltet (modulo-Operation).

Der Verbraucher muß seine Daten zunächst mit der Nachricht more() anfordern. Falls mindestens ein Pufferplatz belegt ist (out < in), sendet der Bounded-Buffer-Prozeß den Inhalt des nächsten Speicherplatzes an den Verbraucher und erhöht den out-Zeiger um eins.

Der Bounded-Buffer-Prozeß terminiert, wenn der Stapel leer ist (in = out) und der Erzeuger sich bereits terminiert hat, denn dann kann kein Guard mehr erfüllt werden.

9.3 occam

Entwickler: Inmos Limited, 1984
Ein direkter kommerzieller Nachfolger von CSP ist die von der Firma Inmos entwickelte Sprache occam [Inmos 84]. Die Sprache wurde speziell für Netzwerke aus Transputer-Prozessoren entwickelt. Diese bestehen (in der alten Generation) aus leistungsfähigen Mikroprozessoren mit jeweils vier Kommunikationskanälen zum Datenaustausch zwischen Transputern. Bei der neuen Generation von Transputer-Prozessoren, die eine erheblich größere Rechenleistung besitzen, wird der transparente Aufbau größerer Netze über spezielle Kommunikations-Chips ermöglicht.

Parallele Sprachkonstrukte:

SEQ	Sequentielle Ausführung von Anweisungsblöcken
PAR	Parallele Ausführung von Anweisungsblöcken ("Prozessen")
PRI	Optionale Angabe einer Priorität für einen Prozeß
PLACED	Optionale Zuordnung eines Prozesses zu einem physischen Prozessor zu Optimierungszwecken
ALT	Auswahl eines Prozesses von mehreren möglichen Prozessen

CHAN	Deklaration von Kommunikationskanälen zwischen Prozessoren (*channels*)
PROTOCOL	Angabe der über einen Kanal (*channel*) ausgetauschten Datentypen
TIMER	Zur Angabe von Zeitintervallen, z.B. für periodische Vorgänge oder Timeouts
!	Senden von Daten (siehe CSP, Abschnitt 9.2)
?	Empfangen von Daten (siehe CSP, Abschnitt 9.2)

Die in Abschnitt 9.2 über die Konzepte von CSP gemachten Bemerkungen treffen zum großen Teil auch auf occam zu. Höhere Programmiersprachen-Konstrukte sind in occam nur zum Teil vorhanden. Es gibt weder Typdefinitionen noch dynamische Datentypen und es ist keine rekursive Programmierung möglich. Das größte Problem bei umfangreichen Programmen und Systemen mit mehreren Prozessoren bleibt auch in occam das Finden einer geeigneten Abbildung von Prozessen auf Prozessoren (der Aufbau einer *Konfiguration*), was durch die Programmiersprache nicht hinreichend unterstützt wird und allein durch das Betriebssystem oft noch nicht zufriedenstellend gelöst werden kann.

Programm zur Lautstärkeregelung:
(nach [Pountain, May 87])

```
VAL max IS 100 :
VAL min IS 0 :
BOOL aktiv :
INT lautstärke, wert :
SEQ
  aktiv := TRUE
  lautstärke:= min
  verstärker!lautstärke
  WHILE aktiv
    ALT
      (lautstärke<max) & lauter?wert
      SEQ
        lautstärke := lautstärke + wert
        verstärker!lautstärke

      (lautstärke>min) & leiser?wert
      SEQ
        lautstärke := lautstärke - wert
        verstärker!lautstärke

      aus?wert
      PAR
        verstärker!min
        aktiv := FALSE
```

Dieses Beispielprogramm enthält die wesentlichen Sprachkonstrukte von occam. SEQ und PAR leiten sequentielle bzw. parallele Anweisungsfolgen ein, während ALT zwischen verschiedenen eintreffenden Nachrichten auswählen läßt. Dabei können Nachrichten wie hier `lauter?wert` mit einem Guard versehen werden: `lautstärke<max` muß erfüllt sein, damit die Nachricht angenommen wird. Das obige Programm nimmt von anderen Prozessen Nachrichten mit den Namen `lauter`, `leiser` und `aus` entgegen, wobei der übertragene Zahlenwert zum Anpassen der Lautstärke verwendet wird, welche anschließend an den Prozeß `verstärker` gesendet wird.

9.4 Ada

Entwickler: US Department of Defense, 1979
Die Programmiersprache Ada [Sommerville, Morrison 87] entstand als Entwicklung für das amerikanische Verteidigungsministerium, um die wachsende Anzahl der verschiedenen dort eingesetzten Programmiersprachen auf eine einzige zu reduzieren. Mehrere Forschungsgruppen erarbeiteten weltweit Entwürfe für dieses Programmiersprachenprojekt, von denen am Ende eine Kommission den besten auswählte und "Ada" nannte. Um dem Anspruch der Universalität an diese Programmiersprache gerecht zu werden, mußte Ada natürlich mit einer Vielzahl von Sprachkonzepten ausgestattet werden, was zu einer gewissen Überfrachtung der Programmiersprache führte.

In Ada wurde die Kommunikation über Nachrichten (hier "Rendezvous-Konzept" genannt) für den Datenaustausch zwischen parallelen Prozessen (*tasks*) gewählt. Es folgt ein kurzer Überblick über die wichtigsten parallelen Sprachkonstrukte, die anschließend anhand eines Beispielprogramms erklärt werden.

Parallele Sprachkonstrukte:

task	Paralleler Prozeß
entry	"Eingangspunkte" eines Prozesses; Deklaration der Namen von Nachrichten-Eingängen, die von anderen Prozessen aufgerufen werden können
accept	Warten auf den Aufruf eines Entries durch einen anderen Prozeß Aufruf eines Entries mit: Taskname, Punkt, Entryname, evtl. Parameter Beispiel: `regler.lauter(5)`
select	Auswahlanweisung, z.B. zum Warten auf verschiedene Entries (die zuerst eintreffende Nachricht wird verarbeitet)
when	Einschränkung der Wahlmöglichkeit bei der `select`-Auswahl. Nur wenn die boolesche Bedingung erfüllt ist, kann dieser Zweig ausgeführt werden (vergleiche Dijkstras "guarded commands" in Abschnitt 9.2).

Im folgenden Programmbeispiel (das Beispiel aus Abschnitt 9.3 als Ada-Variante) werden diese Sprachkonstrukte angewendet. Der Prozeß (`task`) `regler` enthält in einer Endlosschleife als äußere Anweisung eine Selektion. Hier kann zwischen drei verschiedenen Klassen von eintreffenden Nachrichten (entries) unterschieden werden, nämlich `lauter`, `leiser` und `aus`. Jede der drei Routinen kann von anderen Prozessen durch eine entsprechende Nachricht aufgerufen werden, wobei der aufrufende Prozeß während der Ausführung der *accept*-Routine blockiert wird. Beim Datenaustausch können Eingangs- (`in`) und Ausgangsdaten (`out`) (hier nicht verwendet) als Parameter übergeben werden. Die ersten beiden `accept`-Anweisungen sind durch einen `when`-Guard geschützt. Nur wenn die Variable `lautstärke` innerhalb der geforderten Grenzen liegt, kann auch die zugehörige `accept`-Anweisung für diese Nachricht ausgewählt werden; die `accept`-Anweisung für die Nachrichtenklasse `aus` ist dagegen immer ausführbar, da kein Guard vorhanden ist.

Programm zur Lautstärkeregelung:

```
task body regler is
max: CONSTANT integer := 100;
min: CONSTANT integer :=   0;
lautstärke: integer;
begin
  loop
    select
      when lautstärke<max =>
      accept lauter(wert:in integer) do
        lautstärke := lautstärke + wert;
        verstärker.eingang(lautstärke);
      end lauter;
    or
      when lautstärke>min =>
      accept leiser(wert:in integer) do
        lautstärke := lautstärke - wert;
        verstärker.eingang(lautstärke);
      end leiser;
    or
      accept aus() do
        verstärker.eingang(min);
      end aus;
    end select
  end loop
end regler;
```

9.5 Sequent-C

Entwickler: Sequent Computer Systems Incorporation, 1987
Für verschiedene Programmiersprachen des Parallelrechners Sequent Symmetry, darunter C, wurde die "Parallel Programming Library" entwickelt [Sequent 87], die diese Sprachen um parallele Bibliotheksaufrufe erweitert. Diese Bibliotheksroutinen können als Prozeduren bzw. Funktionen mit Rückgabeparametern aufgerufen werden. Durch die parallele Bibliothek wird eine sehr einfache Prozeßverwaltung (vergleichbar mit fork und wait aus Unix, vergleiche Abschnitt 4.2), sowie eine rudimentäre Synchronisation der Prozesse ermöglicht. Diese ist auf die Systemstruktur der Sequent Symmetry abgestimmt (bus-gekoppelter MIMD-Rechner mit gemeinsamem Speicher, siehe Abschnitt 6.1).

Parallele Bibliotheksfunktionen:

m_set_procs (anzahl)	Festlegen der Anzahl benötigter Prozessoren
m_fork (func, arg_1,...,arg_n)	Duplizieren einer Prozedur und Starten auf mehreren Prozessoren (mit identischen Parameterwerten)
m_get_myId ()	Liefert die eigene Nummer eines Kind-Prozesses zurück, bzw. 0 für einen Eltern-Prozeß
m_get_numprocs ()	Liefert die Gesamtzahl aller Kind- (bzw. Geschwister-) Prozesse zurück
m_kill_procs ()	Löschen aller Kind-Prozesse (Kind-Prozesse terminieren mit einer busy-wait-Schleife und müssen daher explizit gelöscht werden)

Semaphor-Implementierung:

s_init_lock (sema)	Initialisierung eines Semaphors
s_lock (sema)	P-Operation
s_unlock (sema)	V-Operation

Das nachfolgende Beispielprogramm zeigt einige dieser parallelen Bibliotheksaufrufe im Zusammenhang.

Beispielprogramm-Auszug:

```
   ...
   m_set_procs(3);        /* Anforderung von 3 weiteren Prozessoren*/
   m_fork(parproc,a,b);   /* Starten der parallelen Kind-Prozesse  */
   m_kill_procs();        /* Löschen der Kind-Prozesse nach deren
   ...                       Terminierung */
```

```
void parproc(a,b)       /* Parallele Prozedur der Kind-Prozesse  */
{...
    n=m_get_numprocs();  /* Abfragen der Zahl aller Kind-Prozesse */
    m=m_get_myId();      /* Abfragen der eigenen Prozeß-Nummer    */
    ...
}
```

Abb. 9.1 zeigt den Ablauf der vier Prozesse über der Zeitachse. Nach dem Start der drei Kind-Prozesse (mit m_fork) wartet der Hauptprozeß (P1) auf das Beenden aller Kind-Prozesse. Diese führen ihr Programm aus und terminieren zu unterschiedlichen Zeitpunkten, wobei die früher beendeten Kind-Prozesse in einer busy-wait Schleife auf alle anderen Kind-Prozesse warten. Alle Kind-Prozesse werden gleichzeitig gelöscht (mit m_kill_procs) und der Hauptprozeß fährt mit seinem Programm fort.

Falls in der Hardware nicht genügend Prozessoren vorhanden sind, oder vom Betriebssystem weniger zugeteilt werden als erforderlich, muß die zu parallelisierende Aufgabe iterativ gelöst werden. Um aufwendigen Overhead für Prozeßstart und -terminierung zu vermeiden, sollte sich die Schleife innerhalb der parallel gestarteten Bearbeitungsprozedur (Kind-Prozeß) befinden.

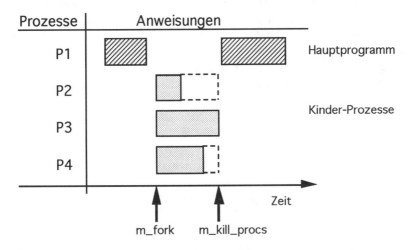

Abbildung 9.1: Skizze zur Ausführung des Beispielprogramms

Beispielprogramm für Iterationen innerhalb von Kind-Prozessen:
(N Schleifendurchläufe)

```
    void parproc(a,b)           /* Kind-Prozeß */
    { int zaehl,id,pe;
```

```
    pe=m_get_numprocs();        /* Anzahl aller Kind-Prozesse */
    id=m_get_myId();            /* Eigene Prozeß-Nummer */
    for (zaehl=id; zaehl<=N; zaehl+=pe)
    {   /* Eigentliche Berechnung */ }
}
```

Angenommen, es seien `N=20` Schleifendurchläufe erforderlich, aber nur `pe=6` Prozessoren stünden zur Verfügung. In diesem Fall erhalten die Prozessoren die Identifikationsnummern (`id`) von 1 bis 6. Das Beispielprogramm läuft dann folgendermaßen ab:

Prozessor 1 führt folgende Schleifeniterationen aus: 1, 7, 13, 19 .
Prozessor 2 führt folgende Schleifeniterationen aus: 2, 8, 14, 20 .
Prozessor 3 führt folgende Schleifeniterationen aus: 3, 9, 15 .
Prozessor 4 führt folgende Schleifeniterationen aus: 4, 10, 16 .
Prozessor 5 führt folgende Schleifeniterationen aus: 5, 11, 17 .
Prozessor 6 führt folgende Schleifeniterationen aus: 6, 12, 18 .

Jeder Prozessor führt sequentiell nacheinander die ihm zugeteilten Schleifeniterationen aus. Die Prozessoren 1 und 2 haben einen Schleifendurchlauf mehr als die anderen Prozessoren auszuführen, da die Zahl der Durchläufe nicht durch die Anzahl der Prozessoren teilbar ist. Diese "Sonderfälle" benötigen jedoch *keine* Sonderbehandlung in obigem Programm. Jeder Prozessor führt solange Iterationen aus, wie sein Zähler `zaehl<=N` ist. Diese Bedingung gilt bei den Prozessoren 1 und 2 für eine Iteration länger, d.h. wenn alle Prozessoren ungefähr gleich schnell rechnen, sind die anderen Prozessoren mit ihren Schleifeniterationen bereits fertig, während die Prozessoren 1 und 2 parallel die beiden letzten Durchläufe (Nr. 19 und 20) berechnen.

9.6 Linda

Entwickler: Nicholas Carriero und David Gelernter, 1986
Parallele Programmierkonzepte können vollständig unabhängig von einer Programmiersprache sein. Bei Linda ([Ahuja, Carriero, Gelernter 86] und [Carriero, Gelernter 89]) handelt es sich daher weniger um eine Programmiersprache, als vielmehr um eine kompakte Menge von sprachenunabhängigen parallelen Konzepten für MIMD-Rechner. Diese können in verschiedene Programmiersprachen, wie C, Fortran, Modula-2 usw., eingebettet werden. Die Übertragbarkeit von parallelen Konzepten gilt jedoch nicht allein für Linda, sondern auch für andere parallele Programmiersprachen.

Das Parallelitätskonzept von Linda besteht aus einem gemeinsamen Datenpool, genannt *Tuple Space*, auf den alle Prozesse (*aktive Tupel*) gleichzeitig zugreifen können, um Daten (*passive Tupel*) zu lesen oder zu schreiben. Tupel können aus mehreren Datenelementen beliebigen Typs bestehen. Für den Zugriff auf den gemeinsamen Tuple Space gibt es in Linda sechs Grundoperationen.

<u>Parallele Operationen</u>:

OUT Schreiben von Daten in den Tuple Space
Erzeugen eines passiven Tupels

RD Lesen von Daten aus dem Tuple Space (ohne sie zu entfernen)
Dabei können Teile des Tupels mit Werten vorbelegt sein (siehe Abb. 9.2); dann kommen nur passende (*matchende*) Tupel in Frage.
Lesen eines passiven Tupels

RDP Lese-Prädikat (boolesche Testoperation auf Daten im Tuple Space)
Prüfen, ob sich ein passendes Daten-Tupel dort befindet - ohne es tatsächlich zu lesen

IN Lesen und Entfernen eines Datenelements aus dem Tuple Space
Entspricht Operation RD mit anschließendem Löschen des Daten-Tupels
Herausnehmen eines passiven Tupels

INP Lese-Prädikat
wie RDP ohne das Datenelement zu lesen, jedoch mit anschließendem Löschen

EVAL Starten eines neuen Prozesses
Erzeugen eines aktiven Tupels

Terminieren des Programmsystems:
Wenn keine aktiven Tupel mehr im Tuple Space vorhanden sind oder wenn alle aktiven Tupel in Lese-Operationen blockiert sind, terminiert das System. In diesem Fall sind die angeforderten Daten nicht vorhanden und können auch nicht von anderen Prozessen erzeugt werden. Hier ist also eine *Deadlock* -Situation als Terminierungsbedingung definiert.

Es können also beliebig viele Prozesse gestartet werden, die alle über einen zentralen Pool Daten austauschen. Diese parallelen Zugriffe werden vom für Linda benötigten Basis-Betriebssystem synchronisiert. Das hier gewählte MIMD-Kommunikationsmodell verursacht allerdings einige Einschränkungen, denn eine Implementierung von Linda auf einem MIMD-System ohne gemeinsamen Speicher ist nur mit einem erheblichen Mehraufwand an Kommunikation möglich, der unter Umständen die gesamte parallele Anwendung ineffizient werden läßt.

Abb. 9.2 veranschaulicht das Zusammenspiel der Operationen im Tupel Space.

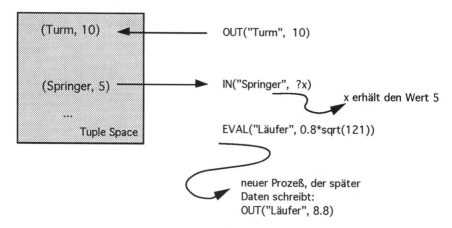

Abbildung 9.2: Lindas Tuple Space

Zum besseren Verständnis der Funktionsweise von Linda folgt ein Programm zur Primzahlenbestimmung in C-Linda nach [Carriero, Gelernter 89].

Primzahlenbestimmung in Linda:

```
lmain()
{ int i, ok;
   for (i=2; i<Limit; ++i) {
     EVAL("prim", i, is_prime(i));
   }
   for (i=2; i<=Limit; ++i) {
     RD("prim", i, ?ok);
     if (ok) printf("%d\n", i);
   }
}
```

Das Linda-Programm startet bei lmain und bestimmt die Primzahlen von 2 bis Limit. Zuerst wird für jede Zahl mit der Operation EVAL ein paralleler Prozeß gestartet, der mit der hier nicht näher erläuterten Funktion is_prime die Primzahleigenschaft überprüft. Anschließend werden die Ergebnisse sequentiell aus dem Tuple Space mit der Operation RD ausgelesen. Sollte ein Ergebnis noch nicht verfügbar sein, dann wartet die Leseoperation an dieser Stelle, bis das entsprechende Tupel vom zugehörigen Prozeß berechnet worden ist. Alle hier vorkommenden Tupel haben als erstes Datenelement die Zeichenkette prim, als zweites Element den Integer-Zahlenwert und als drittes Element das Ergebnis 0 oder 1. Abb. 9.3 illustriert einen Teil der im Programm vorkommenden Datentupel.

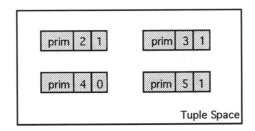

Abbildung 9.3: Datentupel des Primzahlenprogramms

<u>Vorteile und Nachteile der parallelen Sprachkonzepte von Linda:</u>

+ Hohe Ebene der Problembeschreibung
Jeder Prozeß arbeitet unabhängig von anderen und synchronisiert sich mit diesen allein durch den Datenaustausch über den Tuple Space. Die Synchronisation
läuft für den Anwender vollständig transparent (unsichtbar) ab.

+ Maschinenunabhängigkeit
Linda setzt ein MIMD-System mit gemeinsamem Speicher voraus. Darüber
hinaus bestehen keine einschränkenden Annahmen, so daß Linda für jeden Parallelrechner dieser Klasse implementiert werden kann.

+ Sprachenunabhängigkeit
Linda setzt kein bestimmtes Programmiersprachenmodell voraus. Die bisher im-
plementierten Einbettungen beschränken sich allerdings auf die recht nah ver-
wandten prozeduralen Programmiersprachen.

— Modell ist für MIMD-Systeme ohne gemeinsamen Speicher weniger geeignet
Bei verteilten Systemen ergibt sich ein relativ hoher, anwendungsabhängiger
Verwaltungsaufwand, der durch die erforderliche Ausbreitung der Tuple-Up-
dates über das Rechnernetz verursacht wird.

— Verständlichkeit der Sprachkonzepte
Obwohl die Funktion der einzelnen Sprachkonstrukte leicht verständlich ist, ist
der Aufbau eines kompletten Linda-Programms nicht ganz so einfach. Insbesondere ist die sich implizit ergebende zeitliche Verzahnung der einzelnen Prozesse teilweise nur schwer zu überblicken.

9.7 Modula-P

Entwickler: Thomas Bräunl, 1986

Modula-P ist eine Erweiterung von Modula-2 um asynchrone Parallelität [Bräunl, Hinkel, von Puttkamer 86] und wurde bereits in den vorangegangenen Kapiteln als Programmnotation verwendet. Eine Reihe von Konzepten aus Concurrent Pascal (siehe Abschnitt 9.1) findet sich in Modula-P wieder. Darüber hinaus unterscheidet diese Sprache zwischen verschiedenen Ebenen der Prozeß-Synchronisation, was in unterschiedlichen Modul-Ebenen zum Ausdruck kommt. Ein Compiler für Modula-P ist als Public-Domain-Software verfügbar [Bräunl, Norz 92].

In Modula-P gibt es drei Arten von Modulen:

- Prozessor-Modul
  Im zentralen (Haupt-) Modul wird, falls erforderlich, die Synchronisation zwischen Prozessoren oder Rechnern über Nachrichten durchgeführt (mittels Remote-Procedure-Call). Im Prozessor-Modul beginnt die Initialisierung des gesamten Prozeßsystems.

- Highlevel-Modul
  Auf dieser höheren Ebene können Prozesse deklariert und gestartet werden. Es gibt Sprachkonstrukte für die Ausnahmebehandlung mit Wiederaufsetzpunkten von Prozessen. Die Synchronisation zwischen Prozessen des gleichen Rechnerknotens erfolgt über Monitore und Conditions. Es existieren keine globalen Daten!

- Lowlevel-Modul
  Dies ist die niedrigste Verarbeitungsebene eines Programms, die nur dann benötigt wird, wenn Echtzeit-Programmierung oder Maschinensteuerung (z.B. Robotersteuerung) durch Ansprechen bestimmter Speicherbereiche durchgeführt werden soll. Es können Interrupts deklariert und mit Interrupt-Service-Routinen versehen werden. Die Synchronisation zwischen Prozessen des gleichen Rechnerknotens erfolgt über Semaphore.

Die hier realisierte dreistufige Hierarchie eines parallelen Programms entspricht grob der Abstufung von Synchronisations- und Kommunikationskonzepten entsprechend ihrer Abstraktionsebene in: Nachrichten, Monitore und Semaphore.

Parallele Sprachkonstrukte:

Interrupts können zu Beginn eines Lowlevel-Moduls als Konstante deklariert werden. Tritt während des Programmablaufs ein solcher Interrupt auf, so wird der Programmablauf unterbrochen und der zugehörige Event (eine Interrupt-Service-Routine) aufgerufen.

```
INTERRUPT Ctrl_C = 2;

...

EVENT Ctrl_C;
BEGIN
  WriteString("Control-C abgefangen");
END Ctrl_C;
```

Für Mikroprozessor-Systeme existiert in Modula-P ein Konstrukt, um sämtliche Interrupts und somit den Prozeßwechsel für die Dauer einer Anweisungsfolge kontrolliert abzuschalten und anschließend wieder einzuschalten. Diese Klammerung entspricht einem BEGIN..END - Block. Bei Unix-Systemen und Mehrprozessor-Rechnern ist die Anwendung dieses Konstruktes nicht möglich.

```
DISABLE
  ... (* kritische Anweisungen *)
ENABLE
```

Die Synchronisation über allgemeine Semaphore ist ebenfalls ein Konstrukt, das innerhalb von Lowlevel-Modulen eingesetzt werden kann. Semaphore werden als Variable von Typ SEMAPHORE deklariert, wobei in eckigen Klammern der Initialisierungswert angegeben wird. Auf Semaphoren sind Dijkstras Operationen P und V definiert (siehe Programmbeispiele in Kapitel 10).

```
VAR schutz: SEMAPHORE[1];

...

P(schutz);
  ... (* kritische Anweisungen z.B. Zugriff auf globale Daten *)
V(schutz);
```

In Highlevel-Modulen können parallele Prozesse explizit deklariert (ähnlich wie Prozeduren) und gestartet werden.

```
PROCESS abc(i: INTEGER);
BEGIN
  ... (* Anweisungen des Prozesses *)
END PROCESS abc;

...

START(abc(1));  (* Zweimaliges Starten des Prozesses "abc" *)
START(abc(7));  (* mit verschiedenen Startwerten           *)
```

Die Synchronisation von Prozessen in Highlevel-Modulen erfolgt über Monitore mit
Condition-Warteschlangen. Monitore werden als ein Daten- und Zugriffsoperationen-
umspannender Block definiert. Die Zugriffsoperationen entsprechen speziellen Prozeduren und heißen ENTRY. Sie bilden die einzige Möglichkeit des Zugriffs auf lokale
Daten eines Monitors. Entries erhalten beim Aufruf aus einem Prozeß den Monitor-
namen mit einem Doppelpunkt als Präfix um anzuzeigen, daß sich Monitoraufrufe gegenseitig ausschließen. Während ein Prozeß mit dem Aufruf eines Entries den Monitor
belegt, müssen alle anderen Prozesse warten, die ein Entry des gleichen Monitors
aufrufen möchten. Um mögliche Deadlocks zu vermeiden, darf ein Monitor-Entry kein
weiteres Entry aufrufen.

```
MONITOR sync;
VAR a: ARRAY[1..10] OF INTEGER;   (* Monitordaten *)
    j: INTEGER;

ENTRY lesen(i: INTEGER; VAR wert: INTEGER);
BEGIN
  wert := a[i];
END lesen;

ENTRY schreiben(i,wert: INTEGER);
BEGIN
  a[i] := wert;
END schreiben;

BEGIN (* Monitor-Initialisierung *)
  FOR j:=1 TO 10 DO a[j]:=0 END
END MONITOR sync;
```

Aufruf eines Monitorentries aus einem Prozeß:

```
sync:lesen(10,w);
```

Conditions können als Variablen vom Typ CONDITION innerhalb eines Monitors deklariert werden. Auf sie sind die Operationen WAIT, SIGNAL und STATUS (Anzahl der wartenden Prozesse) definiert. Da bei der SIGNAL-Implementierung jeweils alle wartenden
Prozesse freigegeben werden, muß die WAIT-Operation immer in eine WHILE-Schleife
eingeschlossen werden, um Inkonsistenzen zu vermeiden.

```
VAR voll: CONDITION;
...
WHILE inhalt=0 DO WAIT(voll);
...
SIGNAL(voll);
```

Für jeden Prozeß kann ein Exception-Handler deklariert werden, der den Standard-Exception-Handler beim Auftreten eines Fehlers (z.B. Division durch 0) ersetzt. Innerhalb des Exception-Handlers kann der Fehler anhand des Zahlenwertes EXEPTNO analysiert und eine entsprechende Maßnahme ergriffen werden. Der angehaltene Prozeß kann mit der Operation RESUME fortgesetzt bzw. mit der Operation RESTART neu gestartet werden. Mit der Prozedur RAISE(<Fehlernummer>) können Exceptions auch explizit erzeugt werden.

```
PROCESS abc(z: INTEGER);
VAR i: INTEGER;

EXCEPTION
   IF EXEPTNO = 8 THEN   (* Floating Point Exception *)
      i:=0;
      RESUME;
   END;
END EXCEPTION;

BEGIN
   ... (* Anweisungen des Prozesses *)
END PROCESS abc;
```

Die Kommunikation zwischen zwei Prozessen, die auf verschiedenen Rechnerknoten lokalisiert sind und über keinen gemeinsamen Speicher verfügen, erfolgt über einen Nachrichtenaustausch als Remote-Procedure-Call. Das Sprachkonstrukt hierzu ist die COMMUNICATION. Die Verbindungen werden mit der Prozedur INITCOM im Initialisierungsteil des Prozessor-Moduls aufgebaut und können von einem Prozeß mit dem Konstrukt CALL ähnlich wie eine Prozedur aufgerufen werden.

```
COMMUNICATION pythagoras (x,y: REAL; VAR ergebnis: REAL);
VAR r: REAL;
BEGIN
   r := x*x + y*y;
   ergebnis := SQRT(r);
END COMMUNICATION pythagoras;
```

Initialisierung einer Communication:

```
CONST vince = Computer("sparc", "vincent");
            (* Rechnerklasse und Rechnername)
...
INITCOM(pythagoras, vince);
```

Aufruf einer Communication:

```
CALL vince:pythagoras(a,b,c);
```

Von Prozessen und Kommunikations-Server-Prozessen können durch Angabe der Anzahl als zusätzlichem Parameter mehrere identische Kopien gestartet werden. Die Verwaltung von Aufträgen an mehrfach vorhandene Server-Prozesse wird vom Basis-Betriebssystem übernommen.

10. Grobkörnig parallele Algorithmen

Bei MIMD-Rechnern sind (im Gegensatz zu SIMD-Rechnern) die Kosten für den Datenaustausch zwischen Prozessen sehr viel höher als für arithmetisch/logische Operationen. Daher empfiehlt es sich aus Leistungsgründen, zwischen je zwei Datenaustausch-Operationen längere Passagen lokal in den Prozessen rechnen zu lassen. Hieraus entstehen sogenannte *grobkörnig* parallele Algorithmen, im Gegensatz zu den *feinkörnig* parallelen Algorithmen bei SIMD-Systemen. Da die Prozessoren, aus denen ein MIMD-System aufgebaut ist, im allgemeinen erheblich leistungsfähiger sind als die Prozessoren eines SIMD-Systems, benötigen sie auch mehr Chip-Fläche. Daraus resultiert, daß MIMD-Systeme meist sehr viel weniger Prozessoren besitzen als SIMD-Systeme. Algorithmen für MIMD-Rechner werden daher auf der Basis von wenigen leistungsfähigen Prozessoren erstellt, während bei Algorithmen für SIMD-Rechner eine Vielzahl leistungsschwächerer PEs (*massive Parallelität*) zugrunde liegen.

Die in vorangegangenen Kapiteln vorgestellten Konzepte des Prozeß-Modells und die Synchronisationsmechanismen Semaphore und Monitore mit Conditions, sollen nun durch einige vollständige Programme in der Sprache Modula-P (siehe Abschnitt 9.7) ergänzt werden.

10.1 Bounded-Buffer mit Semaphoren

Die hier gezeigte Implementierung des Bounded-Buffer–Problems aus Abschnitt 7.3 verwendet Semaphore zur Synchronisation der Prozesse. Der Prozeß `Erzeuger` generiert ständig neue Daten (von 0 bis 9 in einer Endlosschleife), während der Prozeß `Verbraucher` diese Daten fortwährend liest und die Quersumme über alle bisher gelesenen Zahlen bildet.

Das Programm besteht aus zwei Modulen. Das `PROCESSOR MODULE` ist das Hauptmodul, in dem die beiden Prozesse definiert und gestartet werden. Das `LOWLEVEL MODULE` enthält die Synchronisation mittels Semaphoren.

```
1    PROCESSOR MODULE bounded_buffer;
2    IMPLEMENTATION
3    IMPORT io, synch;
4
5    PROCESS Erzeuger;
6    VAR i: INTEGER;
7    BEGIN
8      i:=0;
```

```
 9    LOOP
10      i:=(i+1) MOD 10;
11      erzeuge(i);
12    END
13  END PROCESS Erzeuger;
14
15  PROCESS Verbraucher;
16  VAR i,quer: INTEGER;
17  BEGIN
18    quer:=0;
19    LOOP
20      verbrauche(i);
21      quer:=(quer+i) MOD 10; (* Daten verbrauchen *)
22    END
23  END PROCESS Verbraucher;
24
25  BEGIN
26    WriteString("Init Processor Module"); WriteLn;
27    START(Erzeuger);
28    START(Verbraucher);
29  END PROCESSOR MODULE bounded_buffer.
```

```
 1  LOWLEVEL MODULE synch;
 2  EXPORT
 3    PROCEDURE erzeuge   (i: INTEGER);
 4    PROCEDURE verbrauche(VAR i: INTEGER);
 5
 6  IMPLEMENTATION
 7  IMPORT io;
 8
 9  CONST n=5;
10  VAR buf:      ARRAY [1..n] OF INTEGER;
11      pos,z:    INTEGER;
12      Kritisch: SEMAPHORE[1];
13      Frei:     SEMAPHORE[n];
14      Belegt:   SEMAPHORE[0];
15
16  PROCEDURE erzeuge(i: INTEGER);
17  BEGIN
18    P(Frei);
19    P(Kritisch);
20      IF pos>=n THEN WriteString("Fehler in Erzeuger");
21                     WriteLn; HALT;
22      END;
23      pos:=pos+1;
24      buf[pos]:=i;
25      (* *) WriteString("schreiben Pos: "); WriteInt(pos,5);
26      (* *) WriteInt(i,5); WriteLn;
27    V(Kritisch);
28    V(Belegt);
29  END erzeuge;
30
```

```
31   PROCEDURE verbrauche(VAR i: INTEGER);
32   BEGIN
33       P(Belegt);
34       P(Kritisch);
35         IF pos<=0 THEN WriteString("Fehler in Verbr.");
36                       WriteLn; HALT;
37         END;
38         i:=buf[pos];
39         (* *) WriteString("lesen      Pos: "); WriteInt(pos,5);
40         (* *) WriteInt(i,5); WriteLn;
41        pos:=pos-1;
42       V(Kritisch);
43       V(Frei);
44   END verbrauche;
45
46   BEGIN
47     WriteString("Init Synch"); WriteLn;
48     pos:=0;
49     FOR z:= 1 TO n DO buf[z]:=0 END;
50   END LOWLEVEL MODULE synch.
```

Beispiel-Programmlauf Semaphore:
(Durchführung auf Sequent Symmetry)

Read- und Write-Operationen wechseln sich meist ab, da das Erzeugen und Verbrauchen der Daten ungefähr die gleiche Rechenzeit benötigt. Wie jedoch die erste und zweite ausgeführte Aktion in diesem Beispiellauf zeigen (siehe Pfeil), müssen sich Read- und Write-Operationen nicht strikt abwechseln (hier erfolgten zwei Write-Operationen in Serie), sondern die Parallelität wird nur durch die Puffergröße beschränkt.

```
Init Synch
Init Processor Module
schreiben  Pos:      1    1     ⬅
schreiben  Pos:      2    2
lesen      Pos:      2    2
schreiben  Pos:      2    3
lesen      Pos:      2    3
schreiben  Pos:      2    4
lesen      Pos:      2    4
schreiben  Pos:      2    5
lesen      Pos:      2    5
schreiben  Pos:      2    6
lesen      Pos:      2    6
. . . . .
```

10.2 Bounded-Buffer mit einem Monitor

Das gleiche Bounded-Buffer–Problem wie im vorigen Abschnitt wird hier mit Hilfe eines Monitors anstelle von Semaphoren gelöst. Wie zuvor generiert der Prozeß Erzeuger ständig neue Daten, während der Prozeß Verbraucher diese Daten fortwährend liest und die Quersumme bildet. Das unten folgende Programm besteht aus zwei Modulen. Das PROCESSOR MODULE ist wie immer das Hauptmodul; in ihm werden die Prozesse definiert und gestartet. Das zweite (Highlevel) MODULE enthält die Synchronisation über einen Monitor mit zwei Entries und zwei Conditions.

```
 1  PROCESSOR MODULE highlevel_buffer;
 2  IMPLEMENTATION
 3  IMPORT io, msynch;
 4
 5  PROCESS Erzeuger;
 6  VAR i: INTEGER;
 7  BEGIN
 8    i:=0;
 9    LOOP
10      i:=(i+1) MOD 1000;   (* Daten erzeugen *)
11      Puffer:schreiben(i);
12    END
13  END PROCESS Erzeuger;
14
15  PROCESS Verbraucher;
16  VAR i,quer: INTEGER;
17  BEGIN
18    quer:=0;
19    LOOP
20      Puffer:lesen(i);
21      quer:=(quer+i) MOD 10; (* Daten verbrauchen *)
22    END
23  END PROCESS Verbraucher;
24
25  BEGIN
26    WriteString("Init Processor Module"); WriteLn;
27    START(Erzeuger);
28    START(Verbraucher);
29  END PROCESSOR MODULE highlevel_buffer.
```

```
 1  MODULE monitor_buffer;
 2
 3  EXPORT MONITOR Puffer;
 4      ENTRY schreiben(a: INTEGER);
 5      ENTRY lesen    (VAR a: INTEGER);
 6
 7  IMPLEMENTATION
 8  IMPORT io;
 9
```

```
10   MONITOR Puffer;
11   CONST max = 5;
12
13   VAR Stapel:        ARRAY[1..max] OF INTEGER;
14       Zeiger:        INTEGER;
15       Frei, Belegt: CONDITION;
16
17   ENTRY schreiben(a: INTEGER);
18   BEGIN
19     WHILE Zeiger=max (* Puffer voll *) DO WAIT(Frei) END;
20     inc(Zeiger);
21     Stapel[Zeiger] := a;
22     IF Zeiger=1 THEN SIGNAL(Belegt) END;
23     (* *) WriteString("schreiben "); WriteInt(Zeiger,3);
24     (* *) WriteInt(a,3); WriteLn;
25   END schreiben;
26
27   ENTRY lesen(VAR a: INTEGER);
28   BEGIN
29     WHILE Zeiger=0  (* Puffer leer *)  DO WAIT(Belegt) END;
30     a := Stapel[Zeiger];
31     (* *) WriteString("lesen     "); WriteInt(Zeiger,3);
32     (* *) WriteInt(a,3); WriteLn;
33     dec(Zeiger);
34     IF Zeiger = max-1 THEN SIGNAL(Frei) END;
35   END lesen;
36
37   BEGIN (* Monitor-Initialisierung *)
38     WriteString("Init Monitor"); WriteLn;
39     Zeiger:=0;
40   END MONITOR Puffer;
41
42   BEGIN
43     WriteString("Init Highlevel Module"); WriteLn;
44   END MODULE monitor_buffer.
```

Beispiel-Programmlauf Monitor:
(Durchführung auf Sequent Symmetry)

Auch in diesem Beispiellauf treten Lese- und Schreiboperationen gleich häufig auf.
Jedoch an fünfter und sechster Stelle dieses Beispiellaufes folgen zwei Schreibope-
rationen aufeinander (siehe Pfeil). Die beiden Prozesse können also, solange sie die
Puffergröße nicht überschreiten, unabhängig parallel ausgeführt werden.

```
Init Monitor
Init Highlevel Module
Init Processor Module
schreiben   1  1
lesen       1  1
schreiben   1  2
lesen       1  2
schreiben   1  3
schreiben  .2  4
lesen       2  4
schreiben   2  5
lesen       2  5
schreiben   2  6
lesen       2  6
schreiben   2  7
lesen       2  7
schreiben   2  8
lesen       2  8
.....
```

←

10.3 Auftragsverteilung über einen Monitor

Der folgende Beispielalgorithmus aus [Babb 89] wendet die Rechteck-Regel zur Näherungsberechnung von π an. Zum Vergleich paralleler Programmiersprachen eignet sich dieser Algorithmus jedoch weniger, da mit Ausnahme der Aufsummierung der Rechteckflächen keine Kommunikation zwischen Prozessoren vorkommt.

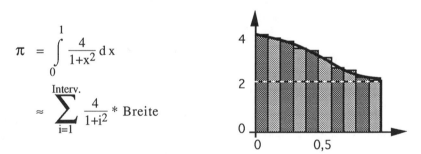

$$\pi = \int_{0}^{1} \frac{4}{1+x^2}\, d\,x$$

$$\approx \sum_{i=1}^{\text{Interv.}} \frac{4}{1+i^2} * \text{Breite}$$

Abbildung 10.1: Näherungsweise Integralberechnung

Die x-Achse wird im Bereich [0,1] in so viele Intervalle zerlegt, wie für die Genauigkeit der Berechnung erforderlich sind. Die Aufgabe jedes Arbeiter-Prozesses besteht in der Berechnung der Fläche mehrerer Intervalle. Die Teilflächen werden in einem Monitor zur Gesamtsumme aufaddiert, was den gesuchten Näherungswert für π liefert. Nach der Rechteck-Regel wird jeweils der Funktionswert in der Mitte eines Intervalls bestimmt und mit der Intervallbreite multipliziert. Die gleiche Aufgabenstellung ist in Abschnitt 15.1 als massiv paralleler Algorithmus für ein SIMD-System realisiert.

```
 1  PROCESSOR MODULE pi_calc;
 2  IMPLEMENTATION
 3  IMPORT io;
 4  CONST  intervals = 100;          (* Anzahl Teilintervalle   *)
 5             width    =  1.0 / FLOAT(intervals); (* Int.breite *)
 6             num_work =  5;         (* Anzahl Arbeiter-Prozesse *)
 7
 8  PROCEDURE f (x: REAL): REAL;
 9  (* zu integrierende Funktion *)
10  BEGIN
11    RETURN(4.0 / (1.0 + x*x))
12  END f;
13
14  MONITOR assignment;
15  VAR sum        : REAL;
16      pos,answers: INTEGER;
17
18  ENTRY get_interval(VAR int: INTEGER);
19  BEGIN
20    pos := pos+1;
21    IF pos<=intervals THEN int := pos
22                      ELSE int := -1    (* fertig *)
23    END;
24  END get_interval;
25
26  ENTRY put_result(res: REAL);
27  BEGIN
28    sum     := sum+res;
29    answers := answers+1;
30    IF answers = intervals THEN      (* Ergebniswert ausgeben *)
31      WriteString("Pi = "); WriteReal(sum,10); WriteLn;
32    END;
33  END put_result;
34
35  BEGIN (* monitor-init *)
36    pos := 0;  answers := 0;
37    sum := 0.0;
38  END MONITOR assignment;
39
40  PROCESS worker(id: INTEGER);
41  VAR iv : INTEGER;
42      res: REAL;
43  BEGIN
44    assignment:get_interval(iv); (* 1.Aufgabe aus Monitor les.*)
45    WHILE iv > 0 DO
46      res := width * f( (FLOAT(iv)-0.5) * width );
47      assignment:put_result(res);  (* Ergebnis an Monitor sen.*)
48      assignment:get_interval(iv); (* Aufgabe aus Monitor les.*)
49    END
50  END PROCESS worker;
```

```
51
52   PROCEDURE start_procs;
53   VAR i: INTEGER;
54   BEGIN
55     FOR i:= 1 TO num_work DO START(worker(i)) END
56   END start_procs;
57
58   BEGIN
59     start_procs;
60   END PROCESSOR MODULE pi_calc.
```

Jeder Arbeiter-Prozeß holt sich mit `get_interval` in einer Schleife den jeweils nächsten Auftrag aus dem Monitor ab. Nach durchgeführter Berechnung wird die Teilfläche mit `put_result` an den Monitor zurückgeliefert, wo sie zur Gesamtsumme aufaddiert wird. Da bei dieser recht einfachen Aufgabenstellung die Teilaufträge immer gleich sind, könnten die aufwendigen Entry-Aufrufe für `get_interval` auch eingespart und die Intervalle über den hier nicht verwendeten Prozeß-Parameter `id` zugeordnet werden (siehe das Beispiel für Sequent-C in Abschnitt 9.5).

Übungsaufgaben II

1. Zeigen Sie, welches Resultat von welcher Ausführungsreihenfolge in Abb. 8.1 erzeugt wurde.

2. Mehrere identische Prozesse in einem grobkörnig parallelen MIMD-System sollen auf gemeinsame Daten zugreifen und mit Hilfe eines Semaphores synchronisiert werden. Es darf maximal ein Prozeß zu einem Zeitpunkt auf die gemeinsamen Daten zugreifen.

a) Mit welchem Wert muß das Semaphor initialisiert werden ?

b) Vervollständigen Sie das folgende Programmgerüst **nur** um die fehlenden Synchronisationsoperationen:

```
PROCESS aufgabe;
VAR s: SEMAPHORE[...];
BEGIN
  LOOP
     ......
     (* Erledige Aufgabe auf gemeinsamen Daten *)
     ......
  END;
END PROCESS aufgabe;
```

c) Falls die in Teilaufgabe b) definierten Prozesse nur lesend auf die gemeinsamen Daten zugreifen, so dürfen dies durchaus mehrere Prozesse gleichzeitig tun. Allerdings soll nun aus Effizienzgründen die maximale Zahl der gleichzeitig lesenden Prozesse auf 5 beschränkt werden. Wie muß das Programmfragment aus Teilaufgabe b) für diese neue Synchronisationsvorschrift geändert werden ?

3. Mehrere identische Prozesse in einem grobkörnig parallelen MIMD-System sollen auf gemeinsame Daten zugreifen und mit Hilfe eines Monitors synchronisiert werden. Es darf maximal ein Prozeß zu einem Zeitpunkt auf die gemeinsamen Daten zugreifen.
Vervollständigen Sie das folgende Programmgerüst **nur** um die fehlenden Synchronisationsoperationen:

```
MONITOR aufgabe;
VAR Platz_frei,
    Element_da: CONDITION;
    d        : Gemeinsame_Daten;
BEGIN
  ENTRY Daten_ablegen (e: Daten_Element);
    WHILE "Puffer voll" DO  .............
    (* Füge Datenelement hinzu auf gemeinsamen Daten *)
    ...........................
  END Daten_ablegen;

  ENTRY Daten_wegnehmen (VAR e: Daten_Element);
    WHILE "Puffer leer" DO  .............
    (* Nimm Datenelement weg von gemeinsamen Daten *)
    .............
  END Daten_wegnehmen;

BEGIN
  (* Monitor-Initialisierung *)
END MONITOR aufgabe;
```

4. In einem grobkörnig parallelen MIMD-System werden `zahl_arbeiter` Kopien eines "Arbeiter-Prozesses" gestartet. Auf diese sollen die auszuführenden Prozeduraufrufe `f(1)` bis `f(zahl_aufgaben)` gleichmäßig verteilt werden. Vervollständigen Sie unter der Verwendung von Konstantenbezeichnern hierzu den Prozeß `Arbeiter` in untenstehendem Modula-P – Programm. Die Prozedur `f` sei gegeben.

```
CONST zahl_arbeiter =  10;
      zahl_aufgaben = 256;

PROCESS Arbeiter(nr: integer);
VAR i: INTEGER;
BEGIN
  ..........
END PROCESS Arbeiter;

PROCEDURE Init;
VAR z: INTEGER;
BEGIN (* Initialisierung *)
  FOR z:=1 TO zahl_arbeiter DO START( Arbeiter(z) ) END;
END Init;
```

5. a) Übertragen Sie das in Abb. 3.8 gezeigte Petri-Netz in ein Prozeßsystem in Modula-P, wobei nur ein einziges Semaphor verwendet wird.

   b) Entwerfen Sie eine Variante des Petri-Netzes zum Erzeuger-Verbraucher–Problem in Abb. 7.2, welche mit nur einem Semaphor-Platz auskommt. Es kann dann allerdings nur *ein* Erzeuger und *ein* Verbraucher synchronisiert werden.

6. Finden Sie eine Lösung für das Readers-Writers-Problem, bei der ab dem ersten wartenden Schreiber-Prozeß keine weiteren Leser mehr zugelassen werden. Nachdem alle Leser-Prozesse den kritischen Abschnitt verlassen haben, darf der Schreiber-Prozeß exklusiv auf den gemeinsamen Daten arbeiten.

7. Die Variable a habe den Wert 500. Welchen Wert kann a nach der unsynchronisierten Abarbeitung der folgenden drei Prozesse annehmen?

$$P_1 \qquad\qquad P_2 \qquad\qquad P_3$$

```
   x := a;           y := a;           z := a;
   x := 10*x;        y := y+1;         z := z-3;
   a := x;           a := y;           a := z;


   x := a;           y := y+5;         z := a;
   x := 2*x;         a := y;           z := z-7;
   a := x;                             a := z;
```

Entwerfen Sie ein allgemeines Verfahren zur Bestimmung aller möglichen Variablenwerte (sowie deren maximale Anzahl), welche durch die zeitlich verzahnte Abarbeitung unsynchronisierter Prozesse entstehen können.

8. Implementieren Sie die in Abschnitt 9.5 für Sequent-C gezeigte Aufteilung von Schleifeniterationen auch in occam und Ada.

9. In verschiedenen Programmiersprachen, wie z.B. Ada, gibt es Kommunikationskonstrukte zum Nachrichtenaustausch. Die Semaphor-Operationen P und V sollen nun ausschließlich mit Hilfe von Nachrichtenaustauschen implementiert werden. Das folgende Programm realisiert ein boolesches Semaphor, auf das zu Beginn eine P-Operation ausgeführt werden darf. Weitere Kommunikationen mit "P-Nachrichten" werden so lange im Nachrichtenpuffer gespeichert, bis eine "V-Nachricht" eintrifft. Die Möglichkeit, daß mehrere V-Operationen direkt nacheinander auftreten können, wird dabei nicht berücksichtigt!

```
TASK BODY bool_semaphor IS
BEGIN
  LOOP
    ACCEPT  P
    ACCEPT  V
  END LOOP;
END bool_semaphor;
```

Vervollständigen Sie das untenstehende Programm in Pseudo-Notation, so daß
ein allgemeines Semaphor realisiert wird. Zu Beginn soll das Semaphor zehn P-
Operationen ohne eintreffende V-Operation zulassen.

```
TASK BODY int_semaphor IS
zaehler: INTEGER;
BEGIN
  zaehler := ........ ;
  LOOP
    SELECT
      WHEN ........ →
      ACCEPT  P  DO
        ........
      END P;

      ACCEPT  V  DO
        ........
      END V;
    END SELECT;
  END LOOP;
END int_semaphor;
```

10. Schreiben Sie ein Programm in Sequent-C für das Erzeuger-Verbraucher-Pro-
blem.

11. Schreiben Sie ein Programm in Modula-P zur Lösung des "Dining-Philosophers" - Problems (siehe untenstehende Abb.): An einem runden Tisch sitzen 5
Philosophen, zwischen ihnen liegt jeweils eine Gabel. Jeder Philosoph durch-
läuft die Zustände: Denkend → Hungrig → Essend → Denkend. Zu Beginn den-
ken alle Philosophen; wird einer von ihnen hungrig, muß er die beiden Gabeln
links und rechts von sich nehmen (falls sie nicht bereits von einem Nachbar-
Philosophen benutzt werden) um essen zu können. Es kann leicht ein Deadlock
entstehen, wenn z.B. alle Philosophen zuerst die jeweils linke Gabel nehmen
und dann (für immer) auf die rechte Gabel warten.

Die Implementierung soll das "Zugriffsverhalten" der Philosophen so koordinieren, daß keine Verklemmung entstehen kann. Eine mögliche Lösung dieses Problems ist es, zunächst nachzusehen, ob *beide* Gabeln links und rechts frei sind. Falls ja, nimmt der Philosoph beide Gabeln *gleichzeitig* auf und ißt. Falls nein, muß er hungrig warten, bis beide Gabeln zugleich frei sind. Das "Aushungern" einzelner Philosophen kann bei dieser einfachen Lösung jedoch immer noch auftreten.

12. Lösen Sie das Dining-Philosophers - Problem aus Aufgabe 11 mit Hilfe eines Petri-Netzes.

13. Schreiben Sie ein Programm in Modula-P für die parallele Matriallagerverwaltung. Da mehrere Prozesse gleichzeitig auf die Datenbestände zugreifen können, müssen die Zugriffe durch einen Monitor synchronisiert werden.

Die Datensätze "Bestand" haben die Form: <Artikelnr.> <Preis> <Anzahl> .
Die Datensätze "Budget" haben die Form: <Kostenstelle> <Budget> .

Mehrere identische Lagerverwalter-Prozesse sollen Anforderungen der folgenden Form abarbeiten:

- Entnahme vom Bestand mit Abbuchung von gegebener Kostenstelle
- Warenzugang
- Ausgabe des aktuellen Bestandes

14. Schreiben Sie ein Programm in Modula-P zur parallelen Berechnung der fraktalen Gebilde nach folgenden komplexen Iterationsvorschriften:

a) $z_0 := 0$
$z_{i+1} := z_i^2 + c$

b) $z_0 \quad := 0$

$z_{i+1} \quad := z_i^3 + (c\text{-}1)\, z_i - c$

Berechnen Sie ein Feld mit 100×100 Bildpunkten und wählen Sie z.B. für Teil a), die Mandelbrotmenge, den Bildbereich $[(\text{-}0{,}76 + 0{,}01\ i)\,,\ (\text{-}0{,}74 + 0{,}03\ i)]$. Die Iteration soll abgebrochen werden, wenn $|z| > 2$ oder wenn die Maximalzahl von 200 Iterationsschritten ausgeführt wurde. Jeder Bildpunkt wird entsprechend seiner Iterationszahl gefärbt (im einfachsten Fall: 200 = schwarz, sonst weiß). Starten Sie 5 Arbeiterprozesse, die sich über einen Anforderungs-Monitor quadratische Bereiche der Größe 10×10 reservieren lassen. Beachten Sie, daß bei vollständig konvergierendem Rand eines Teilquadrats (also bei maximaler Iterationszahl *jedes* Randelements) auch der gesamte Flächeninhalt konvergiert und daher nicht mehr berechnet werden muß.

III

Synchrone Parallelität

Bei der synchronen Parallelität werden die für eine Aufgabe eingesetzten Prozessoren von einem zentralen Programm mit gleichem Takt gesteuert und sind nicht mehr unabhängig voneinander, d.h. ein synchron paralleles Programm besitzt nur einen einzigen Kontrollfluß. Dieses vereinfachte Berechnungsmodell stellt zwar eine Einschränkung dar, jedoch können die Prozessoren wegen ihres einfacheren Aufbaus höher integriert werden. Dadurch können Rechner mit erheblich mehr Prozessoren gebaut werden, als dies bei asynchroner Parallelität möglich ist; hieraus resultiert der Begriff der "massiven Parallelität". Die Synchronisation zwischen Prozessoren erfolgt implizit bei jedem Schritt und ist nicht mehr Aufgabe des Programmierers. Die Prozessoren arbeiten an kleineren Verarbeitungseinheiten, wobei der Schwerpunkt auf Vektorausdrücke verlagert wird. Diese sogenannte "daten-parallele" Programmierung eröffnet eine Vielzahl neuer Möglichkeiten, erfordert aber auch neue algorithmische Ansätze.

11. Aufbau eines SIMD-Rechners

Dem synchronen Modell der Parallelität entspricht der SIMD-Rechner (single instruction, multiple data), wie in Abb. 11.1 dargestellt. Der zentrale Steuerrechner ist ein gewöhnlicher sequentieller Rechner (SISD: single instruction, single data), an dem meist auch die peripheren Geräte angeschlossen sind. Die parallelen PEs führen kein eigenes Programm aus, sondern erhalten ihre Befehle vom Steuerrechner. Da die PEs kein eigenes Befehlswerk besitzen, sind sie keine "vollständigen" Prozessoren. Es sind unselbständige ALUs (arithmetic logic units, "Rechenwerke") mit lokalem Speicher und Kommunikationseinrichtungen. Aus dieser Vereinfachung des Rechnermodells ergeben sich die Einschränkungen des SIMD-Modells. Die PEs können zu einem Zeitpunkt keine unterschiedlichen Anweisungen ausführen, sie führen entweder den vom Steuerrechner übermittelten Befehl auf ihren lokalen Daten aus oder sie sind inaktiv. Jede parallele Selektion (if-Anweisung) muß daher in zwei Teilschritte zerlegt werden. Zuerst wird der then-Teil auf all den PEs ausgeführt, bei denen die Selektionsbedingung erfüllt ist, während alle anderen PEs inaktiv sind. Anschließend wird der else-Teil auf der zuvor passiven Gruppe von PEs ausgeführt, während die erste Gruppe von PEs inaktiv ist. Diese Nacheinander-Ausführung bei Selektionen ist natürlich sehr ineffizient. Dadurch, daß die sehr einfach aufgebauten PEs eines SIMD-Rechners aber erheblich höher integriert werden können, existieren SIMD-Rechner mit weit höherer Prozessorzahl als MIMD-Rechner, und allein die immense Anzahl von PEs (*massive Parallelität*, d.h. der Einsatz von tausend oder mehr PEs) gleicht bei geeigneten Anwendungen diese Ineffizienz mehr als aus.

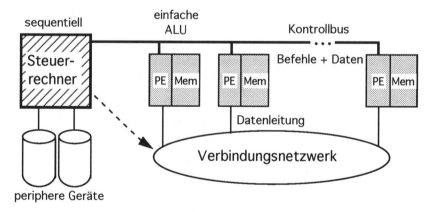

Abbildung 11.1: SIMD Rechnermodell

Die PEs sind untereinander mit einem Verbindungsnetzwerk verbunden, das "fest ver-
drahtet" oder rekonfigurierbar sein kann (siehe Kapitel 5) und einen schnellen parallelen
Datenaustausch zwischen Gruppen von PEs ermöglicht. Auch zwischen dem Steuerrechner und einzelnen (selektiv) oder allen PEs (broadcast) können Daten ausgetauscht
werden.

11.1 SIMD-Rechnersysteme

Es werden im folgenden die wichtigsten Leistungsdaten von drei typischen SIMD-Parallelrechnern aufgeführt. Die dort angegebenen theoretischen Höchstleistungswerte
(Peak-Performance) sind für sich allein nur begrenzt aussagekräftig. Da diese Leistungswerte nur für eine sehr einfache Operation (z.B. das Skalarprodukt) gelten und
SIMD-Anwendungsprogramme im allgemeinen weit komplexere Berechnungen durchführen, werden diese Werte in der Praxis nie erreicht. Jedoch sind sie für einen Vergleich von SIMD-Systemen untereinander geeignet, wenn sie sich auf die gleichen Operationen beziehen. Die hier verwendeten Maße sind MIPS (million instructions per second) und MFLOPS (million floating point operations per second), wobei allerdings
auch die zugehörige Länge der Operation (z.B. 32 Bit) und die Art der für die Messung
verwendeten Operationen (z.B. nur Addition, Mittelwert oder Skalarprodukt) berücksichtigt werden müssen.

a) Connection Machine

Hersteller:	Thinking Machines Corporation
	Cambridge, Massachusetts
Modell:	CM-2
Prozessoren:	65.536 PEs (1-Bit Prozessoren)
Speicher je PE:	128 KB (maximal)
Peak-Performance:	2.500 MIPS (32-Bit Operation)
	10.000 MFLOPS (Skalarprodukt, 32-Bit) bzw.
	5.000 MFLOPS (Skalarprodukt, 64-Bit)
Verbindungsnetzwerke:	globaler Hypercube und
	4-faches rekonfigurierbares Nachbarschaftsgitter (über
	den Hypercube realisiert)
Programmiersprachen:	CMLisp (ursprüngliche Lisp-Variante)
	*Lisp (Erweiterung von Common Lisp)
	C* (Erweiterung von C)
	CMFortran (in Anlehnung an Fortran 90)
	C/Paris (C mit Aufrufen von Assembler-Bibliotheks-Routinen)

Die Connection Machine CM-2 ist der derzeit leistungsfähigste und bekannteste SIMD-Rechner. Sie verfügt über die meisten Prozessorelemente (PEs), die allerdings nur eine 1-Bit-ALU besitzen. Je 32 PEs teilen sich einen Floating-Point-Koprozessor, was zu einer erheblichen Leistungssteigerung im GFLOPS-Bereich gegenüber Systemen ohne arithmetische Koprozessoren führt. Die CM-2 besitzt zwei unterschiedliche Verbindungsstrukturen: ein globales Hypercube-Netzwerk für die allgemeine Kommunikation und ein schnelles lokales Nachbarschaftsgitter, das über den Hypercube realisiert wird und flexibel konfiguriert werden kann. Je 16K PEs erhalten von einem unabhängigen "Sequencer" (Steuerrechner) ihre Befehle, so daß eine voll ausgebaute Connection Machine CM-2 einer Koppelung von vier SIMD-Rechnern entspricht, die auch getrennt betrieben werden können. Als weitere Besonderheit stellt die CM-2 virtuelle Prozessoren mit spezieller Hardwareunterstützung zur Verfügung (siehe Abschnitt 11.3). Der Anwender kann somit sehr einfach Programme mit mehr PEs erstellen, als physisch im Rechner vorhanden sind.

Ein weiterer sehr wichtiger Punkt ist die Vielfalt der für die Connection Machine angebotenen Programmiersprachen, die von Assembler über erweitertes Fortran und C bis hin zu funktionalen Programmiersprachen reicht.

Beim derzeit jüngsten Parallelrechnermodell von Thinking Machines, der CM-5, handelt es sich nicht mehr um einen reinen SIMD-Rechner, sondern um eine Mischung von MIMD- und SIMD-Rechner (SPMD-Modell, siehe Abschnitt 2.1).

b) MasPar

Hersteller:	MasPar Computer Corporation
	Sunnyvale, California
Modell:	MP-1216
Prozessoren:	16.384 PEs (4-Bit Prozessoren)
Speicher je PE:	64 KB (maximal)
Peak-Performance:	30.000 MIPS (32-Bit Operation)
	1.500 MFLOPS (Add./Mult., 32-Bit), bzw.
	600 MFLOPS (Add./Mult., 64-Bit)
Verbindungsnetzwerke:	3-stufiger globaler Kreuzschienenverteiler (Router) und
	8-faches Nachbarschaftsgitter (unabhängig vom Router)
Programmiersprachen:	MPL (Erweiterung von C)
	MPFortran (in Anlehnung an Fortran 90)

Die MasPar MP-1 Serie ist leistungsmäßig und preislich unterhalb der Connection Machine CM-2 angesiedelt. Da keine arithmetischen Koprozessoren vorhanden sind, sondern alle Gleitkomma-Berechnungen durch Software durchgeführt werden müssen, kann die MasPar ihre hohe Integer-Rechenleistung im Floating-Point-Bereich nicht erreichen. Noch deutlicher als bei der CM-2 gibt es bei der MasPar MP-1 zwei getrennte Verbindungsstrukturen: ein schnelles lokales Nachbarschaftsgitter (sogar mit 8-facher Konnektivität, jedoch nicht konfigurierbar) sowie ein globaler 3-stufiger Router für beliebige Verbindungen. Es existiert keine Hardwareunterstützung für virtuelle Prozessoren, sondern diese Aufgabe soll ein "intelligenter Compiler" übernehmen. Der sequentielle Steuerrechner der MP-1 ist eine "Harvard-Style–Architektur", d.h. abweichend vom von-Neumann-Modell gibt es getrennte Speicher für Programme und Daten.

Von MasPar werden als Programmiersprachen Erweiterungen von C und Fortran angeboten, wobei nur Fortran eine rudimentäre Verwaltung von virtuellen Prozessoren ermöglicht.

c) Distributed Array Processor (DAP)

Hersteller:	Active Memory Technology (AMT)
	Reading, England
Modell:	DAP 610
Prozessoren:	4.096 PEs (1-Bit Prozessoren + 8-Bit Koprozessoren)
Speicher je PE:	32 KB
Peak-Performance:	40.000 MIPS (1-Bit Operation), bzw.
	20.000 MIPS (8-Bit)
	560 MFLOPS
Verbindungsnetzwerk:	4-faches Nachbarschaftsgitter (**kein** globales Netzwerk)
Programmiersprache:	Fortran-Plus (in Anlehnung an Fortran 90)

Der Distributed Array Processor ist aufgrund seiner Systemarchitektur nur für bestimmte Anwendungsgebiete einsetzbar; eine Übersicht über massiv-parallele Anwendungen auf dem DAP findet sich in [Parkinson, Litt 90]. Mit nur 4K PEs verfügt der DAP über relativ wenige PEs. Diese sind wie bei der Connection Machine CM-2 einfache 1-Bit Rechenwerke, werden aber durch je einen 8-Bit Koprozessor für Floating-Point-Berechnungen ergänzt. Dadurch erreicht der DAP trotz der geringen PE-Anzahl einen beachtliche Peak-Performance-Wert im MFLOPS-Bereich. Als Verbindungsstruktur zwischen den PEs existiert ausschließlich ein lokales Nachbarschaftsgitter und kein globales Verbindungsnetzwerk. Dieses Gitter ist zwar für eine Reihe von Anwendungen geeignet, es unterstützt aber nicht beliebige Verbindungsstrukturen. Diese können nur mit enorm hohem Kommunikationsaufwand schrittweise über das Gitter simuliert werden (bei n PEs größenordnungsmäßig $\sqrt{n}$ Datenaustauschschritte für eine Kommunikation, siehe Abschnitt 5.4 über die Simulation von Netzwerken) und sind auch schwierig zu programmieren. Anwendungen mit komplexen Verbindungsstrukturen sind daher nur äußerst aufwendig auf dem DAP zu realisieren.

Als einzige Programmiersprache wird Fortran-Plus, eine parallele Fortran-Version in Anlehnung an Fortran 90, angeboten. Eine Variante der Sprache C* der Connection Machine ist in Entwicklung, es bleibt aber abzuwarten, wieviel der Funktionalität von C* auf der primitiven Verbindungsstruktur des DAP implementiert werden kann.

Trotz der unterschiedlichen Strukturen der hier vorgestellten SIMD-Systeme lassen sich einige Gemeinsamkeiten erkennen. Alle Hersteller bieten Versionen eines parallelen Fortrans an, die sich an den neuen Standard Fortran 90 anlehnen, jedoch aus verschiedenen Gründen nicht kompatibel sind. Damit ist vermutlich der Wunsch verbunden, Anwender aus den traditionellen Fortran-Bereichen der Ingenieur- und Naturwissenschaften anzusprechen. Es darf jedoch nicht übersehen werden, daß in Fortran 77 vorhandene Programmpakete nicht ohne weiteres automatisch parallelisiert werden können, sondern in Fortran 90 neu programmiert werden müssen (siehe Kapitel 16).

Alle vorgestellten SIMD-Systeme besitzen zumindest ein zweidimensionales Gitter als schnelle Verbindungsstruktur zwischen den PEs. Dieses ist nur für bestimmte Anwendungsgebiete, wie beispielsweise Bildverarbeitung und Lösen numerischer Probleme, einsetzbar. Der Einsatz eines Großteils der SIMD-Rechner in diesen Gebieten erklärt die Präsenz dieser Verbindungsstruktur.

11.2 Daten-Parallelität

Im Gegensatz zu MIMD-Systemen gibt es bei SIMD-Systemen immer nur ein einziges Programm auf dem zentralen Steuerrechner, dessen Anweisungen sequentiell, aber daten-parallel (vektoriell auf den PEs) abgearbeitet werden. Die Programmierung wird also sehr erleichtert durch die Tatsache, daß nur ein Kontrollfluß vorhanden ist und keine unabhängigen Prozesse asynchron ablaufen.

Da alle PEs im "Gleichtakt" rechnen, also quasi in jedem Schritt synchronisiert werden, entfällt die Notwendigkeit für aufwendige und fehleranfällige Synchronisationsmechanismen, wie Semaphore oder Monitore. SIMD-Programme kommen ohne diese Konzepte aus. Die PEs tauschen dabei natürlich auch Daten aus, aber, wie später genauer erläutert wird, werden hier nicht mehr zwei PEs für einen Datenaustausch synchronisiert, sondern es findet ein *kollektiver* Datenaustausch zwischen allen PEs oder innerhalb einer Gruppe von PEs statt. Während die Kommunikation bei manchen MIMD-Systemen einen Engpaß darstellt, ist sie bei allen SIMD-Systemen hochgradig parallel und hat auf SIMD-Rechnern mit lokalen Nachbarschaftsverbindungen einen äußerst geringen Zeitbedarf in der Größenordnung eines arithmetisch-logischen Befehls. Dies trifft zwar nicht ganz auf die globalen wahlfreien Verbindungsstrukturen von SIMD-Rechnern zu, aber selbst diese Datenaustauschoperationen werden um Größenordnungen schneller ausgeführt als bei MIMD-Rechnern und es nehmen Tausende von PEs daran teil.

Während beim klassischen von-Neumann-Rechner nur eine aktive Einheit (die CPU) die Berechnungen für sehr viele passive Einheiten (die Speicherzellen) ausführt, wird dieses Verhältnis beim daten-parallelen SIMD-Rechner ausgeglichen. Jedes Datenelement eines großen Datenblocks, der auf die PEs verteilt wurde, liegt nun im lokalen Speicherbereich eines PEs, d.h. alle Datenelemente können als aktiv rechnende Einheiten angesehen werden. Dies ermöglicht (und erfordert) einen völlig neuen Programmierstil, in dem Operationen direkt parallel auf Datenelementen erfolgen, ohne daß beispielsweise Array-Komponenten sequentiell in die CPU geladen, bearbeitet und zurückgespeichert werden müssen.

Die Daten-Parallelität erfordert ein Umdenken, die Abkehr vom von-Neumann Modell, an das sich Programmierer seit Jahrzehnten gewöhnt haben. Im Grunde ist die Daten-Parallelität aber das einfachere Modell, da Probleme mit natürlicher, inhärenter Parallelität auch auf diese Weise gelöst werden können, ohne auf die künstliche Einschränkung der Sequentialität des von-Neumann-Modells Rücksicht nehmen zu müssen.

11.3 Virtuelle Prozessoren

Die in Abschnitt 11.1 vorgestellten SIMD-Rechner verfügen alle über eine gewaltige Anzahl von PEs. Dennoch kann es vorkommen, daß für bestimmte Anwendungen selbst 65.536 Prozessoren nicht ausreichen, beispielsweise wenn ein Bild mit $500 \times 500 = 250.000$ Pixeln bearbeitet werden soll und idealerweise je ein PE pro Pixel zur Verfügung stehen soll. Die Abbildung dieser virtuellen PEs auf die physisch vorhandenen PEs kann natürlich immer auch vom Anwendungsprogrammierer durchgeführt werden; es ist aber äußerst wünschenswert, daß diese häufig benötigte Funktion von der Programmierumgebung oder dem Parallelrechner selbst durchgeführt wird.

Wenn also die Anzahl der von einem Programm benötigten PEs die Anzahl der vorhandenen PEs übersteigt, dann sollen diese virtuellen PEs auf einer Abstraktionsebene für den Anwendungsprogrammierer transparent zur Verfügung gestellt werden. Der SIMD-Rechner bildet mittels Hardware oder Software die virtuellen Prozessoren auf die physischen Prozessoren ab. Das Konzept der virtuellen Prozessoren ist somit eine Analogie zum Konzept des virtuellen Speichers.

Benötigt ein Programm weniger virtuelle PEs als physische PEs vorhanden sind, so werden die nicht benötigten physischen PEs einfach abgeschaltet. Sie bleiben inaktiv und können aufgrund des SIMD-Modells auch nicht anderweitig genutzt werden. Benötigt ein Programm mehr virtuelle PEs als physische PEs vorhanden sind, so werden die virtuellen PEs durch Iterationsschritte auf die physischen PEs abgebildet, wie in folgendem Beispiel gezeigt wird.

Beispiel zur Abbildung virtueller PEs:

Es seien: 2500 virtuelle PEs   vom Anwendungsprogramm benötigt
                 1000 physische PEs   in Hardware vorhanden

Lösung mit Iterationsschritten:

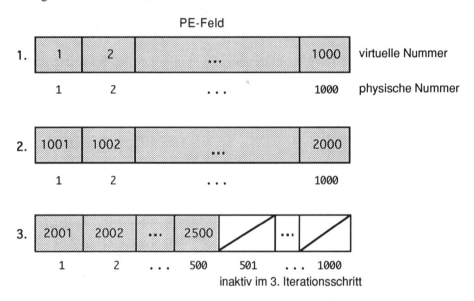

Abbildung 11.2: Iteration über Gruppen von PEs

Diese Iteration wird für jede elementare Operation (z.B. Addition) oder für Anweisungsfolgen, in denen kein Datenaustausch erfolgt, durchgeführt. Es entstehen Parallelitätsverluste durch zeitweise inaktive PEs, wenn die Anzahl der virtuellen PEs nicht ein exaktes Vielfaches der Anzahl der physischen PEs ist. So sind in diesem Beispiel in jedem dritten Iterationsschritt die PEs 501 bis 1000 (entsprechend 50%) inaktiv, d.h. durch diesen "Verschnitt" entsteht von vornherein ein Verlust von 17% der möglichen Rechnerleistung. Die theoretische Maximalauslastung der physischen PEs kann 83% nicht mehr überschreiten.

Datenaustauschoperationen werden durch die iterative Abbildung erheblich erschwert, denn beispielsweise wird aus einem einfachen, aber zu großen virtuellen Gitter eine komplexe Verbindungsstruktur, die zwar im Kern noch ein lokales Gitter enthält, aber an den Rändern Verbindungen zu anderen physischen PEs benötigt, was jede Datenaustauschoperation verlangsamt. Da der Datenaustausch nun schrittweise für jeweils genau so viele virtuelle PEs ausgeführt wird, wie physische PEs zur Verfügung stehen, müssen die Daten in einem Pufferbereich abgelegt werden. Dieser Puffer benötigt Speicherplatz für alle virtuellen PEs, d.h. in jedem physischen PE muß Speicherplatz für mehrere virtuelle PEs bereitgestellt werden.

Die Abbildung virtueller PEs auf physische PEs soll für den Programmierer *transparent* erfolgen. D.h. sie kann entweder mit Unterstützung einer speziellen Hardware oder allein durch Software realisiert werden.

a)   Realisierung virtueller Prozessoren durch Hardware

Die Connection Machine CM-2 verfügt über eine Hardware-Unterstützung für virtuelle PEs. Das Verhältnis virtueller PEs zu physischen PEs kann direkt eingestellt werden. Der Hauptspeicher jedes PEs wird dann automatisch unter mehreren virtuellen PEs aufgeteilt, und jeder Befehl wird für alle virtuellen PEs, d.h. mehrfach iterativ auf den physischen PEs, ausgeführt.

Diese Hardwarelösung bietet eine Reihe von Vorteilen. Eine effiziente Abarbeitung ist gewährleistet, und selbst Systemprogramme (z.B. Compiler) können sehr viel leichter erstellt werden als ohne spezielle Hardware. Der Nachteil besteht in erhöhtem System-Overhead, wenn die Virtualisierung der Prozessoren nicht benötigt wird. Reichen 64 K PEs (immerhin eine beeindruckende Anzahl) aus, dann kann wegen jetzt unnötiger Verwaltungsaufgaben die Peak-Rechenleistung um bis zu 25% sinken.

b)   Realisierung virtueller Prozessoren durch Software

Die MasPar MP-1 besitzt keine Hardwarelösung zur Realisierung virtueller PEs, sondern diese sollen als Softwarelösung mit Hilfe von "intelligenten Compilern" realisiert werden. Der Compiler soll je nachdem, ob für ein Anwendungsprogramm die Virtualisierung benötigt wird oder nicht, speziellen Code für die Abbildung virtueller PEs auf physische PEs erzeugen oder Programmcode ohne Virtualisierung liefern, der dann auch keinerlei Verwaltungsaufwand zur Laufzeit verursacht. Obwohl der Anwendungsprogrammierer keinen Unterschied zwischen Hardwarelösung und Softwarelösung bemerken sollte (transparente Abbildung), wird die Systemprogrammierung (z.B. Entwicklung eines neuen Compilers) bei der Softwarelösung erheblich schwieriger. Der für die

Virtualisierung benötigte Verwaltungsaufwand und die somit erzielte Rechenleistung hängen in hohem Maße von der Qualität des Compilers ab.

Zur Zeit ist die Virtualisierung als Softwarelösung bei der MasPar MP-1 nur ansatzweise in MPFortran realisiert. Für MPL existiert noch kein "intelligenter Compiler", d.h. diese Aufgabe muß derzeit noch der Anwendungsprogrammierer übernehmen.

12. Kommunikation in SIMD-Systemen

Da alle Vorgänge bei SIMD-Rechnern synchron ablaufen, ist eine Synchronisation zwischen Prozessoren, wie sie für MIMD-Systeme vorgestellt wurde, nicht nötig. Schon in den vorangegangenen Kapiteln wurde angedeutet, daß der Datenaustausch bei SIMD-Systemen ein "kollektiver Vorgang" ist. Das heißt, es findet kein individueller Datenaustausch zwischen zwei PEs statt, sondern alle aktiven PEs nehmen am Datenaustausch teil. Dies können entweder alle PEs des gesamten Systems sein, oder nur eine Teilmenge davon. In jedem Fall ist bei SIMD-Systemen der Datenaustausch eine wesentlich einfachere und kostengünstigere Operation als bei MIMD-Systemen, weil der synchrone Verbindungsaufbau schneller realisiert werden kann und das Netzwerk meist auch eine höhere Konnektivität und eine größere Bandbreite besitzt.

Abb. 12.1 zeigt ein Beispiel für den Datenaustausch. Jedes PE schiebt hier den Wert seiner lokalen Variablen x um einen Gitterplatz nach rechts zum Nachbar-PE.

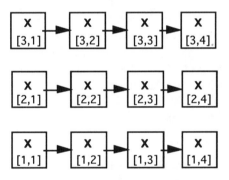

Abbildung 12.1: Datenaustausch bei SIMD-Rechnern

Da die meisten SIMD-Rechner (zumindest unter anderem) über eine sehr schnelle, fest vorgegebene Verbindungsstruktur verfügen, können natürlich vor allem einfache regelmäßige Strukturen auf die physische Verbindungsstruktur abgebildet werden. Jede Abweichung ergibt erhebliche Geschwindigkeitsverluste, da nun jeder Datenaustausch über mehrere Schritte, oder (falls vorhanden) die langsamere allgemeine Verbindungsstruktur ausgeführt werden muß.

12.1 SIMD-Datenaustausch:

Der Datenaustausch läuft bei SIMD-Rechnern in drei Schritten ab:

1. Selektion einer Gruppe von PEs
   (Aktivierung)

2. Auswählen einer zuvor definierten Verbindungsrichtung
   (bzw. dynamische Definition einer neuen Verbindungsstruktur)

3. Durchführung des Datenaustausches, paarweise zwischen allen aktiven PEs
   entlang der gewählten Verbindungsstruktur

In der SIMD-Programmiersprache Parallaxis [Bräunl 90] wird ein solcher Datenaustausch mit folgender Notation angegeben:

0. Vorab: Definition einer Verbindungsstruktur

Beispiel:

```
CONFIGURATION ring [0..11];
CONNECTION rechts: ring[i] ↔ ring[(i+1) mod 12].links;
```

Die Verbindungsstruktur mit dem Namen "Ring" hat zwölf Elemente, numeriert von Null bis Elf. Es gibt eine bi-direktionale Verbindung mit den symbolischen Richtungsnamen "rechts" und "links". Die Verbindung nach rechts bildet jedes PE auf das PE mit der nächsthöheren Identifikationsnummer ab; PE 11 wird mit der Modulo-Funktion wieder auf PE 0 abgebildet. Entsprechendes gilt für die Verbindungsrichtung nach links. Die Verbindungsstruktur ist also ein geschlossener Ring.

1. Selektion einer Gruppe von PEs

Beispiel:

```
PARALLEL ring[3..8]
   ...
ENDPARALLEL
```

PEs werden mit diesem parallelen Anweisungsblock selektiert. Für den Block im Beispiel sind die Ring-PEs 3 bis 8 aktiv, alle anderen bleiben passiv.

2.+3. Durchführen des parallelen Datenaustauschs
(innerhalb des parallelen Blocks)

Beispiel:

```
propagate.rechts(x)
```

Jedes der PEs 3 bis 8 führt mit seinem Nachbar-PE im Uhrzeigersinn einen Datenaustausch durch. Dabei schickt zunächst jedes PE den Wert seiner lokalen Variablen x auf die Verbindungsleitung ("send") und liest anschließend den neuen Wert ("receive") für seine lokale Variable x von seinem Vorgänger-PE (siehe Abb. 12.2). Wegen der Aktivierung nur eines Teils aller PEs besitzt PE Nr. 3 für diesen Datenaustausch keinen Vorgänger und PE Nr. 8 keinen Nachfolger. Der gleiche Fall tritt auch bei offenen Topologien auf, wie beispielsweise an den Endpunkten einer linearen Liste. In Abb. 12.2 behält PE Nr. 3 seinen "alten" Wert auch nach dem Datenaustausch, da es keinen neuen Wert von einem anderen PE erhält, wohingegen der "alte" Wert von PE Nr. 8 verlorengeht, da ihn kein Nachfolger-PE aufnimmt.

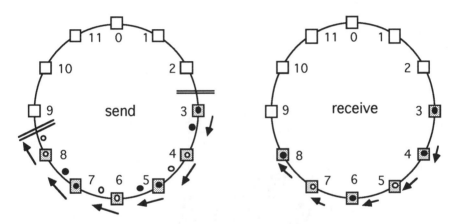

Abbildung 12.2: Senden und Empfangen von Daten

Die in Abb. 12.2 gewählte Verbindungsstruktur eines Rings kann noch recht einfach auf die am häufigsten vorkommende physische Verbindungsstruktur, das zweidimensionale Gitter, abgebildet werden (siehe Abb. 12.3). Doch selbst hier müssen für einige PEs des physischen Gitters Sonderregeln ausgeführt werden. Während die inneren Elemente des Gitters um einen Schritt in der zweiten Dimension weitergeschaltet werden, müssen die rechten Randelemente des Gitters nach links oben verbunden werden, und das letzte Ringelement Nr. 11 muß wieder zum ersten Ringelement Nr. 0 zurück verbunden werden. Es werden nur die grau markierten PEs des physischen Gitters benutzt.

Für einen scheinbar einfachen Datenaustausch entlang der virtuellen Ringstruktur ist somit eine aufwendige Fallunterscheidung bei der physischen Gitterstruktur durchzuführen:

```
PARALLEL ring [0..11]
   PROPAGATE.rechts(x)
ENDPARALLEL
```

wird abgebildet auf:

```
PARALLEL grid [1..2],[1..4];        Fall a: Ein Schritt nach rechts
         grid [3],    [1]
   "grid[i,j] →  grid[i,j+1]"
ENDPARALLEL;
```

<table>
<tr><td></td><td>Fall a: Ein Schritt nach rechts</td></tr>
</table>

```
PARALLEL grid [1..2],[5]            Fall b: Anfang eine Zeile höher
   "grid[i,j] →  grid[i+1,1]"
ENDPARALLEL;
```

```
PARALLEL grid [3],[2]              Fall c: Zurück zum Anfang
   "grid[3,2] →  grid[1,1]"
ENDPARALLEL;
```

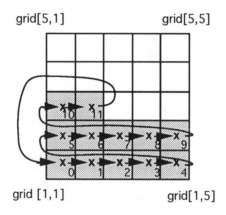

Abbildung 12.3: Abbildung von einem Ring auf ein Gitter

Da Fallunterscheidungen auf einem SIMD-Rechner durch eine Sequentialisierung realisiert werden müssen, sind für dieses Beispiel drei physische Datenaustausch-Operationen für jeden virtuellen Datenaustausch erforderlich. Darüber hinaus müssen die Zuweisungen über einen Pufferbereich erfolgen, da sonst auf den PEs lokale Daten schon überschrieben würden, bevor sie an das entsprechende Nachbar-PE weitergereicht werden können.

Eine automatische Abbildung virtueller Verbindungsstrukturen auf eine feste physische Verbindungsstruktur (wie oben die Gitterstruktur) ist nur äußerst schwierig zu realisieren, wie man aus obigem Beispiel erkennen kann. Je komplexer die gewünschte virtuelle Struktur ist, desto schwieriger wird diese Aufgabe. Die automatische Abbildung kann demnach nur für einfache Strukturen durchgeführt werden; für komplexe Strukturen ist sie nicht möglich und wegen der steigenden Zahl der Fallunterscheidungen und der gleichzeitig steigenden Rechenzeit auch nicht mehr sinnvoll. Hier kommt die globale dynamische Verbindungsstruktur ("Router") eines SIMD-Rechners zum Einsatz, falls eine solche vorhanden ist. Für jedes der physischen PEs wird die Zieladresse eines PEs eingestellt, so daß man den allgemeinen Fall einer unstrukturierten Verbindung auch als eine Vektor-Permutation auffassen kann (siehe Abb. 12.4).

Abbildung 12.4: Datenaustausch als Vektor-Permutation

Der Einsatz der globalen Verbindungsstruktur ist sehr viel leichter zu programmieren und kann problemlos automatisiert werden. Die globale Verbindungsstruktur ist jedoch erheblich langsamer als die lokale (Gitter-) Verbindungsstruktur. Der richtige Einsatz der lokalen oder globalen Verbindungsstruktur ist ein wichtiges Problem bei der SIMD-Programmierung.

Noch erheblich erschwert wird das Kommunikationsproblem bei der Verwendung von virtuellen PEs (siehe Abschnitt 12.3). Durch die abschnittsweise Aufteilung der virtuellen PEs auf die physischen PEs entsteht sehr leicht aus einer einfachen strukturierten Verbindung eine komplexe und unstrukturierte. Auch die außerdem erforderlichen Pufferbereiche für alle virtuellen PEs erschweren eine automatische Abbildung von virtuellen auf physische Verbindungsstrukturen mit effizientem Datenaustausch.

12.2 Verbindungsstrukturen von SIMD-Systemen

Im folgenden werden die Verbindungsstrukturen der Connection Machine CM-2 und der MasPar MP-1 im Detail vorgestellt (der DAP verfügt über kein globales Netzwerk). Wie bereits zuvor erwähnt, verfügen beide Rechner neben einer lokalen Gitterstruktur auch über ein wahlfreies globales Verbindungsnetzwerk. Bei beiden ist das Gitter die wesentlich schnellere Verbindungsstruktur (z.B. für Probleme aus der Bildverarbeitung geeignet), während das langsamere globale Netzwerk beliebige dynamische Verbindungen realisieren kann.

Connection Machine CM-2 mit 65.536 Prozessoren:

a) Die lokale Gitterstruktur der CM-2 ist ein dynamisch einstellbares Gitter mit 4-facher Nachbarverbindung (4-way nearest neighbor, genannt "NEWS" nach den vier Himmelsrichtungen north, east, west und south). Es können mit einigen Einschränkungen beliebige Dimensionszahlen und Abmessungen eingestellt werden. Realisiert wird diese schnelle lokale Verbindungsstruktur über einen Teil der globalen Hypercubeverbindung (siehe b) mit spezieller Hardwareunterstützung. Die zweidimensionale Verbindungsanordnung (mit 256 × 256 PEs) ist in Abb. 12.5 skizziert.

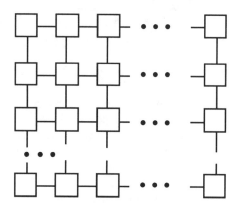

Abbildung 12.5: Gitternetzwerk der Connection Machine CM-2

b) Als globale Verbindungsstruktur kommt bei der CM-2 ein 12-dimensionaler Hypercube zum Einsatz. Dieser enthält demnach nur $2^{12} = 4.096$ Elemente, so daß die 65.536 PEs in 4.096 Cluster zu je 16 PEs zusammengefaßt werden müssen (siehe in Abb. 12.6 die Clusterstruktur aus Platzgründen nur mit einem 4-dimensionalem Hypercube). Von jedem Cluster gehen 12 Leitungen in den Hypercube, während die 16 PEs innerhalb eines Clusters direkt mit dem Router auf dem Chip verbunden sind. Möchten alle PEs in einem Cluster Daten nach außen senden oder von außen empfangen, dann muß der gesamte Datenaustausch wegen dieses Engpasses in 16 Schritten abgewickelt werden.

Die Clusterlösung schränkt die globale Verbindungsstruktur der CM-2 zwar etwas ein, sie ermöglicht aber den Aufbau eines Parallelrechners mit 64 K Prozessoren und noch vertretbarem Aufwand an Verbindungsleitungen. Die hier realisierte Clusterlösung benötigt insgesamt:

$$\frac{1}{2} \times 4.096 \times 12 \quad = \qquad 24.576 \text{ Leitungen für den Hypercube}$$

$$\underline{ 65.536 \times 1 \quad = \qquad 65.536 \text{ Leitungen für die einzelnen Clusterelemente}}$$

$$\text{Summe} \qquad\qquad 90.112 \text{ Leitungen}$$

Hingegen würde für die Realisierung eines vollständigen 16-dimensionalen Hypercubes erheblich mehr Leitungen benötigen:

$$\frac{1}{2} \times 65.536 \times 16 \quad = \quad 524.288 \text{ Leitungen}$$

Das wäre nahezu das Sechsfache der Clusterlösung und somit erheblich teurer!

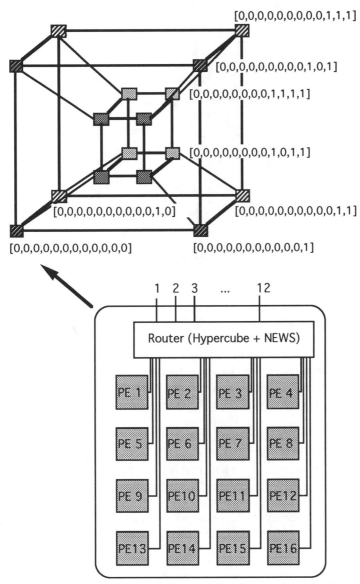

Abbildung 12.6: Hypercube-Netzwerk der Connection Machine CM-2

MasPar MP-1 Modell MP-1216 mit 16.384 Prozessoren:

a) Die lokale Gitterstruktur der MP-1 ist ein fester zweidimensionaler Torus, in dem
    die PEs zu 128 × 128 Elementen angeordnet sind. Jedes PE ist mit seinen 8 Nach-
    bar-PEs verbunden (8-way nearest neighbor, genannt "x-net" wegen der X-förmi-
    gen Verbindungen zu den schrägen Nachbar-PEs).

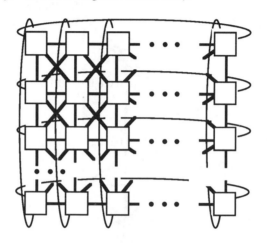

(Abb. ohne diagonale Randverbindungen)
Abbildung 12.7: Gitternetzwerk der MasPar MP-1

b) Die globale Verbindungsstruktur der MP-1 wird "global router" genannt und be-
    steht aus einem dreistufigen Clos-Koppelnetzwerk mit 1.024 Ein-/Ausgängen, d.h.
    jeweils 16 PEs (ein "Cluster") teilen sich einen Router-Eingang und -Ausgang (sie-
    he Abb. 12.8). Von den 16.384 PEs können demnach zu einem Zeitpunkt immer
    nur 1.024 gleichzeitig eine Verbindung aufbauen. Falls alle PEs zugleich Daten aus-
    tauschen möchten, werden für den vollständigen Datenaustausch mindestens 16
    Schritte benötigt, wenn nicht weitere Kollisionen auftreten.

Bei der globalen Verbindungsstruktur wurde hier also ein ähnlicher Kompromiß
wie bei der Connection Machine CM-2 gewählt. Die Verbindungskosten eines dreistufigen Clos-Netzwerkes liegen ungefähr bei $\sqrt{32} * n^{3/2}$ für n Ein-/Ausgänge (siehe Abschnitt 5.2). Ein vollständiges Clos-Netzwerk für alle PEs müßte demnach
den sechzehnfachen Durchmesser besitzen und würde die 64fachen Kosten verursachen. Ein Kreuzschienenverteiler (Kosten n^2) mit Durchmesser 1.024 wäre 5,7 mal
so teuer, ein vollständiger Kreuzschienenverteiler für 16.384 PEs wäre sogar
1448mal so teuer.

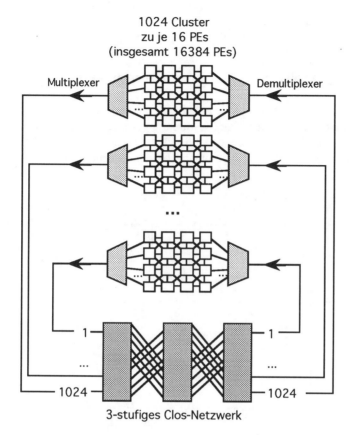

Abbildung 12.8: Router der MasPar MP-1

12.3 Vektorreduktion

Eine wichtige Grundoperation von Vektorrechnern und SIMD-Systemen ist die Vektorreduktion. Diese ist daher meist in Hardware oder als Basisoperation vorhanden. Es
wird dabei ein Vektor (bzw. die auf die einzelnen PEs verteilten Komponenten eines
Vektors) auf einen skalaren Wert reduziert (siehe Abschnitt 2.3). Das kann mittels einer
beliebigen dyadischen Operation geschehen wie Addition, Multiplikation, Maximum,
Minimum, logisches UND, logisches ODER usw. Es sollte jedoch darauf geachtet werden, daß die Reduktionsoperation assoziativ und kommutativ ist (also keine Subtraktion
oder Division), sonst können je nach Ausführungsreihenfolge unterschiedliche Ergebnisse auftreten.

Abbildung 12.9: Vektorreduktion mittels Addition

Der Vektor wird komponentenweise aufaddiert, die entstehende Summe ist ein skalarer Wert. Die Ausführungsreihenfolge (Klammerungsweise) ist bei assoziativen Operatoren zwar prinzipiell beliebig, jedoch ist durch eine baumartige Verarbeitung eine wesentlich effizientere parallele Ausführung als bei der sequentiellen Verarbeitung möglich (siehe Abb. 12.10).

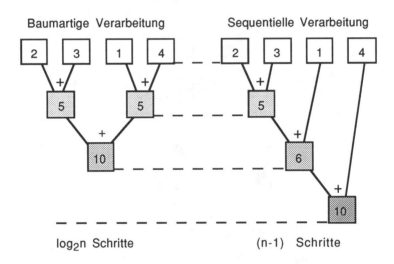

Abbildung 12.10: Vektorreduktion

Während für die Addition von n Werten bei der sequentiellen Verarbeitung n-1 Zeitschritte benötigt werden, kann bei der baumartigen Verarbeitung die gleiche Anzahl von Additionen auf jeweils eine Baumebene von Prozessoren parallel verteilt werden und in nur $\log_2 n$ Schritten berechnet werden.

In Parallaxis-Notation wird die Reduktion eines Vektors v auf einen Skalar s mittels der Operation sum folgendermaßen ausgedrückt:

    s := REDUCE.sum(v)

Die Implementierung der Vektorreduktion erfolgt entweder mittels Software, durch expliziten Datenaustausch mit nachfolgenden arithmetischen Operationen, oder aber durch eine spezielle Hardware (wie z.B. bei der Connection Machine CM-2), welche die Ausführung der Reduktionsoperation parallel zur Datenübertragung ermöglicht.

13. Probleme bei synchroner Parallelität

Keines der in Kapitel 8 dargestellten Probleme bei asynchroner Parallelität ist für die synchrone Parallelität relevant. Es gibt hier weder inkonsistente Daten noch Verklemmungen, und es kann auch – systembedingt – keine Lastbalancierung vorgenommen werden. Dies verdeutlicht erneut den prinzipiellen Unterschied zwischen der synchronen und der asynchronen parallelen Programmierung. Diese beiden Modelle basieren auf grundverschiedenen Ansätzen und sind für verschiedene Anwendungsbereiche geeignet. Deshalb lassen sich asynchron parallele Problemlösungen nicht ohne weiteres in synchron parallele Lösungen umsetzen und auch nicht umgekehrt.

Die in der synchronen Parallelität auftretenden Probleme hängen zum großen Teil mit den Einschränkungen des SIMD-Modells zusammen. Da alle PEs entweder die gleiche Operation ausführen müssen oder aber inaktiv sind, können einige Vektoroperationen nur unzureichend parallelisiert werden. Auch die Einführung einer Abstraktionsebene zur Verwaltung virtueller Prozessoren, unabhängig von der tatsächlich vorhandenen Anzahl physischer Prozessoren, kann zu Effizienzproblemen führen. Ein weiteres Problem ist die Anbindung peripherer Geräte, welche sehr oft Engpässe bei der Datenübertragung verursachen. Diese Probleme werden im Anschluß näher untersucht.

13.1 Indizierte Vektoroperationen

Die Begriffe *Gather* und *Scatter* bezeichnen zwei grundlegende vektorielle Operationen (siehe [Quinn 87]), deren synchron-parallele Realisierung Schwierigkeiten mit sich bringt. Prinzipiell entstehen Probleme bei der Vektorisierung indizierter Datenzugriffe.

Die Daten jedes Vektors sind komponentenweise auf PEs verteilt. Die Operation Gather greift auf einen Vektor über einen Indexvektor lesend zu, während die Operation Scatter auf einen Vektor über einen Indexvektor schreibend zugreift. Die Funktionalität ist in folgendem Pseudoprogramm-Fragment dargestellt:

Gather:

```
for i:=1 to n do
    a[i] := b[index[i]]
end;
```

Scatter:

```
for i:=1 to n do
    a[index[i]] := b[i]
end;
```

In jedem der beiden Fälle wird *datenabhängig* auf Komponenten eines anderen Vektors zugegriffen, d.h. es wird eine unstrukturierte Vektorpermutation durchgeführt, oder mit anderen Worten ausgedrückt, es findet ein wahlfreier Zugriff auf Daten anderer Prozessoren statt. Dieses Zugriffsverhalten ist natürlich mit den typischen lokalen Nachbarschafts-Verbindungsstrukturen eines SIMD-Systems nicht parallelisierbar. Eine sequentielle Abarbeitung dieser wichtigen Operationen ist aber auch nicht wünschenswert.

Eine Reihe von Vektorrechnern löst dieses Problem mit Hilfe spezieller Hardware, alle anderen benötigen zeitaufwendige Softwarelösungen. Bei massiv parallelen Systemen können indizierte Zugriffe wie Gather und Scatter über die langsameren, aber dafür universellen Router-Verbindungsstrukturen vorgenommen werden, falls das System über solche verfügt. Anderenfalls bleibt nur die rein sequentielle Abarbeitung.

Sogar mit der vektoriellen Indizierung eines lokalen Arrays auf *demselben* PE haben einige SIMD-Rechner Probleme:

Beispiel:

```
SCALAR s  : INTEGER;
VECTOR a  : ARRAY[1..10] OF INTEGER;
       u,v: INTEGER;
...
u := a[s];  (* skalare Indizierung *)
u := a[v];  (* vektorielle Indizierung *)
```

Bei jeder der beiden Anweisungen wird der Vektorvariablen u ein Element des Vektorarrays a zugewiesen. Alle SIMD-Rechner ermöglichen die skalare Indizierung eines lokalen Arrays, bei der alle PEs den *gleichen* Index verwenden, denn sonst wären vektorielle Arrays prinzipiell nicht möglich. Die vektorielle Adressierung, bei der die Indizes unter den PEs *verschieden* sein können, ist jedoch bei der Connection Machine CM-2 wegen unzureichender Hardware nicht möglich, während diese Art der Adressierung auf der MasPar MP-1 kein Problem darstellt.

13.2 Abbildung virtueller Prozessoren auf physische Prozessoren

Die Bedeutung virtueller Prozessoren für SIMD-Systeme wurde bereits in Abschnitt 11.3 erläutert. Die Einführung dieser Abstraktionsebene stellt dem Anwendungsprogrammierer beliebig viele Prozessoren mit beliebiger Verbindungsstruktur zur Verfügung. Erst diese Loslösung von der physischen Hardware ermöglicht die Erstellung von maschinenunabhängigen daten-parallelen Programmen.

Die Abbildung von virtuellen auf physische Prozessoren mit ihren Verbindungen erfolgt transparent durch spezielle Hardware-Komponenten oder mittels "intelligenter Compiler". Dabei muß eine Reihe von Problemen bewältigt werden:

- Die virtuellen Prozessoren müssen gleichmäßig auf die vorhandenen physischen Prozessoren verteilt werden.

  Diese Aufgabe wird durch Iteration mit spezieller Hardware oder zusätzlichem Code des Compilers erledigt. Eine geschickte Aufteilung erleichtert den Aufbau der erforderlichen virtuellen Verbindungen zwischen den Prozessoren.

- Nach Möglichkeit soll bei mehreren vorhandenen Netzwerkstrukturen immer die schnellere Verbindungsstruktur (meist eine Gitterstruktur) verwendet werden.

- Das automatische Finden der optimalen Topologie-Abbildung ist hierbei je nach verwendeter Programmiersprache schwierig bis (wegen unzureichender Sprachkonstrukte) prinzipiell unmöglich.

  Es existieren zwar Algorithmen für bestimmte Verbindungsklassen zur Abbildung von einer Verbindungsstruktur in eine andere (siehe Abschnitt 5.4 und [Siegel 79]), jedoch ist das Problem, aus den Datenaustausch-Anweisungen oder (falls vorhanden) den Verbindungsdeklarationen eines Anwendungsprogramms automatisch den Netzwerktyp herauszulesen, noch erheblich schwieriger.

- Wenn mehr virtuelle PEs angefordert werden als physische PEs existieren, ist die Ausführung von Datenaustausch-Operationen nur über große Pufferbereiche und mit erheblichem Zeitverlust möglich.

  Der Datenaustausch zwischen Prozessoren ist bei der Virtualisierung das kritische Problem und ist auch nur dann mit vertretbarem Zeitaufwand zu lösen, wenn eine allgemeine globale Verbindungsstruktur (Router) existiert. Da jedem physischen PE mehrere virtuelle PEs zugeordnet sein können, welche alle an einem (virtuellen) Datenaustauschbefehl beteiligt sind, muß jede Kommunikations-Operation in mehrere Schritte aufgelöst werden.

13.3 Flaschenhals bei der Anbindung von Peripheriegeräten

Die wichtigste Eigenschaft von daten-parallelen SIMD-Systemen ist die Aufhebung des "von-Neumann–Flaschenhalses" traditioneller Ein-Prozessor-Rechner. Durch die Aufhebung des Ungleichgewichtes zwischen *einer* aktiv rechnenden Einheit (der CPU) und *einer Vielzahl* von passiven Einheiten (den Speicherelementen) sowie der Einführung leistungsfähiger Kommunikationsnetze für parallele Verbindungen zwischen Prozessoren, können zwischen den PEs von SIMD-Parallelrechnern Daten sehr schnell fließen; es existiert kein von-Neumann–Flaschenhals.

Leider kann beim Anschluß peripherer Geräte, z.B. für den Zugriff auf große Datenmengen, sehr leicht ein neuer Flaschenhals entstehen (siehe Abb. 13.1).

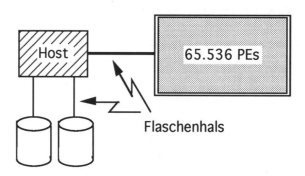

Abbildung 13.1: Peripherieanschluß an massiv parallele Systeme

Es gibt hierbei zwei Problembereiche. Zum einen die Verbindung zwischen den parallelen PEs zum zentralen Steuerrechner (Host) und zum anderen die Anbindung peripherer Geräte wie Plattenspeicher oder Graphikbildschirme, die im einfachsten Fall direkt an den Steuerrechner angeschlossen werden. Der Engpaß beim Datenaustausch mit dem Host kann wegen der SIMD-Struktur nicht gelöst werden. Deshalb sollten daten-parallele Anwendungsprogramme immer so gestaltet werden, daß sie während des Programmlaufs möglichst selten Daten auf den Steuerrechner auslagern bzw. skalare Felder einlesen. Diese Operationen sollten, wenn möglich, auf den Beginn und das Ende eines daten-parallelen Programms beschränkt werden.

Der Engpaß beim Anschluß von Peripheriegeräten, wie den in Abbildung 13.1 gezeigten Plattenspeichern, entsteht allerdings nur durch die Zwischenschaltung des sequentiellen Steuerrechners. Durch diesen müssen die Daten schrittweise fließen, bevor sie bei den jeweiligen PEs angelangen. Hier kann Abhilfe geschaffen werden durch eine parallele Anbindung der Peripherie. Diese Technik heißt bei der Connection Machine CM-2 *Data Vault* und bei der MasPar MP-1 *Parallel Disk Array*. Bei der MP-1 erfolgt hierbei der parallele Anschluß über einen Hochgeschwindigkeits-Bus, der über den Router direkt mit den PEs verbunden ist. Das heißt, alle PEs des Rechners können parallel Daten von Peripheriegeräten lesen bzw. auf diese schreiben. Da eine Festplatte jedoch prinzipiell ein sequentielles Gerät ist, wird die Parallelisierung durch die Zusammenschaltung von vielen Einzellaufwerken erreicht (siehe Abb. 13.2). Mit dieser Technik erreicht man einen schnellen Zu- und Abfluß der Daten, ohne über den Engpaß des Steuerrechners gehen zu müssen.

Ähnliche Platten-Arrays sind die RAID-Systeme (redundant array of inexpensive disks). Diese werden auch für sequentielle Rechner zur Geschwindigkeitssteigerung und zur Erhöhung der Ausfallsicherheit angeboten.

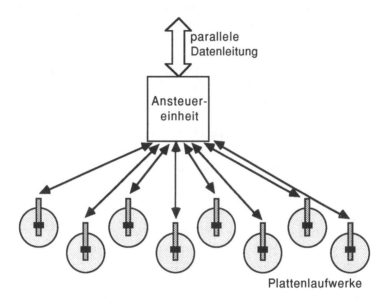

Abbildung 13.2: Paralleles Platten-Array

13.4 Netzwerk-Bandbreiten

Der Durchsatz des Verbindungsnetzwerkes eines SIMD-Rechners bestimmt in hohem Maße die Leistung des Gesamtsystems. Einerseits ist hier der Zeitbedarf für Verbindungsaufbau und Durchführung einer Kommunikation um Größenordnungen geringer als bei MIMD-Systemen und auch für den massiv parallelen Datenaustausch ausgelegt. Der Zeitbedarf zur Ausführung eines lokalen Datenaustausches mit einem physischen Nachbar-PE ist meist vergleichbar mit dem einer parallelen arithmetischen Operation. Andererseits benötigen jedoch unstrukturierte, globale Datenaustausch-Operationen oft eine Größenordnung mehr Zeit zur Durchführung. SIMD-Rechner mit einer lokalen und einer globalen Verbindungsstruktur besitzen demzufolge auch zwei verschiedene Netzwerk-Bandbreiten, deren Gewichtung allein vom jeweiligen Anwenderprogramm abhängt. Bei einem Programm mit komplexen Verbindungsstrukturen fällt die Netzwerk-Bandbreite der globalen Verbindungsstruktur verstärkt ins Gewicht und kann unter Umständen zu einem kritischen Faktor werden. Daher sollte diese Bandbreite so hoch wie möglich sein.

Wegen der begrenzten globalen Netzwerk-Bandbreite sollen Anwendungsprogramme folgende Anforderungen erfüllen:

- Unnötige globale Datenaustausch-Operationen sollen vermieden werden, da sie erheblich teurer als arithmetische Befehle sind.

- Die Verwendung strukturierter Topologien verringert die Kommunikationskosten, falls dafür der Einsatz der schnelleren lokalen Nachbarverbindungen möglich ist (eventuell erst nach einer Übersetzung in eine Datenaustausch-Sequenz mit mehreren Schritten).

Die ALUs der parallelen Prozessoren sind bei den meisten Anwendungsprogrammen im Vergleich zum globalen Netzwerk schnell genug. Eine wesentlich höhere Leistung des gesamten Parallelrechnersystems, d.h. eine größere Rechengeschwindigkeit, kann in diesem Fall nur durch Erhöhung der globalen Netzwerk-Bandbreite erreicht werden.

13.5 Mehrbenutzerbetrieb und Fehlertoleranz

SIMD-Rechner sind für einen Mehrbenutzerbetrieb alles andere als ideal geeignet. Da im Normalfall nur ein Steuerrechner vorhanden ist, kann zu einem Zeitpunkt immer nur ein Programm bearbeitet werden. Die parallele Ausführung unabhängiger Programme ist nicht möglich. Als einzige Möglichkeit bleibt die quasi-parallele Ausführung durch Zeit-Multiplexen auf dem Steuerrechner. Jetzt ergibt sich aber ein größeres Problem wegen des immensen parallelen Datenspeichers, der lokal auf allen PEs verteilt ist (z.B. insgesamt 1 GB für die MasPar MP-1, Modell 1216). Diese gewaltige Datenmenge kann natürlich nicht mehr innerhalb von Sekundenbruchteilen bei einem Task-Switching auf Platte ausgelagert und von dort neu geladen werden. Wegen dem zuvor beschriebenen Problem der Anbindung peripherer Geräte hat jede Schreibe- oder Lese-Operation des gesamten parallelen Datenspeichers selbst bei Vorhandensein eines parallelen Plattenarrays einen Zeitbedarf in der Größenordnung von 10 s ! Das Konzept des virtuellen Speichers ist daher derzeit für den parallelen Speicher eines SIMD-Rechners nicht anwendbar.

Selbst bei großen Zeitscheiben (in der Regel um 10 s) ist somit ein Aus- und Einlagern des parallelen Datenspeichers nicht möglich. Die Lösung besteht folglich darin, den vorhandenen Speicher jedes PEs unter den momentan gerade aktiven Benutzern aufzuteilen. Aus Gründen des Durchsatzes wird die Anzahl der maximal gleichzeitig aktiven Programme eingeschränkt. Jedes Programm fordert zu Beginn die Menge des benötig-

ten parallelen Speichers an (z.B. 4 KB je PE auf der MasPar MP-1). Falls dieser Speicherplatz verfügbar ist, wird er dem Programm zugeteilt und es kann im Zeitmultiplex-
Verfahren abgearbeitet werden. Falls aber nicht mehr so viel Speicherplatz frei ist wie
angefordert wurde, muß das Programm zunächst auf die Terminierung von anderen gerade aktiven Programmen warten.

Ein weiteres Problem ist die Fehlertoleranz von SIMD-Rechnern. Schon beim Ausfall
eines einzigen PEs besteht meist keine Möglichkeit, dieses Problem softwaremäßig zu
beheben. In diesem Fall hilft außer dem Austausch des defekten Prozessor-Boards (mit
1.024 PEs bei der MasPar MP-1) meist nur die Reduzierung der Prozessorkonfigura-
tion auf die Hälfte der PEs. Beispielsweise kann die MasPar MP-1 mit 16.384 PEs und
darunter *einem* defekten PE nur als ein System mit 8.192 PEs konfiguriert werden.
Hierfür müssen jedoch entsprechende Router-Boards manuell in den Rechner eingesetzt
werden, damit das Kommunikationsgitter wieder zu einem (nun kleineren) Torus ergänzt wird.

14. SIMD-Programmiersprachen

Wie zuvor bei der asynchron parallelen Programmierung werden bei der synchron parallelen Programmierung zunächst nur prozedurale Programmiersprachen vorgestellt, während die nicht-prozeduralen in Kapitel 17 folgen. Auf der Abstraktionsebene der prozeduralen Programmierung ist eine Unterscheidung in parallele Programmiersprachen speziell für MIMD-Rechner und speziell für SIMD-Rechner durchaus sinnvoll. Da sich MIMD- und SIMD-Programme *algorithmisch* unterscheiden, erscheint die Entwicklung einer "universellen" prozeduralen parallelen Programmiersprache nicht lohnenswert. Jedes Programm könnte nämlich nur auf einer der beiden Rechnerklassen effizient ablaufen bzw. auf keiner von beiden, wenn Konzepte beider Klassen gemischt verwendet werden. Auf einer höheren Abstraktionsebene als der prozeduralen Programmierung ist eine Unterscheidung zwischen SIMD und MIMD möglicherweise nicht mehr nötig. So kann beispielsweise bei nicht-prozeduralen Sprachen eine für den Anwender völlig transparente Behandlung der Parallelität erfolgen.

Es werden zu jeder der folgenden Sprachen die wichtigsten Konzepte vorgestellt und anhand von Programmbeispielen verdeutlicht.

14.1 Fortran 90

Entwickler: ANSI Committee X3J3, 1978-1991
Auch die noch junge synchrone Parallelität, so scheint es, kann nicht ohne das traditionelle Fortran existieren. Jeder Hersteller eines massiv parallelen Rechnersystems bietet neben anderen Sprachen auch einen parallelen Fortran-Dialekt an, wobei diese Sprachen untereinander leider noch inkompatibel sind. Es existieren unter anderem CMFortran für die Connection Machine, MPFortran für die MasPar, sowie Fortran-Plus, die einzige Programmiersprache für den AMT DAP. Alle parallelen Fortran-Dialekte lehnen sich an Fortran 90 an, den neuen Fortran-Standard der neunziger Jahre [Metcalf, Reid 90]. Es wird erwartet, daß die derzeit eingesetzten parallelen Fortran-Varianten an Fortran 90 angepaßt werden.

Fortran 90 ist eine Weiterentwicklung von Fortran 77, bei der auch daten-parallele Erweiterungen des Array-Konzeptes integriert wurden. Allerdings darf man aus dieser Kontinuität keinesfalls ableiten, daß alte Fortran-Programme (*"dusty decks"*) nun durch eine einfache Compilierung auf einem SIMD-Rechner parallel ablauffähig seien! Dies ist natürlich nur bis zu einem sehr begrenzten Grad und derzeit noch nicht zufriedenstellend möglich (siehe automatische Vektorisierung in Kapitel 16). Alle Algorithmen müssen daher nach daten-parallelen Gesichtspunkten neu entworfen und re-implementiert werden.

Die parallele Verarbeitung in Fortran 90 erfolgt über Vektorbefehle, genannt "array expressions". Da Fortran 90 jedoch sowohl für sequentielle als auch für parallele Rechnerarchitekturen geeignet sein soll, existiert in der Sprache selbst keine Unterscheidung, ob ein Array skalar auf dem Steuerrechner oder vektoriell auf den PEs verteilt bearbeitet werden soll. Aus diesem Grund unterscheidet sich die Syntax der zur Zeit verfügbaren parallelen Fortran-Varianten vom Fortran 90 - Vorschlag. In Fortran-Plus beispielsweise wird die Deklaration eines parallelen Vektors durch einen Stern "*" gekennzeichnet. Dagegen bestimmen in MPFortran allein die auf ein Array ausgeübten Zugriffsoperationen über die skalare oder vektoriell verteilte Anlage. Die Array-Deklaration hat hier keinerlei Einfluß; es können jedoch entsprechende Compiler-Direktiven gegeben werden.

Parallele Sprachkonstrukte:

Die folgende Deklaration legt einen parallelen Vektor mit 50 Komponenten vom Typ Integer an. Dieser Vektor kann auf einem Parallelrechner komponentenweise auf die PEs verteilt werden.

```
INTEGER, DIMENSION(50) :: V
```

Optional kann auch eine untere Indexgrenze angegeben werden; beim Weglassen wird 1 angenommen:

```
INTEGER, DIMENSION(41:90) :: W
```

Die folgende Deklaration vereinbart drei zweidimensionale Vektoren mit 100×50 Elementen.

```
INTEGER, DIMENSION(100,50) :: A, B, C
```

Eine Matrixaddition kann nun als eine einfache Additionsanweisung beschrieben werden, die von den PEs komponentenweise parallel ausgeführt wird.

```
A = B + C
```

An einer Anweisung müssen nicht jedesmal alle Vektorkomponenten beteiligt sein. Teilbereiche, oder nur einzelne Komponenten, können über verschiedene Verfahren selektiert werden, während die PEs der übrigen Komponenten inaktiv bleiben. Die folgende Anweisung selektiert nur den Teilbereich von 2 bis 10 der Vektorkomponenten und weist jeder den Wert 1 zu (skalare Datenwerte sind kompatibel zu allen Vektoren).

```
V(2:10) = 1
```

Eine optionale Angabe der Schrittweite ist als dritter Parameter bei allen Arraygrenzen möglich. Hier wird nur jedem zweiten Element, beginnend mit V(1), ein Wert zugewiesen:

```
V(1:21:2) = 1
```

Eine Selektion kann aber auch durch das Weglassen von Indizes erfolgen. Im nachfolgenden Fall wird dem Vektor die Zeile Nr. 77 der Matrix A zugewiesen.

```
V = A(77,:)
```

Durch die WHERE-Anweisung kann mit einem booleschen Ausdruck auf einfache Weise eine Selektion von Vektorelementen für eine Anweisung vorgenommen werden. Die folgende Anweisung weist nur den Vektorkomponenten einen neuen Wert zu, deren Wert kleiner als Null ist.

```
WHERE (V .LT. 0) V = 7
```

Zur Reduktion eines Vektors auf einen Skalar, z.B. durch Aufaddieren aller Komponenten, steht eine Reihe von Standardfunktionen zur Verfügung. Benutzerdefinierte Reduktionsfunktionen sind jedoch nicht möglich. Die folgende Reduktionsanweisung addiert alle Komponenten des Vektors V auf und weist sie der skalaren Variablen S zu.

```
S = SUM(V)
```

Es gibt die folgenden Reduktionsoperatoren:

```
ALL, ANY, COUNT, MAXVAL, MINVAL, PRODUCT, SUM
```

Die Operatoren ALL und ANY entsprechen booleschem "and" bzw. "or", während der Reduktionsoperator COUNT parallel die Anzahl der Feldelemente mit Wert TRUE zählt.

Darüber hinaus existieren Standardfunktionen für das Skalarprodukt und die Matrixmultiplikation (nicht zu verwechseln mit der elementweisen Multiplikation zweier Matrizen, die mit dem einfachen Multiplikationsoperator ausgedrückt wird):

```
DOTPRODUCT (Vektor_A, Vektor_B)
MATMUL (Matrix_A, Matrix_B)
```

Die Programmierung mit Arrays erlaubt in Fortran 90 (bzw. Dialekten) nur einen sehr eingeschränkten Umgang mit Parallelität. Mathematische Formeln sind relativ leicht umzusetzen, während komplexe Algorithmen wegen der mangelnden Flexibilität der Sprachkonstrukte Probleme bereiten können.

Den Abschluß zu Fortran 90 bilden zwei Beispielprogramme. Das erste zur Berechnung des Skalarproduktes und das zweite zur Berechnung des Laplace-Operators zur Kantenerkennung in der Bildverarbeitung. Diese beiden Beispiele werden auch für die anderen hier vorgestellten SIMD-Programmiersprachen verwendet.

Berechnung des Skalarproduktes in Fortran 90:

```
INTEGER S_PROD
INTEGER, DIMENSION(100) :: A, B, C
...
C = A * B
S_PROD = SUM(C)
```

Da das Skalarprodukt in Fortran 90 eine Standardfunktion ist, kann es trivialerweise auch berechnet werden mit: `S_PROD = DOTPRODUCT (A,B)`
Hier wurde etwas ausführlicher zuerst eine komponentenweise Multiplikation und dann eine Reduktion mittels Addition durchgeführt. Es ist kein expliziter Datenaustausch zwischen den PEs erforderlich.

Der Laplace-Operator gehört zu einer Vielzahl von Operatoren, die in einem Graustufenbild Kanten hervorheben (*edge detection*). Dieser Operator führt eine einfache lokale Differenzbildung durch (siehe Abb. 14.1) und ist daher für eine parallele Ausführung sehr gut geeignet. Der Laplace-Operator wird parallel auf jeden Bildpunkt mit seinen vier Nachbarn angewendet.

Für jedes Pixel:

	- 1	
-1	**4**	-1
	- 1	

Im gesamten Bild:

Abbildung 14.1: Kantenerkennung mit dem Laplace-Operator

Berechnung des Laplace-Operators in Fortran 90:

```
INTEGER, DIMENSION(0:101,0:101) :: Bild
...
Bild(1:100,1:100) = 4*Bild(1:100,1:100)
                  - Bild(0: 99,1:100)  - Bild(2:101,1:100)
                  - Bild(1:100,0: 99)  - Bild(1:100,2:101)
```

Um das eigentliche, 100×100 Elemente große Feld wurde ein ungenutzter Rand gelegt, der eine einfachere Zuweisung über Arrayausdrücke erlaubt. Hier und bei den folgenden Beispielprogrammen wurde nicht geprüft, ob der Ergebniswert innerhalb des zulässigen Bereiches (z.B. 0..255) liegt. Dies sollte für ein vollständiges Programm ergänzt werden.

Fortran 90 ist mit seinen implizit parallelen Konstrukten sicherlich die geeignete Basis als neuer Fortran-Standard für *sequentielle* Rechnerarchitekturen. Für den Einsatz auf parallelen Rechnerarchitekturen werden jedoch Möglichkeiten zur direkten Einflußnahme des Programmierers (zur Leistungssteigerung eines parallelen Programms) über explizite Konstrukte vermißt. Aus diesem Grund wird von einer Reihe von Parallelrechner- und Supercomputer-Herstellern, die sich zum "High Performance Fortran Forum" (HPFF) zusammengeschlossen haben, ein neuer Fortran-Dialekt entwickelt. Dieses "High Performance Fortran" (HPF) soll Fortran 90 als Basis verwenden und parallele Sprachkonzepte aus Fortran D [Fox, Hiranandani, Kennedy, Koelbel, Kremer, Tseng, Wu 91] enthalten.

Fortran D

Entwickler: Fox, Hiranandani, Kennedy, Koelbel, Kremer, Tseng, Wu, 1991
Fortran D (*D* steht für "data decomposition") soll sowohl für SIMD- als auch für MIMD-Systeme einsetzbar sein. Der Schwerpunkt der parallelen Sprachkonzepte von Fortran D liegt bei der Zerlegung ("decomposition") oder *Anordnung* von parallel zu verarbeitenden Daten. Es existieren keine expliziten Datenaustausch-Operationen, sondern es werden indizierte Zuweisungen verwendet.

Parallele Sprachkonstrukte:

Das Anlegen eines parallelen Datenarrays geschieht in drei Schritten (vergleiche mit Abschnitt 14.4: CONFIGURATION/CONNECTION in Parallaxis):

a) Definition einer logischen Anordnung (DECOMPOSITION)
   Bei der *logischen* Anordnung von Array-Elementen wird eine Array-Struktur mit Name sowie Anzahl und Größe der Dimensionen festgelegt **ohne** dabei Speicherplatz zu belegen. Das folgende Konstrukt definiert die Struktur S mit zwei Dimensionen zu je 100 Elementen:
   ```
   DECOMPOSITION S(100,100)
   ```

b) Definition der logischen Zuordnung (ALIGN)
   Zuvor definierte Arrays können mit dem Konstrukt ALIGN einer Decomposition zugeordnet werden, ohne daß damit eine konkrete Zuordnung zu einem physischen Prozessor verbunden ist. Hier wird Array A direkt auf die Struktur S abgebildet:

```
REAL A(100,100)
DECOMPOSITION S(100,100)
ALIGN A(I,J) WITH S(I,J)
```

Die Abbildung muß jedoch nicht genau aufgehen. Beim `ALIGN`-Konstrukt dürfen auf der rechten Seite auch Ausdrücke von Indizes, beziehungsweise Indexvektoren für beliebige Permutationen stehen:

```
ALIGN A(I,J) WITH S(I+1,2*J-1)
```

Ebenso können ganze Zeilen oder Spalten einem einzigen Strukturelement zugeordnet werden ("collapse"). Im folgenden Beispiel wird jedem Element der Struktur `T` eine Zeile des Arrays `A` zugeordnet.

```
DECOMPOSITION T(100)
ALIGN A(I,J) WITH T(I)
```

Optional kann bei einer Zuordnung mit `ALIGN` mit dem Schlüsselwort `RANGE` auch nur ein bestimmter Teil des Indexbereichs ausgewählt werden:

```
ALIGN A(I,J) WITH S(I,J) RANGE (1:100, 50:60)
```

Für Randelemente eines Arrays, die beim `ALIGN`-Konstrukt möglicherweise über den Rand einer Struktur hinausragen, muß eine von drei Vorkehrungen getroffen werden:

`ERROR` (default)	Auf überstehende Array-Elemente kann nicht zugegriffen werden, sonst entsteht ein Laufzeitfehler.
`TRUNC`	Alle überstehenden Array-Elemente werden demselben Randelement der Struktur zugeordnet.
`WRAP`	Alle überstehenden Array-Elemente werden wie bei einem Torus erneut vom Anfang der Zeile bzw. Spalte an zugeordnet.

c) Definition der physischen Zuordnung (`DISTRIBUTE`)

Im dritten und abschließenden Schritt werden die virtuellen Elemente einer Struktur (mitsamt den darauf angeordneten Arrayelementen) auf die zur Verfügung stehenden physischen Prozessoren verteilt. Für jede Dimension der Struktur kann dabei eine der folgenden drei Verteilungsverfahren gewählt werden:

`BLOCK`	Aufteilen der Decomposition in zusammenhängende Blöcke mit gleicher Größe für jeden Prozessor.
`CYCLIC`	Jedes Decomposition-Element wird zyklisch dem nächsten Prozessor zugeordnet.
`BLOCK_CYCLIC(x)`	Wie `CYCLIC`, jedoch mit Blöcken der Größe x.

*   Sämtliche Decomposition-Elemente in dieser Dimension
                werden demselben Prozessor zugeordnet.

Die folgenden Beispiele zeigen Zuordnungen der Struktur S mit 100 Zeilen zu je
100 Spalten auf 50 physische Prozessoren:

DISTRIBUTE S(BLOCK,*)   Jeder Prozessor erhält zwei benachbarte
                               Zeilen.

DISTRIBUTE S(CYCLIC,*)   Jeder Prozessor erhält zwei Zeilen, die 50
                               Zeilen voneinander entfernt liegen.

DISTRIBUTE S(BLOCK,CYCLIC)   Die Zeilen werden im Block-Modus und
                               die Spalten zyklisch zugeordnet.

Um die letzte Zuordnung eindeutig zu machen, muß das Block-Schlüsselwort
noch die exakte Anzahl von Zeilen von physischen Prozessoren angeben, z.B.
BLOCK(5) für ein 5×10 Prozessorfeld, da virtuelle Prozessoren in Fortran D
nicht unterstützt werden. Spätestens jetzt wird diese Zuordnungsmethode etwas
unübersichtlich!

Für die parallele Ausführung von Anweisungen existiert in Fortran D das FORALL-Kon-
strukt. Alle Schleifeniterationen werden hierbei parallel auf verschiedenen Prozessoren
ausgeführt, entsprechend der zuvor vereinbarten Zuordnung des Arrays. Mit einer
optionalen ON-Klausel, die im folgenden Beispiel nicht verwendet wird, kann eine direkte Zuordnung von Schleifeniterationen zu physischen Prozessoren erreicht werden.

```
FORALL I = 1,100
  FORALL J = 1,100
    A(I,J) = 5 * A(I,J) - 3
  ENDDO
ENDDO
```

Als Standardoperation ist in Fortran D auch die Reduktionsoperation vorhanden. Diese
muß allerdings – anders als in Fortran 90 – in eine sequentielle oder parallele DO-Schlei-
fe eingeschlossen werden. Vordefiniert sind die Operatoren:

```
SUM, PROD, MIN, MAX, AND, OR
```

Es können aber auch beliebige vom Anwender definierte Reduktionsfunktionen verwendet werden. Das folgende Beispiel zeigt die Reduktion eines eindimensionalen
Arrays Y durch Aufaddieren in den skalaren Wert X. Die parallele Schleife mit der Reduktionsoperation wird vom Fortran D – Compiler in eine entsprechende Binärbaum-
Struktur umgesetzt.

```
REAL X, Y(N)
FORALL I = 1,N
  REDUCE(SUM, X, Y(I))
ENDDO
```

14.2 C*

Entwickler: John Rose und Guy Steele, Thinking Machines, 1987-90
"C-Star" wurde von Rose und Steele ursprünglich nur für die Connection-Machine–
Familie entwickelt [Rose, Steele 87]. Die von Thinking Machines inzwischen vorlie-
gende Weiterentwicklung C*-Version 6 [Thinking Machines 90] ist jedoch weitgehend
hardwareunabhängig und deshalb ein möglicher Ausgangspunkt für eine Standard-
SIMD-Programmiersprache.

Die parallele Sprache C* ist eine Erweiterung der sequentiellen Sprache C um Parallelkonstrukte. Mit C* ist eine elegante Programmierung auf der Ebene virtueller Prozessoren möglich, deren Umsetzung auf physische PEs von der Connection Machine CM-2
in Hardware geschieht. C* vermittelt dem Anwendungsprogrammierer das Bild eines
homogenen Adreßraums, d.h. jedes PE kann über Indexausdrücke auf den lokalen
Speicher jedes beliebigen anderen PEs zugreifen.

Beim Übergang von C*-Version 5 auf C*-Version 6 wurde die Sprachbeschreibung
vollständig verändert. Während C*-Version 5 auf C++ basierte, ist nun ANSI-C die
Grundlage für C*-Version 6. Objektorientierte Konzepte fehlen in der neuen Sprachde-
finition, die bestehenden parallelen Sprachkonstrukte wurden durch andere ersetzt und
es besteht **keine** Aufwärtskompatibilität! In C*-Version 5 geschriebene Programme
müssen neu implementiert werden! Insgesamt muß man feststellen, daß C*-Version 5
und C*-Version 6 *verschiedene parallele Programmiersprachen* sind.

> In *C*-Version 5* wurden Variablen mit den Schlüsselworten `mono` für
> Skalare bzw. `poly` für Vektoren deklariert. Gruppen von virtuellen PEs
> wurden mit Hilfe des `domain`-Konstruktes definiert. Der Datenaustausch
> zwischen PEs fand mittels Zuweisungsoperationen mit Zeigerausdrücken
> (Pointer) in den Datenbereich des betreffenden Sende- oder Empfangs-PEs
> statt.

Die folgenden Betrachtungen beziehen sich ausschließlich auf **C*-Version 6**.

Parallele Sprachkonstrukte:

Bei der Variablen-Deklaration wird entsprechend dem SIMD-Maschinenmodell unterschieden, ob diese als skalare Daten nur einmal auf dem Host angelegt oder als vektorielle Daten komponentenweise auf den virtuellen PEs angelegt werden sollen. Skalare
Variablen werden wie in regulärem C deklariert; vektorielle Variablen werden über eine
`shape`-Definition deklariert, die die Struktur des Vektors analog zu einer Array-Deklaration festlegt (vergleiche `CONFIGURATION`-Definition in Parallaxis, siehe Abschnitt

14.4). Ein eindimensionaler Variablenvektor v mit 50 Komponenten wird folgendermaßen deklariert:

```
shape [50] ein_dim;
int:ein_dim V;
```

Für jeden Variablenvektor muß also eine, nicht unbedingt unterschiedliche, Strukturdefinition vorhanden sein. Die Definition von drei vektoriellen zweidimensionalen Feldern A, B und C mit 100×50 Komponenten ist:

```
shape [100][50] zwei_dim;
int:zwei_dim A, B, C;
```

Als Datentypen der Vektorkomponenten können alle Datentypen aus C verwendet werden, einschließlich Structures und Arrays, die dann lokal auf jedem virtuellen PE angelegt werden. Die folgende Deklaration legt einen Vektor mit 50 Komponenten (auf 50 virtuellen PEs) an, von denen jede ein (lokales) Array von 100 Elementen ist.

```
int:ein_dim Feld[100];
```

Um parallele Operationen auf Vektoren ausführen zu können, muß im Anweisungsteil zunächst die entsprechende shape mit der Operation with ausgewählt werden. Sind mehr PEs im System vorhanden, als durch die betreffende shape belegt werden, so sind alle weiteren PEs während dieses Anweisungsblocks inaktiv. Im Beispiel wird zunächst die Struktur zwei_dim ausgewählt und dann eine Matrixaddition durchgeführt:

```
with (zwei_dim)
   { A = B + C; }
```

Genau wie in Fortran 90 gibt es auch in C* eine where-Anweisung, die die nachfolgenden Anweisungen nur auf den Vektorkomponenten (virtuellen PEs) ausführt, für die diese boolesche Bedingung erfüllt ist. Um innerhalb möglicherweise geschachtelter where-Anweisungen wieder auf alle Vektorkomponenten (virtuelle PEs) zugreifen zu können, gibt es zusätzlich das Sprachkonstrukt everywhere. Im folgenden Beispiel sollen nur die Vektorkomponenten von v einen neuen Wert erhalten, welche kleiner als Null sind.

```
with (ein_dim)
   where (V < 0)   { V = 7; }
```

Grundsätzlich dürfen nur solche Vektoren in einem Ausdruck oder in einer Zuweisung gemeinsam auftreten, die zur gleichen shape gehören, d.h. welche die gleiche Struktur und vor allem die gleiche Anzahl von Komponenten besitzen. Eine Zuweisung wie A = v ist also nicht möglich. Eine Ausnahme bilden hier Zuweisungen von bzw. Ausdrücke mit skalaren Werten (wie oben V<0 und V=7). Diese werden zuerst in einen Vektor mit identischen Komponenten umgeformt und dann weiter verwendet. Umgekehrt darf einem Skalar ein Vektor (oder vektorieller Ausdruck) nur über ein "type-casting" zugewiesen werden. Welche Komponente des Vektors allerdings der skalaren Variablen zugewiesen wird, ist **implementierungsabhängig**! Dies ist eine sehr fehleran-fällige und dazu überflüssige Operation, welche vermieden werden sollte:

```
int S;
...                    Achtung:
S = (int) V;     ➡     Zuweisung einer unbestimmten Komponente!
```

Außer der Zuweisungsoperation können auch alle anderen C-Operatoren parallel auf Vektoren ausgeführt werden. Dabei können die zusammengesetzten Zuweisungsoperatoren aus C (und einige weitere) als Reduktionsoperatoren von Vektoren auf Skalare eingesetzt werden. Die folgende zusammengesetzte Zuweisung berechnet die Summe aller Vektorkomponenten von V und weist sie der skalaren Variablen S zu. Da der Reduktionswert zum ursprünglichen Wert von S hinzuaddiert wird, muß S zuvor mit Null initialisiert werden.

```
S  = 0;
S += V;
```

In C* existieren die Reduktionsoperatoren:

+= (Summe)	*= (Produkt)	&= (AND)	!= (OR)	^= (XOR)
<?= (Minimum)	>?= (Maximum)			

Die Verwendung von benutzerdefinierten Reduktionsoperatoren ist nicht möglich.

Leider kann auch die Reduktion zum Problemfall werden. Während in ANSI-C die beiden Anweisungen S += V; und S = S + V; identisch sind, gilt dies in C* nicht mehr, falls S ein Skalar und V ein Vektor ist. Stehen auf beiden Seiten Vektoren (V += W), so wird *keine* Reduktion durchgeführt, sondern eine einfache Vektoraddition.

```
int S;
int:ein_dim V, W;
...
```

S += V	➡	$S := S + \sum_i V_i$	Vektorreduktion
S = S+V	➡	**Fehler**	(Versuch einer Zuweisung Vektor an Skalar, siehe oben "type casting")
V += S	➡	$V := V + S$	Addition Skalar zu Vektor
V += W	➡	$V := V + W$	Addition Vektor zu Vektor

Die Tatsache, daß diese Anweisungen in Abhängigkeit vom Typ der Operanden unterschiedliche Bedeutungen haben, ist äußerst unschön.

Die virtuelle PE-Verbindungsstruktur wird nicht vorab deklariert, sondern es erfolgt ein automatisches Routing bei jedem Datenzugriff auf Nachbar-PEs. Bei der Kommunikation wird zwischen der "allgemeinen Kommunikation" und der "Gitter-Kommunikation" unterschieden. Die allgemeine Kommunikation wird über den globalen Hypercube der Connection Machine ausgeführt, während für die Gitter-Kommunikation das wesentlich schnellere lokale NEWS-Gitter (siehe Abschnitt 11.1) eingesetzt werden kann. Die "Zieladressen" werden über sogenannte Indexvariablen angegeben, wobei Sende- und Empfangsvektor unterschiedlichen Strukturen (shape) angehören können. Im folgenden Beispiel erhält der Vektor V die Komponenten von Vektor W, jedoch in anderer Reihenfolge (Permutation), wie vom Vektor Index angegeben. Hier sollen alle Komponeten um zwei Positionen nach rechts verschoben werden. Die Vektorkomponenten V[0] und V[1] erhalten dabei *undefinierte* Werte und sollten daher zur Vermeidung von Programmfehlern zuvor mit der where-Operation deaktiviert werden.

```
shape [50] ein_dim;
int:ein_dim V, W, Index;
... /* Index habe die Werte: 2, 3, 4, ..., 51 */
with (ein_dim) {
   [Index]V = W;
}
```

Allgemein gilt, je komplexer die verwendete Topologie ist, desto unhandlicher und schwerer überschaubar wird der C*-Indexausdruck. Eine strukturierte Angabe der Verbindungsstruktur wie in Parallaxis wäre hier von Vorteil. Indizes können sowohl auf der linken wie auf der rechten Seite einer Zuweisung auftreten. Falls ein shape mehrdimensional ist, muß für jede Dimension ein eigener Index angegeben werden. Mit Hilfe von Indizes können auch einzelne Vektorkomponenten selektiert und einem Skalar zugewiesen werden:

```
S = [11]V;
```

Zur Ausnutzung der schnellen Gitterkommunikation kann die Standardfunktion pcoord verwendet werden. Diese liefert die Position einer Vektorkomponente (also die Koordinaten eines virtuellen PEs) bezüglich der zuvor definierten shape in der als Parameter gegebenen Dimension.

```
shape [100][50] zwei_dim;
int:zwei_dim A, B;
...
with(zwei_dim) {
   A = pcoord(0);
   B = pcoord(1);
}
```

Matrix A erhält die Position jeder Komponente bezüglich der Zeilen und B erhält die Position bezüglich der Spalten:

$$A = \begin{pmatrix} 0 & 0 & \dots & 0 \\ 1 & 1 & \dots & 1 \\ \dots & & & \\ 99 & 99 & \dots & 99 \end{pmatrix} \quad B = \begin{pmatrix} 0 & 1 & \dots & 49 \\ 0 & 1 & \dots & 49 \\ \dots & & & \\ 0 & 1 & \dots & 49 \end{pmatrix}$$

Die Verwendung der Funktion `pcoord` in einem additiven Index-Ausdruck wird vom Compiler erkannt und führt zur Erzeugung von effizienterem Code. Die obige Kommunikation zur Verschiebung eines Vektors um zwei Positionen kann also auch folgendermaßen definiert werden:

```
shape [50] ein_dim;
int:ein_dim V, W, Index;
...
with (ein_dim) {
    [pcoord(0) + 2]V = W;
}
```

Zur Erleichterung der daten-parallelen Programmierung existieren in C* eine Reihe von Operationen wie die hier folgenden, die über eine Vielzahl hier nicht näher behandelter Parameter gesteuert werden:

- scan
  Berechnung der partiellen Ergebnisse einer Operation auf einen Vektor.

  Beispiel: Berechnung aller partiellen Summen des Vektors `wert`

  ```
  part_sum = scan(wert, 0, CMC_combiner_add, CMC_upward,
                  CMC_none, CMC_no_field, CMC_inclusive);
  ```

- spread
  Verteilen des Ergebnisses einer parallelen Operation auf die Komponenten einer anderen Vektorvariablen mit möglicherweise verschiedener Struktur (durch Vervielfältigung der entsprechenden Datenwerte)

- enumerate
  Berechnung der Position jeder *aktiven* Vektorkomponente, Steuerung durch Parameter (allgemeine Version der Operation `pcoord`)

- rank
  Berechnung der Position jeder Vektorkomponente bezüglich der numerisch sortierten Folge der Komponenten.

Abschließend folgen die beiden daten-parallelen Beispielalgorithmen für das Skalarprodukt und den Laplace-Operator.

Skalarprodukt in C*:

```
shape [max] liste;
float:liste x,y;
float s_prod = 0.0;
...
with (liste) {
  s_prod += x*y;
}
```

Die PEs sind als Liste angeordnet. Nach der Selektion werden sie komponentenweise multipliziert und durch Reduktion zu einem Skalar aufaddiert.

Laplace-Operator in C*:

```
shape [100][100] grid;
int:grid pixel, dim1, dim2;
...
with (grid) {
  dim1 = pcoord(0);
  dim2 = pcoord(1);
  pixel= 4*pixel -[dim1-1][dim2 ]pixel -[dim1+1][dim2 ]pixel
                 -[dim1 ][dim2-1]pixel -[dim1 ][dim2+1]pixel;
}
```

Für die Verwendung der Gitterpositions-Funktion pcoord existieren Abkürzungen, welche die obige Zuweisung vereinfachen:

```
with (grid) {
  pixel = 4*pixel - [. - 1][.]pixel - [. + 1][.]pixel
                  - [.][. - 1]pixel - [.][. + 1]pixel;
}
```

14.3 MasPar Programming Language   MPL

Entwickler: MasPar Computer Corporation, 1990
MPL ist wie C* eine Erweiterung der sequentiellen Programmiersprache C um parallele Konzepte, sie wurde jedoch von MasPar speziell für den Rechner MP-1 entwickelt [MasPar 91]. Da die MasPar MP-1 über zwei verschiedene Kommunikationsnetze verfügt, finden sich in MPL zur effizienten Nutzung dieser Ressourcen spezielle maschinenabhängige Anweisungen zum Ansprechen der schnellen Gitterstruktur ("x-net") neben den allgemeinen Kommunikations-Anweisungen für den globalen Router. Diese Sprachkonstrukte verhindern jedoch die Portabilität der Sprache. Die zur Verfügung ge-

stellten Parallelkonzepte sind in MPL primitiver als in der mächtigeren Programmiersprache C*.

Parallele Sprachkonstrukte:

Die Variablen-Deklaration unterscheidet wie bei fast allen SIMD-Sprachen zwischen skalaren Daten, die hier wie in sequentiellem C deklariert werden und Vektor-Daten, die mit dem Schlüsselwort `plural` gekennzeichnet werden. Die folgende Deklaration vereinbart zwei Integer-Variablen i und j auf **allen** physisch vorhandenen PEs.

```
plural int i,j;
```

Virtuelle Prozessoren werden nicht unterstützt und es können auch keine verschiedenen Gruppen von PEs (Konfigurationen oder Topologien) gebildet werden. Es wird implizit immer die physische Struktur der MasPar MP-1, ein zweidimensionales Gitter, vorausgesetzt.

Zur Verbindung zwischen dem sequentiellen Steuerungsprogramm auf der Workstation (front end) und dem parallelen Programm auf der MasPar (back end) können einzelne Variablen mit dem Schlüsselwort `visible` gekennzeichnet werden. Auf diese Variablen kann von beiden Seiten aus zugegriffen werden.

Der Datenaustausch zwischen PEs kann entsprechend den beiden Verbindungsstrukturen der MasPar MP-1 auf zwei verschiedene Arten erfolgen: Der schnelle lokale Datenaustausch im Gitter mit 8facher Nachbar-Verbindung wird durch den Befehl `xnet` ausgeführt, während die Kommunikation in einer beliebigen Verbindungstopologie über den langsameren globalen Router mit dem Befehl `router` durchgeführt wird. Für die x-net–Verbindungen stehen entsprechend den Himmelsrichtungen acht verschiedene Befehle zur Verfügung:

```
xnetN, xnetNE, xnetE, xnetSE, xnetS, xnetSW, xnetW, xnetNW
```

In der folgenden Kommunikations-Anweisung über das x-net wird der Wert der Vektorvariablen i um zwei Plätze nach links (Westen) verschoben dem Vektor j zugewiesen.

```
j = xnetW[2].i;
```

Den gleichen Effekt erzielt die Kommunikation über den Router, falls der Vektor `index` mit den entsprechenden Identifikationsnummern der Ziel-PEs vorbelegt wurde.

```
j = router[index].i;
```

Zur Verwendung von PE-Positionen in parallelen Anweisungen stehen in MPL folgende skalare und vektorielle Konstanten zur Verfügung:

Skalare Konstanten

nproc   Gesamtanzahl aller PEs eines MasPar-Systems
nxproc   Anzahl der Spalten eines MasPar-Systems
nyproc   Anzahl der Zeilen eines MasPar-Systems

Vektorielle Konstanten

iproc   PE-Identifikationsnummer   (0 .. nproc - 1)
ixproc   PE-Position innerhalb einer Zeile   (0 .. nxproc - 1)
iyproc   PE-Position innerhalb einer Spalte   (0 .. nyproc - 1)

Parallele Anweisungen werden zunächst auf allen PEs ausgeführt, jedoch können
Gruppen von PEs durch eine einfache if- oder while-Anweisung mit vektorieller Bedingung implizit selektiert werden. Dabei werden der then- und der else-Zweig einer
if-Selektion möglicherweise beide nacheinander ausgeführt. Nämlich dann, wenn für
einen Teil der PEs die vektorielle Bedingung zu true evaluiert und für einen anderen
Teil der PEs zu false. Mit dem Befehl all können innerhalb einer Selektion oder
Schleife wieder alle PEs aktiviert werden. Eine explizite Selektion von PEs existiert
nicht.

Über den Befehl proc kann ein Zugriff auf einzelne PEs erfolgen, z.B. um vom Steuerrechner aus gezielt Daten von einem PE zu lesen oder auf ein PE zu schreiben. Es
kann ein einzelner Index entsprechend der iproc-Nummer eines PEs angegeben werden, oder es können zwei Index-Werte entsprechend den Positionen iyproc und
ixproc (Zeile, Spalte) angegeben werden.

```
int s;
plural int v;
...
s = proc[1023].v;        Komponente Nr. 1023 des Vektors v
s = proc[5][7].v;        Komponente der 5. Zeile und 7. Spalte des Vektors v
```

Die Reduktion eines Vektors auf einen Skalar kann mit den folgenden vordefinierten
Reduktionsoperationen durchgeführt werden:

reduceADD, reduceMUL, reduceAND, reduceOR, reduceMax, reduceMin

Zu jedem Operator muß als Suffix der Operandentyp angegeben werden, z.B. bezeichnet reduceADDf die Reduktion eines floating-point-Vektors mittels Addition. Die Verwendung von benutzerdefinierten Reduktionsoperatoren ist in MPL nicht möglich.

Ein Nachteil von MPL ist die aus Effizienzgründen gewählte maschinenabhängige Implementierung der Datenaustausch-Operationen. Darüber hinaus wären höhere Sprachkonzepte für das Programmieren mit virtuellen Prozessoren und Verbindungsstrukturen
wünschenswert.

Skalarprodukt in MPL:

```
float s_prod (a, b)
plural float a,b;
{ plural float prod;
  prod = a*b;
  return reduceAddf (prod);
}
```

Die beiden Vektoren werden komponentenweise multipliziert und anschließend durch Addition auf einen Skalar reduziert.

Laplace-Operator in MPL:

```
plural int pixel;
...
pixel = 4 * pixel - xnetN[1].pixel - xnetS[1].pixel
                  - xnetW[1].pixel - xnetE[1].pixel;
```

Der Datenaustausch im zweidimensionalen Gitter kann mit den maschinenabhängigen "x-net"–Kommandos durchgeführt werden, welche insgesamt acht Verbindungsrichtungen ermöglichen (Nord, Süd, West, Ost und die vier Zwischenrichtungen). Der Parameter in eckigen Klammern gibt die Zahl der Verschiebungsschritte an. Für alle anderen Verbindungsstrukturen muß der langsamere globale Router eingesetzt werden.

14.4 Parallaxis

Entwickler: Thomas Bräunl, 1989
Parallaxis [Bräunl 89], [Bräunl 90], [Bräunl 91b] basiert auf der sequentiellen Sprache Modula-2 [Wirth 83], die um daten-parallele Konzepte erweitert wurde. Die Sprache ist vollständig maschinenunabhängig; somit können in Parallaxis geschriebene Programme zwischen SIMD-Parallelrechnern portiert werden. Es existiert für Parallaxis außerdem ein Simulationssystem mit Source-Level-Debugger und Visualisierungstools für eine Vielzahl von (Ein-Prozessor-) Workstations und Personal Computern, auf denen parallele Programme mit kleinen Datenmengen entworfen, getestet und korrigiert werden können. Darüber hinaus gibt es Compiler für Parallaxis auf den Rechnern MasPar MP-1 und Connection Machine CM-2 zur massiv parallelen Ausführung. Die Simulationsumgebung ermöglicht somit sowohl das Erlernen von daten-parallelen Grundsätzen auf einfachen Computersystemen, als auch eine effiziente Entwicklung von parallelen Programmen, die später auf dem kostenintensiven Parallelrechner zur Ausführung kommen. Die Programmierumgebung für die Sprache Parallaxis ist als Public-Domain-Software verfügbar [Barth, Bräunl, Engelhardt, Sembach 92].

Die Kernpunkte von Parallaxis sind die Programmierung auf abstrakter Ebene mit virtuellen PEs und die Einbeziehung von virtuellen Verbindungen. Jedes Programm umfaßt außer der Algorithmus-Beschreibung auch eine semi-dynamische Verbindungsdeklaration in funktionaler Form, das heißt die gewünschte Topologie wird für jedes
Programm (bzw. jede Prozedur) im voraus festgelegt und kann im Algorithmusteil mit
symbolischen Namen (anstelle von komplizierten arithmetische Index- oder Zeiger-
Ausdrücken) angesprochen werden.

Parallele Sprachkonstrukte:

Anders als bei allen bisher betrachteten daten-parallelen Programmiersprachen wird in
Parallaxis für jedes Programm (bzw. separat für jede Prozedur) eine virtuelle Maschine
aus Prozessoren und Verbindungsnetzwerk definiert. Dies geschieht in zwei einfachen
Schritten. Zunächst wird mit dem Schlüsselwort CONFIGURATION die Anzahl der PEs
und ihre Anordnung in Dimensionen, analog zu einer Array-Deklaration festgelegt. Es
wird aber noch keine Festlegung über die Verbindungsstruktur zwischen den PEs getroffen. Dies folgt anschließend in einer funktionalen Form, eingeleitet durch das
Schlüsselwort CONNECTION. Jede Verbindung erhält einen symbolischen Namen und
definiert eine Abbildung von einem (beliebigen) PE zum zugehörigen Nachbar-PE. Die
Angabe dieses *relativen* Nachbars erfolgt durch einen arithmetischen Ausdruck der Indizes des Empfangs-PEs sowie dem Namen des Eingangs-Kanals. Im parallelen Programm kann anschließend der Datenaustausch über symbolische Namen ausgeführt
werden.

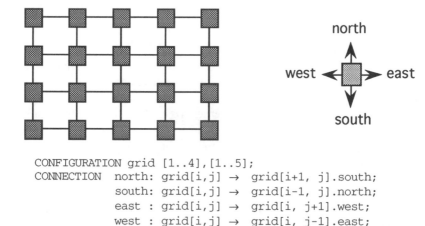

```
CONFIGURATION grid [1..4],[1..5];
CONNECTION  north: grid[i,j] → grid[i+1, j].south;
            south: grid[i,j] → grid[i-1, j].north;
            east : grid[i,j] → grid[i, j+1].west;
            west : grid[i,j] → grid[i, j-1].east;
```

Abbildung 14.2: Zweidimensionale Gitterstruktur mit exemplarischem PE

Abb. 14.2 zeigt als einfaches Beispiel in Parallaxis eine PE-Anordnung als zweidimensionale Gitterstruktur. Die CONFIGURATION-Deklaration stellt 4 × 5 virtuelle Prozessoren zur Verfügung, die in der nachfolgenden CONNECTION-Deklaration virtuell miteinander vernetzt werden. Da vor allem symmetrische Verbindungsstrukturen oder Topologien unterstützt werden, reichen hier vier Verbindungsdeklarationen aus, um ein Gitter beliebiger Größe aufzubauen. Je eine exemplarische Verbindungsleitung wird in jede Himmelsrichtung definiert. Die Verbindung nach Norden beispielsweise inkrementiert den ersten Index und gibt den südlichen Kanal als Eingang beim Nachbar-PE an. Einige Verbindungen der Rand-PEs gehen ins "Leere", d.h. diese Verbindungen existieren nicht und nehmen auch nicht an einem eventuellen Datenaustausch teil.

Binärbaum

Hypercube

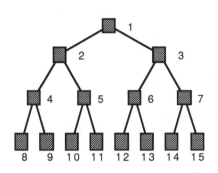

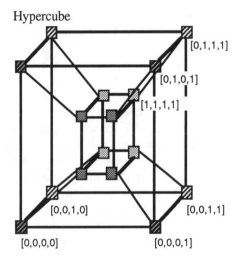

```
CONFIGURATION  tree [1..15];
CONNECTION
  lchild: tree[i] ↔ tree[2*i].parent;
  rchild: tree[i] ↔ tree[2*i+1].parent;
```

```
CONFIGURATION  hyper [2],[2],[2],[2];
CONNECTION
  go(1): hyper[i,j,k,l] →
         hyper[(i+1)mod 2, j, k, l).go(1);
  go(2): hyper[i,j,k,l] →
         hyper[i, (j+1)mod 2, k, l).go(2);
  go(3): hyper[i,j,k,l] →
         hyper[i, j, (k+1)mod 2, l).go(3);
  go(4): hyper[i,j,k,l] →
         hyper[i, j, k, (l+1)mod 2).go(4);
```

Abbildung 14.3: Baum- und Hypercubestruktur

Zu diesem einfachen Verfahren der Definition einer virtuellen Rechnerstruktur gibt es eine Reihe von Erweiterungen. Verbindungen können parametrisiert sein wie beim Hypercube in Abb. 14.3 . Damit ist es möglich, einen Datenaustausch in *berechnete* Richtungen durchzuführen. Bei der Definition des Binärbaums in Abb. 14.3 wurden bi-direktionale Verbindungspfeile verwendet.

Bei uni-direktionalen Verbindungen muß die Definition eines Baums auf zusammenge-setzte Verbindungen zurückgreifen:

```
CONFIGURATION  tree [1..15];
CONNECTION  lchild: tree[i] → tree[2*i].parent;
            rchild: tree[i] → tree[2*i+1].parent;
            parent: tree[i] → {even i} tree[i DIV 2].lchild,
                              {odd  i} tree[i DIV 2].rchild;
```

Bei der parent-Verbindung wird eine Fallunterscheidung gemacht. Ist die PE-Nr. gerade, dann wird eine Verbindung zum linken Kind aufgebaut; ist sie ungerade, dann wird eine Verbindung zum rechten Kind aufgebaut. Mit Hilfe von zusammengesetzten Verbindungen können beliebige Verbindungsstrukturen, auch mit Irregularitäten, auf-gebaut werden.

Über die bis jetzt gezeigten Möglichkeiten hinaus können auch mehrere Topologien in einem Programm definiert werden. Diese sind entweder unabhängig voneinander und liegen auf verschiedenen PEs – dann können die Topologien unterschiedliche Vektor-Datenstrukturen besitzen. Oder die Topologien werden als eine Art "verschiedener Sichtweisen" definiert und überlagern die gleiche PE-Menge (mit identischer Speicher-struktur). In nicht-überlappenden Prozeduren können auch lokale Topologien definiert werden, d.h. ein semi-dynamischer Aufbau von Verbindungsstrukturen ist möglich.

Wie bei allen anderen SIMD-Programmiersprachen wird auch in Parallaxis bei der Datendeklaration sowie bei Prozedur-Parametern und -Ergebnissen zwischen Skalaren und Vektoren unterschieden. Skalare Daten werden nur auf dem Steuerrechner ange-legt, während Vektoren komponentenweise parallel auf die zuvor deklarierten virtuellen PEs verteilt werden. An die Stelle des Modula-2 Schlüsselwortes VAR treten hier dem-entsprechend SCALAR bzw. VECTOR.

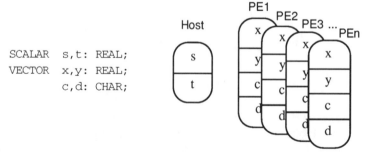

Abbildung 14.4: Anlegen skalarer und vektorieller Daten

Der Datenaustausch zwischen Prozessoren kann dank der zuvor beschriebenen Deklaration äußerst einfach über symbolische Verbindungsnamen erfolgen. Mit der Standardprozedur PROPAGATE kann ein paralleler Datenaustausch einer lokalen Vektorvariablen zwischen allen oder nur einer selektierten Gruppe von PEs stattfinden. Abb. 14.5 zeigt ein Beispiel zum Datenaustausch in der zuvor definierten Gitterstruktur. Die vektorielle Variable x wird hier auf allen PEs um einen Schritt nach "Osten" verschoben.

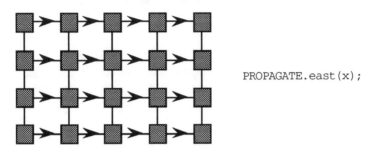

PROPAGATE.east(x);

Abbildung 14.5: Synchroner Datenaustausch

Beim Datenaustausch können auch zwei Parameter angegeben werden. Der erste Parameter enthält dann den zu sendenden arithmetischen Ausdruck, während der zweite Parameter die Empfangs-Variable angibt.

Beispiel: PROPAGATE.east (4*y, x);

Während bei der PROPAGATE-Operation Sender *und* Empfänger eines Datenaustauschs aktiv sein müssen, genügt bei den Operationen SEND und RECEIVE, daß *nur* der Sender, bzw. *nur* der Empfänger aktiv ist. Diese Operationen werden vor allem beim Datenaustausch zwischen verschiedenen Topologien benötigt, da wegen des SIMD-Modells zu jedem Zeitpunkt immer nur eine Prozessorstruktur aktiv sein kann.

Beispiel: SEND grid.east(4*y) TO grid.west(x);
                RECEIVE tree.parent(t) FROM grid.east(x);

Parallele Anweisungen werden in Parallaxis im Gegensatz zu anderen SIMD-Sprachen explizit durch Einbettung in den Block "PARALLEL...ENDPARALLEL" gekennzeichnet. Dabei kann auch auf vielfältige Weise eine Selektion von PEs erfolgen. Sie kann für einen parallelen Block explizit als Teilbereich, Menge oder boolescher Ausdruck angegeben werden, oder sie kann innerhalb eines parallelen Blocks implizit durch eine parallele Selektions- bzw. Iterationsanweisung erfolgen (IF, WHILE, REPEAT, CASE). Abb. 14.6 zeigt die daten-parallele Ausführung einer Anweisung auf einer explizit selektierten Gruppe von PEs.

```
VECTOR x,a,b: REAL;
...      (* nur Teilbereich ist aktiv *)
PARALLEL grid[1..4],[2..3]
  x := a+b
ENDPARALLEL;
```

Abbildung 14.6: Daten-parallele Anweisung

Neben lokalen Daten können in vektoriellen Ausdrücken auch die eindeutige PE-Nummer (id_no) oder die Position eines PEs innerhalb einer Dimension der zuvor definierten PE-Konfiguration (DIM1, DIM2, ...) auftreten. Diese Werte sind als vektorielle Konstanten vordefiniert.

Auch die Kommunikation zwischen Steuerrechner und PEs erfordert eigene Sprachkonstrukte bzw. eine angepaßte Semantik. Die komponentenweise Übertragung eines skalaren Datenfeldes auf einen parallelen Vektor erfolgt mit der Prozedur LOAD und die Rückübertragung eines Vektors in ein skalares Feld mit der Operation STORE (siehe Abb. 14.7). Jedes PE liest bzw. schreibt dabei einen möglicherweise anderen Wert.

```
CONFIGURATION liste[1..n];
CONNECTION ...;
SCALAR  s: ARRAY[1..n] OF INTEGER;
        t: INTEGER;
VECTOR  v: INTEGER;
```

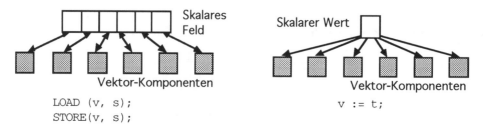

```
LOAD (v, s);                    v := t;
STORE(v, s);
```

Abbildung 14.7: Datenaustausch zwischen PEs und Host

In Abb. 14.7 wird ebenfalls die Zuweisung eines (konstanten oder variablen) skalaren Datenwertes vom Steuerrechner aus an alle oder eine Gruppe von PEs gezeigt. Jede Komponente des Vektors erhält hierbei den gleichen Wert des Skalars. Diese Operation wird durch ein implizites *Broadcast* realisiert.

Als letzte wichtige Operation bleibt die Reduktion eines Vektors auf einen Skalar. Hierfür existiert die Operation REDUCE, die in Verbindung mit einer vordefinierten oder frei programmierbaren Reduktionsoperation angewendet werden kann (siehe Abb. 14.8). Vordefinierte Operatoren sind:

    SUM, PRODUCT, MAX, MIN, AND, OR, FIRST, LAST

Die Operatoren FIRST und LAST liefern den Wert des ersten bzw. letzten momentan aktiven PEs bezüglich der Identifikationsnummer (id_no) zurück. Alle anderen Reduktionsoperatoren sind selbsterklärend.

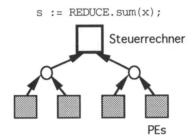

Abbildung 14.8: Vektorreduktion in Parallaxis

Die bei der CONNECTION-Deklaration angegebene Verbindungsstruktur muß keine 1:1 Verbindung sein. Bei einer 1:n Verbindung wird beim Datenaustausch ein impliziter Broadcast durchgeführt. Jedoch muß bei einer n:1 (wie bei der allgemeinen m:n Verbindung) darauf geachtet werden, daß immer nur ein Datenwert am Eingangsport eines jeden PEs ankommt. Aus diesem Grund kann an jede der Datenaustauschoperationen (PROPAGATE, SEND oder RECEIVE) eine Vektorreduktion angehängt werden. Beim folgenden Beispiel wurde ein Baum mit n:1 Verbindungen aufgebaut (je zwei Kinder-PEs zu einem Eltern-PE). Die SEND-Operation liefert jeweils die Summe zweier Kinder-PEs zum Eltern-PE weiter.

Beispiel:
```
CONFIGURATION tree [1..max];
CONNECTION parent: tree[i] <-> tree[2*i  ].children,
                   tree[i] <-> tree[2*i+1].children;
...
SEND tree.children(y) TO tree.parent(x) REDUCE.sum;
```

Den Abschluß bilden auch hier die beiden zuvor gezeigten Beispiel-Algorithmen, die nun in Parallaxis implementiert sind.

Skalarprodukt in Parallaxis:

```
CONFIGURATION liste[max];
CONNECTION;    (* keine *)
SCALAR s_prod:    REAL;
VECTOR x,y,prod: REAL;
...
PARALLEL
  prod := x*y
ENDPARALLEL;
s_prod := REDUCE.sum(prod);
```

In einem Parallel-Block wird die komponentenweise Multiplikation durchgeführt. Anschließend werden die Teilprodukte mit der Reduktionsoperation auf-
summiert.

Laplace-Operator in Parallaxis:

```
CONFIGURATION grid [1..100],[1..100];
CONNECTION   north: grid[i,j] →  grid[i+1, j].south;
             south: grid[i,j] →  grid[i-1, j].north;
             east : grid[i,j] →  grid[i, j+1].west;
             west : grid[i,j] →  grid[i, j-1].east;

VECTOR pixel,n,s,w,e: INTEGER;
...
PARALLEL
  PROPAGATE.north(pixel,s);
  PROPAGATE.south(pixel,n);
  PROPAGATE.west (pixel,e);
  PROPAGATE.east (pixel,w);
  pixel := 4*pixel - n - s - w - e;
ENDPARALLEL;
```

Die Datenwerte der vier Nachbar-PEs werden durch propagate-Anweisungen
gewonnen und in den vektoriellen Hilfsvariablen n, s, e und w (für die vier
Himmelsrichtungen) zwischengespeichert. Diese werden danach in einem arithmetischen Ausdruck für den neuen Pixelwert verwendet.

15. Massiv parallele Algorithmen

Massive Parallelität bezieht sich beim derzeitigen Stand der Rechnerintegration allein auf daten-parallele SIMD-Systeme. Dabei sind, anders als bei "konventionellen" grobkörnig parallelen Algorithmen, völlig neue Programmiertechniken erforderlich. Nicht nur der Datenaustausch, sondern auch Selektionen und Programmschleifen besitzen bei SIMD-Systemen eine andere Semantik, die auch die Effizienz der Programme beeinflußt. Die Prozessorauslastung ist bei SIMD-Systemen nicht mehr das höchste Ziel bei der Programmentwicklung. Die Auslastung ist bei SIMD-Rechnern systembedingt niedriger als bei MIMD-Rechnern, was jedoch durch die im allgemeinen erheblich größere Zahl von PEs mehr als ausgeglichen wird.

Im Vordergrund steht die *natürliche Formulierung von Algorithmen* mit inhärenter Parallelität. Dabei ist ein daten-paralleles Programm einfacher zu erstellen und zu verstehen, da die Sequentialisierung, die Einschränkung des von-Neumann Rechnermodells, wegfällt.

Alle folgenden Beispielprogramme sind in der daten-parallelen Sprache Parallaxis (siehe Abschnitt 14.4) implementiert. Größere Sammlungen von parallelen Algorithmen (zumeist für SIMD-Systeme) finden sich in [Akl 89], [JáJá 92] und [Gibbons, Rytter 88].

15.1 Numerische Integration

Der folgende Beispielalgorithmus aus [Babb 89] wendet die Rechteck-Regel zur Näherungsberechnung von π an. Die gleiche Aufgabenstellung wurde in Abschnitt 10.3 als grobkörnig paralleler Algorithmus für MIMD-Systeme realisiert.

$$\pi = \int_0^1 \frac{4}{1+x^2} \, dx$$

$$\approx \sum_{i=1}^{\text{Interv.}} \frac{4}{1+i^2} * \text{Breite}$$

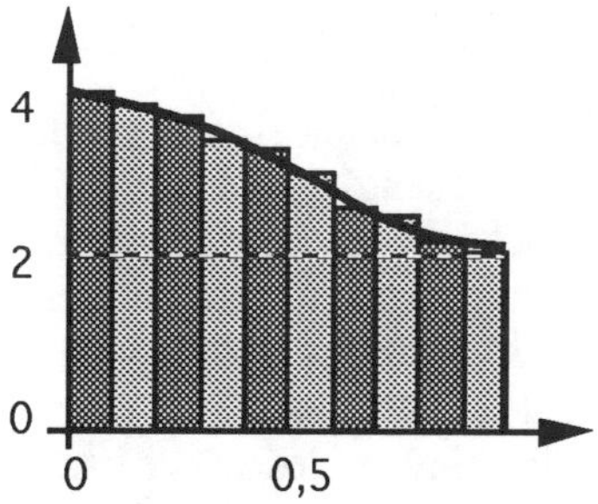

Abbildung 15.1: Näherungsweise Integralberechnung

Die x-Achse wird im Bereich [0,1] in so viele Intervalle zerlegt, wie für die Genauigkeit der Berechnung erforderlich sind, wobei für jedes Intervall ein virtuelles PE eingesetzt wird. Jedes PE berechnet den Funktionswert f in der Mitte seines Intervalls und multipliziert diesen mit der Intervallbreite. Die Aufsummierung aller Teilflächen in nur $\log_2 n$ Schritten (gegenüber n-1 Schritten im MIMD-Algorithmus aus Abschnitt 10.3) liefert den gesuchten Näherungswert für π.

```
1       SYSTEM compute_pi;
2       (* paralleler Algorithmus nach R. Babb *)
3       CONST intervals = 1000;
4            width     = 1.0 / FLOAT(intervals);
5       CONFIGURATION list [1..intervals];
6       CONNECTION (* keine *);
7
8       VECTOR val: REAL;
9
10      PROCEDURE f (VECTOR x: REAL): VECTOR REAL;
11      (* zu integrierende Funktion *)
12      BEGIN
13        RETURN(4.0 / (1.0 + x*x))
14      END f;
15
16      BEGIN
17        PARALLEL (* Integralnäherung mit Rechteck-Regel *)
18          val := width * f( (FLOAT(id_no)-0.5) * width );
19        ENDPARALLEL;
20        WriteReal(REDUCE.sum(val), 15);
21      END compute_pi.
```

Die zu integrierende Funktion wird mit der vektorwertigen Programmfunktion f berechnet. Der mit PARALLEL eingeleitete Block aktiviert alle PEs, da keine einschränkende Selektion angegeben ist. Die vektorielle Konstante id_no liefert die für jedes PE eindeutige PE-Nummer von 1 bis zur Anzahl der PEs (hier intervals).

15.2 Zelluläre Automaten

Zelluläre Automaten sind ebenfalls ein für SIMD-Rechner sehr geeignetes Anwendungsfeld. Jeder Zelle kann ein eigener Prozessor zugeordnet werden und jede Zelle führt die gleiche Verarbeitungsvorschrift aus. Der wohl bekannteste zelluläre Automat ist Conways "Game of Life", eine zweidimensionale Stuktur, die sich in der Zeit verändert. Der hier gezeigte zelluläre Automat ist eindimensional, erzeugt aber im Zeitablauf (eine Zeile je Iterationsschritt) ein zweidimensionales Bild. Die Verarbeitungsvorschrift ist denkbar einfach: Jede Zelle hat nur zwei Zustände und bildet das exklusive Oder aus den Zuständen der linken und rechten Nachbarzelle. Initialisiert wird die mittlere Zelle mit TRUE (Ausgabe als "x"), alle anderen Zellen mit FALSE (Ausgabe als Leerzeichen).

```
1    SYSTEM cellular_automaton;
2    CONST n = 79;   (* Anzahl der Elemente *)
3          m = 32;   (* Anzahl der Schleifendurchläufe *)
4    CONFIGURATION list [1..n];
5    CONNECTION left:  list[i] -> list[i-1] .right;
6               right: list[i] -> list[i+1] .left;
7
8    SCALAR i     : INTEGER;
9    VECTOR val,l,r: BOOLEAN;
10
11   PROCEDURE out;
12   VECTOR c: CHAR;
13   BEGIN
14      IF val THEN c:="X" ELSE c:=" " END;
15      Write(c); WriteLn
16   END out;
17
18   BEGIN
19      PARALLEL                          (* Initialisierung      *)
20        val := id_no = (n+1 DIV 2); (* mittl. Element = TRUE *)
21      ENDPARALLEL;
22
23      FOR i:= 1 TO m DO
24        PARALLEL
25          out;
26          PROPAGATE.left (val,l);
27          PROPAGATE.right(val,r);
28          val := l<>r;
29        ENDPARALLEL;
30      END;
31   END cellular_automaton.
```

Die CONFIGURATION- und CONNECTION-Deklaration definiert eine lineare Liste von miteinander verbundenen PEs. Die Prozedur out dient zur Bildschirmausgabe des aktuellen Zustands der PE-Zeile. Dort wird jeder der booleschen Zustände in ein Zeichen vom Typ CHAR übersetzt. Der komplette Zeichen-Vektor wird anschließend mit einer vektoriellen Write-Operation sequentiell auf dem Bildschirm ausgegeben. Bei der Initialisierung im Hauptprogramm wird nur der Wert des mittleren PEs mit der Nummer (n+1 DIV 2) auf TRUE gesetzt, alle anderen PEs erhalten den Wert FALSE. Anschließend folgt eine skalare Schleife, in der jeweils eine Ausgabe und die Berechnung des neuen Zellenzustandes über den Datenaustausch (PROPAGATE) mit dem jeweiligen linken und rechten Nachbarn durchgeführt wird.

Abb. 15.2 zeigt die Zustände dieses zellulären Automaten, wobei die Zeit von oben nach unten fortschreitet.

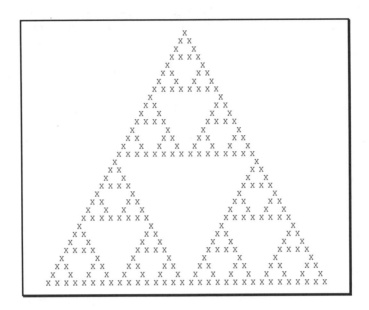

Abbildung 15.2: Ausgabe des zellulären Automaten

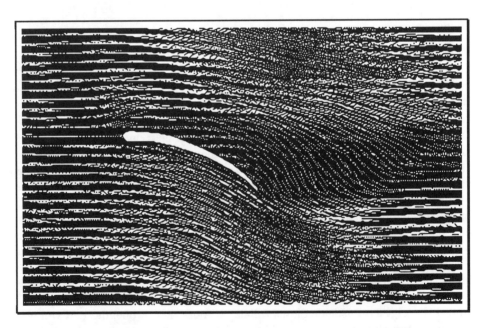

Abbildung 15.3: Strömungssimulation mit Lattice-Gas-Automat

Für zelluläre Automaten wurden in letzter Zeit eine Vielzahl neuer Anwendungsgebiete erschlossen. Eines davon sind die sogenannten "Lattice-Gas-Automaten", die als Modell zur Strömungssimulation verwendet werden (siehe [Doolen 90] und [Chen, Doolen, Matthaeus 91]). Hierbei werden zur Simulation von Gas- oder Flüssigkeitsströmungen nicht wie konventionell üblich Differentialgleichungen gelöst, sondern es werden, beispielsweise für zweidimensionalen Strömungen, hexagonale Gitter aus diskreten Zellen verwendet. Jede Zelle bestimmt ihren zeit-diskreten Folgezustand durch Regeln, die meist als Tabelle codiert sind. Dabei werden der jeweils aktuelle Zustand einer Zelle und die Daten der lokalen Nachbarn im Gitter als Parameter für den Tabellenindex verwendet. Abb. 15.3 (von Pätzold und Brenner, Universität Stuttgart) zeigt eine mit einem Lattice-Gas-Automaten simulierte Strömung an einem Tragflächenprofil.

15.3 Primzahlengenerierung

Das hier verwendete Verfahren zur Generierung von Primzahlen ist eine parallele Version der Methode des "Sieb des Eratosthenes". Mit n Prozessoren werden hierbei alle Primzahlen zwischen 2 und n bestimmt. Jedes PE repräsentiert die seiner Identifikationsnummer entsprechende Zahl n. Jedes PE bleibt so lange aktiv, wie seine Nummer eine potentielle Primzahl ist. In jedem Schritt wird die kleinste noch aktive Zahl als Primzahl ausgedruckt und alle verbliebenen PEs prüfen, ob ihre Nummer ein Vielfaches dieser Zahl ist. Wenn dies der Fall ist, werden sie im nächsten Durchlauf inaktiv. Es werden also in jedem Schritt parallel alle verbliebenen Vielfachen einer Primzahl eliminiert.

```
1      SYSTEM sieve;
2      CONFIGURATION list [1..200];
3      CONNECTION   (* keine *);
4
5      SCALAR  prime:      INTEGER;
6      VECTOR  candidate: BOOLEAN;
7
8      BEGIN
9        PARALLEL
10         candidate := id_no >= 2;
11         WHILE candidate DO
12           prime:= REDUCE.Min(id_no);
13           WriteInt(prime,10); WriteLn; (* Primzahl ausgeben *)
14           candidate := id_no MOD prime <> 0
15         END                       (* Vielfache entfernen *)
16       ENDPARALLEL
17     END sieve.
```

Abb. 15.4 verdeutlicht den Ablauf des Algorithmus für zwölf Elemente.

Abbildung 15.4: Parallele Primzahlengenerierung

15.4 Sortieren

Für das Problem des Sortierens existieren eine ganze Reihe von unterschiedlichen SIMD-Algorithmen. Stellvertretend für alle wird an dieser Stelle das "Odd-Even Transposition Sorting" (OETS) vorgestellt, das man als eine parallele Variante von Bubblesort auffassen kann. OETS sortiert n Zahlen mit n PEs in n Schritten. Abb. 15.5 zeigt den Ablauf des parallelen Algorithmus. Jedes PE erhält eine der zu sortierenden Zahlen zugewiesen. Beim Ablauf wird nun zwischen geraden und ungeraden Schritten unterschieden. In ungeraden Schritten vergleichen alle PEs mit ungeraden Identifikationsnummern ihren Zahlenwert mit dem des rechten Nachbarn (1–2, 3–4, 5–6 usw.) und führen eine Vertauschung durch, falls der eigene Wert größer sein sollte als der des Nachbarn. Analog dazu führen in den geraden Schritten alle PEs mit geraden Identifikationsnummern Vergleiche und gegebenenfalls Vertauschungen mit ihrem rechten Nachbarn durch (2–3, 4–5, 6–7 usw.). Nach n Schritten ist die Zahlenfolge sortiert.

Zahlen auf PEs verteilt

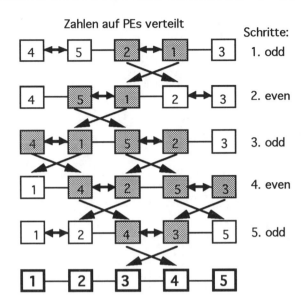

Schritte:

1. odd

2. even

3. odd

4. even

5. odd

Abbildung 15.5: Beispiel zu Odd-Even-Transposition-Sorting

Im Parallaxis-Programm wird zunächst mit der Variablen lhs festgelegt, ob ein PE gerade die Rolle des linken oder des rechten Partners beim Vergleich spielt. Diese Rolle wechselt bei jedem Schleifendurchlauf. In jedem Durchlauf erhalten alle PEs zunächst die Datenwerte ihres linken und rechten Nachbarn in l bzw. r. Der linke Partner nimmt den Wert des rechten Nachbarn als Vergleichswert, während der rechte Partner den Wert des linken verwendet. Die komplizierte Abfrage "lhs = (comp<val)" ist erfüllt für die linken Partner-PEs, wenn der rechte Vergleichswert größer als der eigene Wert ist, **sowie** für die rechten Partner-PEs, wenn der linke Vergleichswert kleiner als der eigene Wert ist. D.h. mit einem einzigen Schlüsselvergleich können auf allen PEs parallel die erforderlichen Vertauschungen vorgenommen werden. Durch Verwendung einer **zusammengesetzten Topologie** kann das Programm noch weiter optimiert werden, so daß nur noch eine Datenaustausch-Operation je Schritt erforderlich ist.

```
 1  SYSTEM sort;
 2  (* Odd-Even Transposition Sorting (Paralleles Bubblesort) *)
 3  CONST n = 10;
 4  CONFIGURATION list [1..n];
 5  CONNECTION left : list[i] -> list [i-1].right;
 6            right: list[i] -> list [i+1].left;
 7
 8  SCALAR step: INTEGER;
 9        a:    ARRAY[1..n] OF INTEGER;
10
```

```
11  VECTOR val,r,l,comp: INTEGER;
12       lhs:            BOOLEAN;
13
14  BEGIN
15    WriteString('Bitte Werte eingeben: ');
16    FOR step:=1 TO n DO ReadInt(a[step]) END;
17    LOAD(val,a);
18
19    PARALLEL
20     lhs := ODD(id_no);   (* PE ist linke Seite eines Vergleichs *)
22     FOR step:=1 TO n DO
22       PROPAGATE.right(val,l);
23       PROPAGATE.left(val,r);
24       IF lhs THEN comp:=r ELSE comp:=l END;
25       IF lhs = (comp<val) THEN val:=comp END; (* lhs&(comp<val) *)
26       lhs := NOT lhs;                    (* oder rhs&(comp≥val) *)
27     END;
28    ENDPARALLEL;
29
30    STORE(val,a);
31    FOR step:=1 TO n DO WriteInt(a[step],10); WriteLn END;
32  END sort.
```

15.5 Systolische Matrixmultiplikation

Die Multiplikation zweier Matrizen ist eine der wichtigsten und am häufigsten eingesetzten parallelen Operationen. Sie ist unter anderem die Basisoperation in der Compu-
tergraphik und der Robotik. Das sogenannte "Systolische Multiplizieren" zweier Matrizen ist eine effiziente Version des Multiplikationsalgorithmus für SIMD-Systeme. Abb.
15.6 verdeutlicht die Vorgehensweise: Die Eingabematrizen werden zunächst schräg
verschoben und dann schrittweise in die Lösungsmatrix eingebracht. In jedem Schritt
werden parallel für alle Elemente der Lösungsmatrix zwei aufeinandertreffende Koeffi-
zienten aus den Matrizen A und B miteinander multipliziert und zum Element der Lösungsmatrix hinzuaddiert. Es werden somit $(3*n - 2)$ Schritte auf n^2 PEs benötigt, um
zwei $n \times n$ Matrizen zu multiplizieren.

Im Parallaxis-Programm ist dieser parallele Algorithmus weiter optimiert, so daß nur
noch n Schritte benötigt werden. In der Prozedur `matrix_mult` werden die beiden Eingabematrizen zunächst komplett unverschoben in das PE-Feld geladen (`LOAD`) und als
Vorverarbeitungsschritt schräg nach links bzw. oben rotiert. In den nachfolgenden Iterationen wird Matrix A nach links verschoben, während Matrix B nach oben verschoben wird. Das Ergebnis wird in einem skalaren Feld zurückgeliefert (`STORE`).

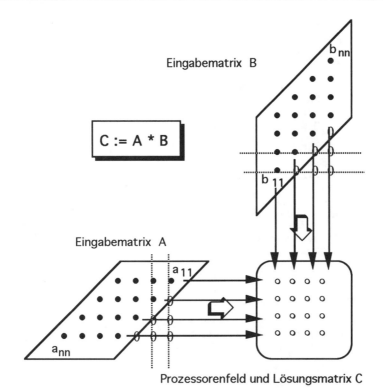

Eingabematrix B

C := A * B

Eingabematrix A

Prozessorenfeld und Lösungsmatrix C

Abbildung 15.6: Systolische Matrixmultiplikation

```
1    SYSTEM  systolic_array;
2    (* Berechne Matrixprodukt "c := a * b" *)
3    CONST max    = 10;
4    TYPE  matrix = ARRAY [1..max],[1..max] OF REAL;
5
6    CONFIGURATION  grid [max],[max];
7    CONNECTION left:   grid[i,j] -> grid[i,(j-1) MOD max].left;
8               up:     grid[i,j] -> grid[(i-1) MOD max,j].up;
9               verA:   grid[i,j] -> grid[i,(j-i) MOD max].verA;
10              verB:   grid[i,j] -> grid[(i-j) MOD max,j].verB;
11
12   SCALAR i,j        : INTEGER;
13          a,b,c      : matrix;
14
15
16   PROCEDURE matrix_mult(SCALAR VAR a,b,c : matrix);
17   (* c := a * b *)
18   SCALAR k: INTEGER;
19   VECTOR ra,rb,rc : REAL;
20   BEGIN
21     LOAD (ra,a);
```

```
22        LOAD (rb,b);
23        PARALLEL
24          PROPAGATE.verA(ra);
25          PROPAGATE.verB(rb);
26          rc := ra * rb;
27          FOR k := 2 TO max DO
28            PROPAGATE.left(ra);
29            PROPAGATE.up(rb);
30            rc := rc + ra * rb;
31          END;
32        ENDPARALLEL;
33        STORE(rc,c);
34      END matrix_mult;
35
36      BEGIN
37        ... (* Einlesen der Matrizen a und b *)
38        matrix_mult(a,b,c);
39        ... (* Ausgeben der Matrix c *)
40      END systolic_array.
```

15.6 Erzeugung von Fraktalen

Der hier vorgestellte Algorithmus löst ein Problem, welches mit der Methode des "Divide-and-Conquer" (*Teile-und-Herrsche*) synchron parallelisiert werden kann. Dies ist jedoch keineswegs bei allen Divide-and-Conquer – Algorithmen möglich, da die verschiedenen Zweige meist unterschiedliche Programmteile ausführen. Im hier gezeigten Algorithmus geht es um die Erzeugung einer eindimensionalen fraktalen Kurve über Mittelpunktverschiebung (siehe [Peitgen, Saupe 88]). Ausgangspunkt ist ein Geradenstück, welches in der Mitte um einen gewichteten Zufallswert nach oben oder unten verschoben wird. Es entstehen daraus zwei getrennte Geradenstücke mit unterschiedlicher Steigung, die nach der gleichen Vorgehensweise parallel bearbeitet werden können (siehe Abb. 15.7). In jedem Schritt verdoppelt sich die Zahl der zu bearbeitenden Geradenstücke, bis die gewünschte Auflösung erreicht ist. Als Prozessor-Topologie bietet sich hier eine Binärbaum-Struktur an. Beginnend mit der Wurzel wird in jedem Schritt die nachfolgende Baumebene bis hin zu den Blättern aktiviert. Da außer zur Kommunikation immer nur *eine* Baumebene aktiv ist, könnte man hier allerdings auch mit der Hälfte der PEs und einer komplexeren Verbindungsstruktur (z.B. einem Hypercube) auskommen.

Im Parallaxis-Programm wird eine einfache Baumstruktur definiert, in der die Anfangs- und Endpunkte der Geradenstücke übergeben werden ("**" bezeichnet den Potenzierungsoperator). Die Funktion Gauss erzeugt einen Vektor von reellen Gauß-gewichteten Zufallszahlen und ist hier nicht weiter von Interesse. Auch die Prozedur inorder dient lediglich zu Verwaltungszwecken: Sie gibt die in den Blattknoten gespeicherten Ergebnisdaten der fraktalen Kurve in der richtigen Reihenfolge aus. Die eigentliche

Verarbeitung findet in der Prozedur MidPointRec statt. Im ersten parallelen Block wird die aktuelle Baumebene aktiviert und die Mittelpunktverschiebung durchgeführt. Im zweiten parallelen Block werden, falls die Blattebene noch nicht erreicht ist, die Datenwerte low und high der Kinderknoten gesetzt. Dabei erhält das linke Kind die Werte low und x als seine Startwerte, während das rechte Kind die Werte x und high erhält. Im Hauptprogramm wird nach der Initialisierung die Mittelpunktverschiebung für jede Baumebene iterativ aufgerufen. Jede Ebene selbst wird parallel abgearbeitet. Bei der Ausgabe der Datenpunkte der fraktalen Kurve muß auf die richtige Reihenfolge geachtet werden (Aufruf der Prozedur inorder), da die Baumelemente im Array nicht linear gespeichert sind, sondern ebenenweise.

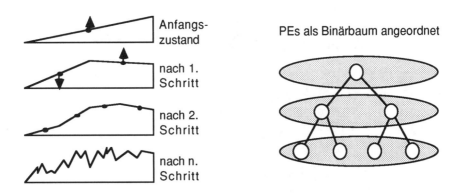

Abbildung 15.7: Divide-and-Conquer–Realisierung über Baumstruktur

```
1      SYSTEM fractal;
2      CONST  maxlevel = 7;
3             low_val  = 0.0;
4             high_val = 1.0;
5             maxnode  = 2**maxlevel - 1;
6      (* Deklaration der Baumstruktur *)
7      CONFIGURATION tree [1..maxnode];
8      CONNECTION    child_l: tree[i] <-> tree[2*i].parent;
9                    child_r: tree[i] <-> tree[2*i+1].parent;
10     SCALAR  i,j          : INTEGER;
11             delta        : REAL;
12             field        : ARRAY [1..maxnode] OF REAL;
13     VECTOR  x, low, high : REAL;
14
15     PROCEDURE Gauss(): VECTOR REAL;
16     (* Erzeugung Zufallszahlen-Vektor mit Gauss-Verteilung *)
..     ...
27     END Gauss;
28
29     PROCEDURE inorder(SCALAR node: INTEGER);
30     (* Ausgabe der Baumelemente in linearer Reihenfolge *)
```

```
..        ...
37        END inorder;
38
39        PROCEDURE MidPointRec(SCALAR delta: REAL;
40                              SCALAR level: INTEGER);
41        SCALAR  min, max, max2 : INTEGER;
42        BEGIN
43           (* Baumebenen-Selekt.: 2^(level-1) ≤ id_no ≤ 2^level-1 *)
44           min := 2**(level-1);
45           max := 2 * min - 1;
46           max2:= 2 * max + 1;
47
48           PARALLEL [min..max]
49             x := 0.5 * (low + high) + delta*Gauss();
50           ENDPARALLEL;
51
52           IF level < maxlevel THEN (* low/high Werte für Kinder *)
53             PARALLEL [min..max2]
54               PROPAGATE.child_l(low);
55               PROPAGATE.child_r(high);
56               PROPAGATE.child_l(x);
57               PROPAGATE.child_r(x);
58               IF even(id_no) THEN high:=x ELSE low:=x END;
59             ENDPARALLEL
60           END
61        END MidPointRec;
62
63        BEGIN (* Hauptprogramm *)
64           PARALLEL
65             low  := low_val;    (* Initial. mit Startwerten *)
66             high := high_val;
67             x    := 0.0;
68           ENDPARALLEL;
69
70           FOR i:=1 TO maxlevel DO
71             delta := 0.5 ** (FLOAT(i)/2.0);
72             MidPointRec(delta,i);
73           END;
74
75           STORE(x,field);
76           WriteFixPt(low_val,  10,3); WriteLn;
77           inorder(1);  (* drucke Werte in linearer Reihenfolge *)
78           WriteFixPt(high_val, 10,3); WriteLn;
79        END fractal.
```

Der Rechenzeitbedarf für dieses Programm ist recht gering, da der Algorithmus bei n Blattknoten nur $\log_2(n)$ Schritte benötigt (gleich der Höhe des Baumes, also der Zahl der Baumebenen). Abb. 15.8 zeigt eine von diesem Programm mit 127 PEs erzeugte fraktale Kurve.

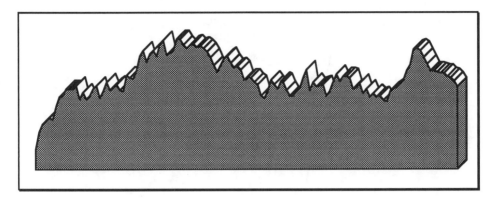

Abbildung 15.8: Programmausgabe einer fraktalen Kurve

15.7 Stereobild-Analyse

Das räumliche Sehen ist ein äußerst faszinierendes Phänomen. Um so mehr, als dieser für den Menschen selbstverständliche Vorgang auf einem Computer nur mit immensem Rechenzeitaufwand gelöst werden kann. Die der Stereobild-Verarbeitung zugrundeliegenden Algorithmen lassen sich allerdings hervorragend in synchron parallele Programme übertragen. Beim Menschen entsteht der dreidimensionale Eindruck beim Sehen dadurch, daß linkes und rechtes Auge Bilder sehen, die gewisse Unterschiede aufweisen, welche aus dem geringfügig verschiedenen Blickwinkel beider Augen resultieren (siehe Abb. 15.9: Beim linken Auge ist die Strecke A'B' länger als beim rechten Auge die Strecke A"B"). Die Verschiebung zugehöriger Punkte im linken und rechten Bild wird "Disparität" genannt und ist ein Maß für die Höhendifferenz zwischen den Bildpunkten. Leider ist die korrekte Zuordnung zwischen den Punkten im Bild des linken Auges und dem Bild des rechten Auges nicht ganz einfach zu bestimmen.

Daß das Gehirn aber auch imstande ist, Stereogramme ohne jeden Bildinhalt zu interpretieren, zeigte Julesz schon vor einiger Zeit mit sogenannten "Random-Dot–Stereogrammen" (siehe [Julesz 60] und [Julesz 78]). Linkes und rechtes Bild sind hier für sich allein betrachtet komplett zufällig erzeugt und besitzen keinerlei Bildinhalt. Der 3D-Effekt entsteht erst durch das Zusammenwirken beider Bilder im Gehirn, wo Verschiebungen der Zufallsmuster analysiert und in eine räumliche Wahrnehmung umgesetzt werden. Random-Dot–Stereogramme sind sehr einfach auf einem Computer zu erzeugen und haben nicht die Nachteile fotografischer Aufnahmen wie Ungenauigkeiten oder Justierprobleme. Sie benötigen auch keine Kantendetektion, da Random-Dot–Bilder quasi aus reinen Kanten bestehen.

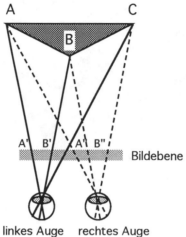

Abbildung 15.9: Stereosehen

Erzeugung von Random-Dot–Stereogrammen

1. <u>Füllen von linkem und rechtem Bild mit den *gleichen* Zufallswerten</u>

       links   rechts

2. <u>Anheben oder Absenken von Bereichen</u>
   Ein Objekt, das aus der Bildebene herausragen soll, wird entsprechend der gewünschten Höhe um einige Pixel im **rechten** Bild nach **links** verschoben (bzw.
   nach *rechts*, falls es *hinter* der Bildebene erscheinen soll). Die dabei entstehende
   Lücke wird erneut mit einem Zufallsmuster gefüllt. *Das linke Bild bleibt unverändert.* Dieser Schritt wird für jeden räumlich darzustellenden Bereich wiederholt.

  rechts vorher   rechts nachher   rechts aufgefüllt

Anzeigen von Stereogrammen

Für das Betrachten von Stereogrammen gibt es eine Reihe von möglichen Techniken, die alle dafür sorgen, daß nur das linke Bild zum linken Auge und nur das rechte Bild zum rechten Auge gelangt, wie beispielsweise Prismen, LCD-Shutter, Polarisationsfilter, rot/grün-Filter, Head-Mounted Displays (zwei Bildschirme) oder auch nur bloßes Fixieren jedes Bildes mit einem Auge. Hier ist kurz die am einfachsten zu realisierende Möglichkeit mit einer rot/grün-Brille dargestellt (Anaglyphen-Verfahren). Zunächst wird das linke Bild grün/weiß und das rechte Bild rot/weiß eingefärbt. Anschließend werden beide Bilder übereinandergedruckt und zwar leicht versetzt, damit die Verschiebung nicht schon ohne Stereobrille erkannt werden kann. Wenn zwei farbige Pixel übereinander gedruckt werden, sollen sie auf dem Papier oder dem Bildschirm als ein schwarzes Pixel erscheinen.

Das rote Brillenfilter vor dem linken Auge läßt nur die rote Farbe durch und läßt daher grüne und schwarze Pixel dunkel erscheinen, weiße und rote Pixel dagegen hell. Dies entspricht also genau dem ursprünglichen linken Bild. Das grüne Filter vor dem rechten Auge läßt nur grünes Licht durch, daher erscheinen hier rote und schwarze Pixel dunkel. Es wird somit das rechte Bild aus dem übereinandergedruckten Stereogramm herausgefiltert (siehe Abb. 15.10).

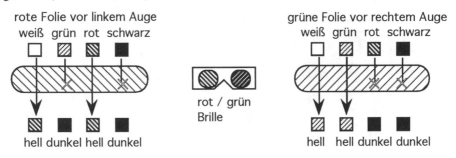

Abbildung 15.10: Wirkungsweise der Stereobrille

Die nun folgende Rückrechnung von Stereogrammen, d.h. die Bestimmung der Höheninformation aus linkem und rechtem Bild, ist sehr viel schwieriger und rechenzeitaufwendiger als das Erzeugen von Stereogrammen. Dazu ist die Rückrechnung nie zu 100% korrekt möglich; meist gibt es einzelne Punkte, denen falsche Höhenwerte zugeordnet werden.

Analyse von Random-Dot–Stereogrammen
(Rückrechnen der Höheninformation aus Stereogrammen)

1. Übereinanderlegen von linkem und rechtem Bild & Suche nach Übereinstimmungen

   Eine Übereinstimmung für ein Paar von korrespondierenden Pixeln (je ein Pixel aus linkem und rechtem Bild an gleicher Position) liegt genau dann vor, wenn beide Pixel schwarz oder wenn beide Pixel weiß sind. Diese Operation kann parallel auf allen Pixeln durchgeführt werden.

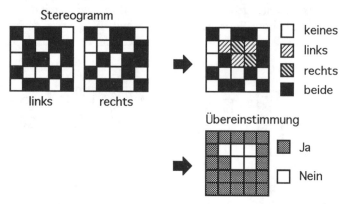

2. Verschieben des linken Bildes (1 Pixel nach links) & Vergleich mit dem rechten Bild

   Dieser Verschiebungsschritt mit anschließendem Vergleich (siehe 1.) wird iterativ für jede Höhenebene durchgeführt. Man erhält so für jede Ebene die übereinstimmenden Pixel.

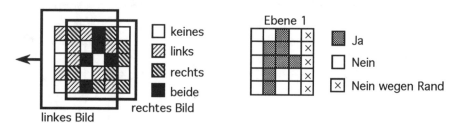

3. Bestimmung der Pixel-Umgebung für jede Höhenebene

   Dieser Schritt wird ebenfalls iterativ für jede Höhenebene und parallel für alle Pixel durchgeführt. Die Daten aus einem 5×5 lokalen Nachbarschaftsfeld (in Abb. nur 3×3 Feld) mit achtfachen Gitterverbindungen werden zur Analyse der Pixel-Umgebung verwendet. Pixel ohne Übereinstimmung erhalten den Wert 0, Pixel mit Übereinstimmung erhalten die Anzahl der Nachbarpixel, bei denen ebenfalls eine Übereinstimmung vorliegt, plus eins für sich selbst.

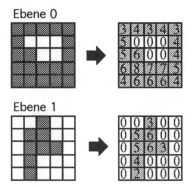

Ebene 0

Ebene 1

4. Auswahl der am besten passenden Ebene für jedes Pixel

Die Ebene (Höhe), die für ein Pixel den größten Zahlenwert bei der Ebenen-Zugehörigkeit besitzt, wird ausgewählt (bei gleichen Werten die niedrigere Ebene). Sind die Umgebungswerte aller Ebenen gleich Null, so wird die Ebene eines Nachbarpixels ausgewählt. Diese Verarbeitung kann für alle Pixel parallel erfolgen.

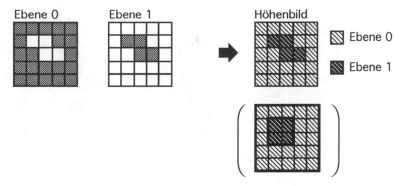

Ebene 0   Ebene 1   Höhenbild

☒ Ebene 0

■ Ebene 1

Die Daten aller Ebenen können nun zu einem Höhenbild ("Falschfarben-Bild") zusammengesetzt werden, wie hier gezeigt ist. Die Farbe jedes Pixels gibt dabei dessen Höhe an. Die im Beispiel gefundene Lösung ist nicht vollständig korrekt, da sich Differenzen um einzelne Pixel bei diesem Verfahren nicht vermeiden lassen. Das korrekte Höhenbild ist darunter in Klammern dargestellt.

5. Filtern (optional)

Um einzelne fehlerhafte Pixel zu eliminieren, werden in jeder Ebene in einem lokalen 3×3 Nachbarfeld die bereits zugeordneten Pixel aufaddiert. Anschließend werden solche Pixel gelöscht, in deren Nachbarschaft sich zu wenig weitere Pixel befinden (Anzahl < Schwellwert). Diese gelöschten Pixel werden dann einer neuen Ebene zugeordnet. Auch die Filter-Operation kann für alle Pixel parallel durchgeführt werden.

Der hier gezeigte Algorithmus zur Analyse von Random-Dot-Stereogrammen läßt sich sehr einfach in ein daten-paralleles Programm umsetzen. Abb. 15.11 zeigt ein Stereogramm und das dazugehörige berechnete Höhenbild (mit einigen unvermeidlichen Defekten) in der Größe von jeweils 128 × 128 Pixeln. Bei der Verwendung von Paaren fotografischen Aufnahmen oder Videobildern, die über einen Scanner bzw. Framebuffer in den Rechner eingelesen werden, wird das Problem allerdings sehr viel schwieriger. Diese Aufnahmen sind nun nicht mehr monochrom, sondern besitzen Graustufen, die Orientierung der beiden Bilder zueinander ist allein durch Kamerajustierung nicht pixelgenau möglich, und es treten eine ganze Reihe von Verzerrungen und Ungenauigkeiten auf, die bei den computergenerierten Random-Dot–Stereogrammen nicht vorkommen. Für fotografische Aufnahmen sind daher zwei Vorverarbeitungsschritte erforderlich. Erstens die Berechnung der "relativen Orientierung" der beiden Bilder zueinander, verbunden mit der entsprechenden Anpassung eines der beiden Bilder. Zweitens die Bestimmung der Kanten in beiden Bildern, da diese sehr viel aussagekräftiger sind als reine Grauwertdaten. Auf dieses richtig orientierte Kanten-Stereogramm kann nun der Stereo-Matching–Algorithmus angewendet werden.

Abbildung 15.11: Random-Dot–Stereogramm mit berechneter Höheninformation

Übungsaufgaben III

1. Eine Verbindungsstruktur ist in Parallaxis folgendermaßen definiert:

```
CONFIGURATION seltsam [0..Max-1];
CONNECTION    a: seltsam[i] <-> seltsam[3*i+1].d;
              b: seltsam[i] <-> seltsam[3*i+2].d;
              c: seltsam[i] <-> seltsam[3*i+3].d,
```

a) Skizzieren Sie das Netzwerk `seltsam` für Max = 10
b) Wie groß ist V, die Anzahl der Verbindungsleitungen je PE für `seltsam` ?
c) Wie groß ist A, der maximale Abstand zweier PEs für `seltsam` ?
   (in Abhängigkeit von n, der Anzahl der PEs)

2. Für das untenstehende Parallaxis-Programmfragment:
a) Was ist das Ergebnis, wenn der Vektor v mit folgender Matrix vorbelegt wird:

$$v = \begin{pmatrix} 3 & 2 & 5 \\ 4 & 7 & 8 \\ 9 & 1 & 6 \end{pmatrix}$$

b) Welche Operation führt dieses Programm auf einer allgemeinen Matrix aus?

```
CONFIGURATION feld [1..max],[1..max];
CONNECTION rechts: feld[i,j] <-> feld[i,j+1].links;

SCALAR i, ergebnis: integer;
VECTOR puffer, v  : integer;

BEGIN
  PARALLEL
    ... (* Daten in Vektor v laden *)
    FOR i:= 1 TO max-1 DO
     puffer:=v;
      PROPAGATE.links(v);
      IF puffer > v THEN v:= puffer END;
    END;
    ergebnis := REDUCE.min [*],[1] (v);
  ENDPARALLEL
  ....
```

3. Übersetzen Sie das folgende FORTRAN 90 - Programm in ein Parallaxis-Programm. (".LT." steht für "less than" oder "<")

Fortran 90:

```
INTEGER, DIMENSION(100,500) :: Matrix
...
Matrix(1:50,1:500) = Matrix(2:51,1:500);
WHERE (Matrix .LT. 7) Matrix = 10;
```

Parallaxis:

```
SYSTEM FtoP;
CONFIGURATION feld [1..100],[1..500];
CONNECTION rechts: feld[i,j] <-> feld[i,j+1].links;
          oben  : feld[i,j] <-> feld[i+1,j].unten;

VECTOR Maxtrix: INTEGER;

BEGIN
   .............
END FtoP.
```

4. Für das untenstehende massiv Parallaxis-Programmfragment:
   a) Was ist das Ergebnis bei folgender Programmeingabe:
      3 2 5 3 9 9 1 2 3 7 2 4 8 5 6 2
      Geben Sie den Inhalt des Vektors f zu Beginn und nach jedem Schleifendurchlauf an.
   b) Welche Operation führt dieses Programm auf der eingegebenen Zahlenfolge aus ?
   c) Wieviele Datenaustauschoperationen (PROPAGATE) werden bei einem Programmlauf ausgeführt ?

```
SYSTEM was_bin_ich;
CONST ebenen = 5;
      anzahl = (2**ebenen)-1;
      anfang = 2**(ebenen-1);
      ende   = anzahl;
CONFIGURATION baum [1..anzahl];
CONNECTION kind_l: baum[i] <-> baum[2*i  ].eltern_l;
          kind_r: baum[i] <-> baum[2*i+1].eltern_r;
VECTOR f,links,rechts: integer;
SCALAR feld: ARRAY [1..anzahl] OF integer;
```

```
          z,x,ergebnis: integer;

   BEGIN
     (* Daten in Vektor f laden *)
     FOR z:=1 TO anfang-1 DO feld[z]:=0; END;
     FOR z:=anfang TO ende DO ReadInt(feld[z]) END;
     LOAD(f, feld);
     FOR x:= 1 TO ebenen-1 DO
       PARALLEL
         PROPAGATE.eltern_l(f,links);
         PROPAGATE.eltern_r(f,rechts);
         IF links < rechts THEN f:= links else f:=rechts;
         END;
       ENDPARALLEL;
     END;
     STORE[1](f,ergebnis);
     WriteInt(ergebnis, 4);
   END was_bin_ich.
```

5. Schreiben Sie ein Programm in Fortran 90 zur systolischen Matrixmultiplikation.

6. Schreiben Sie ein Programm in C* zur Primzahlenerzeugung mit dem Sieb des Eratosthenes.

7. Schreiben Sie ein Programm in Parallaxis für das parallele Lösen linearer Gleichungssysteme.

8. Schreiben Sie ein Programm in Parallaxis, welches Daten von Rechtecken aus einer Beschreibungsdatei liest und in ein paralleles Feld als Bilddaten ablegt (siehe untenstehende Abb.). Dateien können mit den folgenden Standardoperationen zum Lesen bzw. zum Schreiben geöffnet und geschlossen werden:

```
   OpenInput("filename")      CloseInput
   OpenOutput("filename")     CloseOutput
```

Jede Zeile der Datei enthält einen Eintrag der Form:
   <Startposition x> <Startposition y> <Breite> <Höhe>

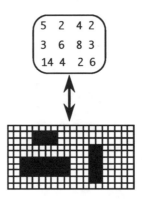

9. Schreiben Sie ein Programm in Parallaxis, welches die in Aufgabe 8 erzeugten Bilddaten verwendet. Die in einem parallelen Feld enthaltenen Rechtecke sollen erkannt und erneut als Beschreibungsdatei abgelegt werden.

10. Schreiben Sie ein Programm in Parallaxis zur daten-parallelen Berechnung der Mandelbrotmenge. Setzen Sie für jeden Bildpunkt ein virtuelles PE ein.

11. Implementieren Sie einen zellulären Automaten für Conways "Game of Life" in Parallaxis. Verwenden Sie für jede Zelle ein virtuelles PE.

12. Beim Odd-Even-Transposition-Sorting (OETS) in Abschnitt 15.4 werden für jeden Schritt zwei Datenaustauschoperationen durchgeführt, obwohl jedes PE nur den Wert von einem Nachbarn benötigt. Schreiben Sie das Programm mit Hilfe von zusammengesetzten (bedingten) Verbindungsstrukturen so um, daß es mit nur einer Datenaustausch-Operation je Schritt auskommt.

13. Schreiben Sie ein Programm in Parallaxis zur Erzeugung von Random-Dot–Stereogrammen. Zur Generierung eines booleschen Zufallsvektors kann die parameterlose Standardfunktion VBRandom() verwendet werden.

14. Schreiben Sie ein Programm in Parallaxis zur Analyse von Random-Dot–Stereogrammen (Bestimmung der Höheninformation).

IV

Weitere Modelle der Parallelität

Bei den bisher behandelten prozeduralen parallelen Programmiersprachen gibt es eine direkte Kontrolle der Parallelität über dafür vorgesehene Sprachkonstrukte. Im Idealfall aber braucht sich der Programmierer nicht um Einzelheiten des parallelen Ablaufs seines Programms zu kümmern, sondern ein Compiler oder das Betriebssystem erledigen diese Aufgabe transparent. Nur ein Notbehelf auf dem Weg zu diesem Ziel ist die automatische Parallelisierung bzw. Vektorisierung sequentieller prozeduraler Programme, da damit oft keine zufriedenstellende Leistungssteigerung erreicht wird. Bei nicht-prozeduralen Sprachen gibt es sowohl die implizite Behandlung von Parallelität als auch explizite parallele Konzepte, analog zu denen in prozeduralen Sprachen. Neuronale Netze sind ebenfalls eine Beschreibungsform paralleler Abläufe, jedoch auf höherem Abstraktionsniveau. Von grundlegender Bedeutung für alle parallelen Modelle und den Einsatz von Parallelrechnern überhaupt ist die Leistungsbewertung eines solchen Rechners.

16. Automatische Parallelisierung und Vektorisierung

Wie sich zumindest bei den MIMD-Systemen gezeigt hat, ist das Erstellen von parallelen Programmen sehr viel aufwendiger, komplizierter und somit auch fehleranfälliger als das Erstellen von sequentiellen Programmen. Zudem existieren bei vielen Anwendern bereits große Bibliotheken mit sequentiellen Programmen, die weiterverwendet werden sollen, welche jedoch wegen ihres enormen Umfangs (und möglicherweise auch wegen des Fehlens einer vernünftigen Dokumentation) nicht ohne weiteres für eine parallele Programmiersprache umgeschrieben werden können. Die hohen Kosten für die Erstellung neuer Software schränken natürlich den potentiellen Anwender- (und Kunden-) kreis für Parallelrechner gewaltig ein, denn verglichen mit den Mainframes haben Spezialrechner für rechenintensive Probleme nur einen geringen Marktanteil. Bei der Durchsetzung von Parallelrechnern auf dem Markt liegen die Hoffnungen deshalb auf den Möglichkeiten der automatischen Parallelisierung bzw. Vektorisierung von sequentiellen Programmen. Denn dann könnten alle bereits vorhandenen sequentiellen Programme nach erneuter Übersetzung unverändert eingesetzt werden, ohne daß neue parallele Programme erstellt werden müßten. Die automatische Parallelisierung und Vektorisierung ist bis heute allerdings noch nicht in zufriedenstellender Qualität möglich und es muß die Frage gestellt werden, ob sie es jemals sein wird.

Es macht keinen Sinn, neue Programme für parallele Rechner in einer sequentiellen Programmiersprache zu schreiben und auf die automatische Parallelisierung bzw. Vektorisierung zu vertrauen. Beispielsweise muß ein Skalarprodukt, das vom Anwender aufwendig mit einer Schleife sequentiell programmiert wurde (und zwar von jedem Anwender anders!), nun vom Parallelisierer/Vektorisierer als solches erkannt und in entsprechende parallele bzw. vektorielle Operationen übersetzt werden. Sehr viel einfacher könnte der gleiche Algorithmus in einer parallelen Programmiersprache geschrieben werden. Die Ergänzung wäre dann ein recht einfach zu implementierender "**automatischer Sequentialisierer**", also ein Übersetzer von parallelen in sequentielle Programme, falls das parallele Programm auch auf einem sequentiellen Rechner abgearbeitet werden soll.

Ein kommerziell verfügbarer Vektorisierer für die Umwandlung von Fortran 77 − Programmen nach MPFortran (ein Fortran 90 − Dialekt) ist "VAST-2" von MasPar Computer Co. [MasPar 92]. VAST-2 übersetzt sequentielle Fortran DO-Schleifen und IF-Selektionen in die entsprechenden Array-Ausdrücke; geschachtelte Schleifen werden in Operationen auf mehrdimensionale Arrays umgewandelt. Datenabhängigkeiten (siehe unten) zwischen den Anweisungen werden berücksichtigt, und es wird durch Umstellungen versucht, Anzahl und Größe der abhängigen Abschnitte zu minimieren. Die Leistung dieses Vektorisierers hängt allerdings in hohem Maße von der Interaktion mit dem Programmierer ab. Beim Vektorisierungsvorgang erwartet der Compiler Übersetzungsdirektiven vom Programmierer; außerdem sollen Teile des Codes entsprechend den Diagnosemeldungen des Vektorisierers vom Programmierer umstrukturiert werden. Die Generierung eines parallelen Programmes ist hier also ein iterativer Vorgang. Bei der Erzeugung effizienter paralleler Programme mit dem Vektorisierungs-Werkzeug VAST-2 ist ein in der parallelen Programmierung unerfahrener Anwender daher möglicherweise überfordert.

In diesem Kapitel wird sowohl die **Parallelisierung** sequentieller Programme für **MIMD**-Rechner (*asynchrone Parallelität*), wie auch die **Vektorisierung** sequentieller Programme für **SIMD**-Rechner (*synchrone Parallelität*) behandelt.

Neben einer Pseudonotation wird im folgenden auch die Fortran 90 – Notation verwendet [Metcalf, Reid 90], welche für die Vektor-Programmierung auf SIMD- oder MIMD-Rechnern geeignet ist. Fortran 90 wurde in Abschnitt 14.1 beschrieben.

Das folgende Beispiel zeigt die Vektorisierung einer `for`-Schleife:

```
for i:= 1 to n do
  A[i]:= B[i] + C[i];
  D[i]:= A[i] * 5;
end;
```

in Fortran 90 :

```
A(1:n) = B(1:n) + C(1:n)
D(1:n) = A(1:n) * 5
```

Da in jedem Schleifendurchlauf die gleichen Operationen auf den Array-Elementen ausgeführt werden und diese nicht voneinander abhängig sind, kann jede Anweisung innerhalb der `for`-Schleife in eine Vektoranweisung übersetzt werden. Die Notation `A(1:n)` kennzeichnet in Fortran 90 einen Vektor mit n Komponenten.

Achtung:

```
for i:= 1 to n do
  A[i]:= B[i] + C[i];
  D[i]:= A[i+1] * 5;
end;
```

$\not\Longrightarrow$

```
A(1:n) = B(1:n) + C(1:n)
D(1:n) = A(2:n+1) * 5
```

↑

verwendet alten Wert von a

↑

verwendet neuen Wert von a

Richtig ist die geänderte Reihenfolge:

```
D(1:n) = A(2:n+1) * 5
A(1:n) = B(1:n) + C(1:n)
```

Schon die Änderung eines einzigen Indexes (`A[i+1]` statt `A[i]`) macht in diesem Beispiel die Vektorisierung erheblich schwieriger (siehe abgeändertes Beispiel). In jedem Schleifendurchlauf greift die zweite Anweisung auf den alten, noch nicht geänderten Wert des Arrays A zu. Es besteht also eine Datenabhängigkeit, die bei der Vektorisierung dieser Schleife berücksichtigt werden muß. Durch "genaues Hinschauen" erkennt man, daß eine Vertauschung der Reihenfolge der beiden Vektoranweisungen das gewünschte Resultat erzielt. Diese Abhängigkeiten und Regeln sollen nachfolgend genauer untersucht werden.

16.1 Datenabhängigkeit

Bevor mit der Parallelisierung oder Vektorisierung eines sequentiellen Programms begonnen werden kann, müssen zuerst die Datenabhängigkeiten bestimmt werden, die zwischen den einzelnen Anweisungen bestehen. Die folgenden Definitionen und Verfahren basieren auf den Arbeiten von Kuck und Wolfe, die in [Kuck, Kuhn, Leasure, Wolfe 80] und [Hwang, DeGroot 89] enthalten sind.

Hilfsdefinitionen:

Eingabemenge einer Anweisung S:
IN(S)   =   "Menge aller Datenelemente, deren Wert S liest"

Ausgabemenge einer Anweisung S:
OUT(S) =   "Menge aller Datenelemente, deren Wert S ändert"

Die beiden Hilfsdefinitionen werden am Beispiel einer einfachen `for`-Schleife verdeutlicht:

```
        for i:=1 to 5 do
  S:       X[i]:=A[i+1] * B
        end;
```

Die "IN"-Menge enthält nun alle Eingabe-Datenelemente der Anweisung S über den gesamten Schleifenbereich und die "OUT"-Menge die entsprechenden Ausgabe-Datenelemente:

IN(S)   =   {`A[2]`, `A[3]`, `A[4]`, `A[5]`, `A[6]`, `B`}
OUT(S) =   {`X[1]`, `X[2]`, `X[3]`, `X[4]`, `X[5]`}

Definition der Ausführungsreihenfolge:

Wenn die Anweisung S in einer Schleife mit Index i eingeschlossen ist, so bezeichnet S^i die **Instanz** (Operation) von S während des Schleifendurchlaufs i=i'.

$S_1 \Theta S_2 \quad :\Leftrightarrow$ Eine Instanz von S_1 kann vor einer Instanz von S_2 im Programmablauf ausgeführt werden.

$S_1^{i'} \Theta S_2^{i''} \quad :\Leftrightarrow$ S_1 und S_2 sind beide in eine Schleife eingeschlossen und $S_1^{i'}$ wird vor $S_2^{i''}$ ausgeführt.

Die Feststellung der Reihenfolge zweier Anweisungen ist zur Bestimmung der Datenabhängigkeiten äußerst wichtig. Es gelten hier und im folgenden die vereinfachenden Annahmen:

a) Das Schleifen-Inkrement ist immer gleich 1.

b) Es werden nur Zuweisungen betrachtet.

Definition der Datenabhängigkeits-Relationen:

Die Datenabhängigkeit wird zunächst definiert für Anweisungen, die *nicht* innerhalb einer Schleife stehen, und für *Instanzen von Anweisungen* (d.h. für Operationen innerhalb eines bestimmten Schleifendurchlaufes; die Schleifenindizes sind zur besseren Lesbarkeit weggelassen).

(1) $\exists x: x \in OUT(S_1) \wedge x \in IN(S_2) \wedge$ $S_1 \Theta S_2 \wedge \nexists k: (S_1 \Theta S_k \Theta S_2 \wedge x \in OUT(S_k))$ $\Longleftrightarrow:$ S_2 ist **flow-dependent** von S_1: $\mathbf{S_1 \delta S_2}$	*S_2 benutzt den Wert x, der in S_1 berechnet wurde*
(2) $\exists x: x \in IN(S_1) \wedge x \in OUT(S_2) \wedge$ $S_1 \Theta S_2 \wedge \nexists k: (S_1 \Theta S_k \Theta S_2 \wedge x \in OUT(S_k))$ $\Longleftrightarrow:$ S_2 ist **anti-dependent** von S_1: $\mathbf{S_1 \overline{\delta} S_2}$	*S_1 benutzt den Wert x, bevor er von S_2 verändert wird*
(3) $\exists x: x \in OUT(S_1) \wedge x \in OUT(S_2) \wedge$ $S_1 \Theta S_2 \wedge \nexists k: (S_1 \Theta S_k \Theta S_2 \wedge x \in OUT(S_k))$ $\Longleftrightarrow:$ S_2 ist **output-dependent** von S_1: $\mathbf{S_1 \delta° S_2}$	*S_2 überschreibt den Wert x, der zuvor in S_1 berechnet wurde*
Gilt weder (1) noch (2) noch (3), dann sind S_1 und S_2 **daten-unabhängig**.	

Zwei Anweisungen innerhalb einer Schleife mit Index i sind datenabhängig, wenn es zwei Instanzen dieser Anweisungen gibt, die datenabhängig sind. Analoges gilt für geschachtelte Schleifen.

$$S_1 \; \delta \; S_2 \quad :\Longleftrightarrow \quad \exists \; i', i'': \; S_1^{i'} \; \delta \; S_2^{i''}$$

$$S_1 \; \overline{\delta} \; S_2 \quad :\Longleftrightarrow \quad \exists \; i', i'': \; S_1^{i'} \overline{\delta} \; S_2^{i''}$$

$$S_1 \; \delta^{\circ} \; S_2 \quad :\Longleftrightarrow \quad \exists \; i', i'': \; S_1^{i'} \; \delta^{\circ} \; S_2^{i''}$$

Zwischen zwei Anweisungen eines Programms können also auf drei verschiedene Weisen Datenabhängigkeiten bestehen: Flow-Dependence, Anti-Dependence und Output-Dependence.

Flow-Dependence:
Anweisung S_2 liest den Datenwert, der zuvor von S_1 geschrieben wurde. Wegen dieser Abhängigkeit muß die automatische Parallelisierung (bzw. Vektorisierung) die Reihenfolge S_1 vor S_2 auch im parallelisierten (bzw. vektorisierten) Code einhalten, denn sonst würde S_2 einen falschen Datenwert lesen.

Anti-Dependence:
Anweisung S_2 überschreibt einen Datenwert, der zuvor von S_1 gelesen wurde. Auch in diesem Fall muß die automatische Parallelisierung/Vektorisierung die Reihenfolge S_1 vor S_2 beibehalten, denn sonst würde im parallelen Code S_1 einen falschen Datenwert lesen.

Output-Dependence:
Zuerst überschreibt Anweisung S_1 einen Datenwert, der anschließend von S_2 erneut überschrieben wird. Wie zuvor muß die automatische Parallelisierung/Vektorisierung die Reihenfolge S_1 vor S_2 beibehalten, sonst würde die beschriebene Variable nach Ausführung der beiden Operationen den falschen Wert (den Wert von S_1 statt des Wertes von S_2) enthalten.

Vereinfachte Regeln:

Die obige Definition der Datenabhängigkeits-Relationen ist durch die negierten Existenzregeln ("es gibt kein k mit ...") recht komplex und daher aufwendig zu implementieren. Im Gegensatz zu diesen hinreichenden und notwendigen Regeln ("genau dann, wenn") reichen oftmals auch schwächere Regeln für die Datenabhängigkeits-Relationen aus, wie die noch folgenden, die zwar notwendig aber nicht hinreichend sind. Die Überprüfung der dazwischenliegenden Anweisungen in der Ausführungsreihenfolge kann bei einer vereinfachten Datenabhängigkeits-Prüfung weggelassen werden. Die Bedingungen auf den neuen linken Seiten (siehe unten) sind notwendig für die Datenabhängigkeiten auf den rechten Seiten; die Umkehrungen gelten allerdings nicht.

$$(1') \quad \exists\, x\colon x \in OUT(S_1) \;\land\; x \in IN(S_2) \quad\land\; S_1 \Theta S_2 \quad \Longleftarrow \; S_1\,\delta\,S_2$$

$$(2') \quad \exists\, x\colon x \in IN(S_1) \quad\land\; x \in OUT(S_2) \;\land\; S_1 \Theta S_2 \quad \Longleftarrow \; S_1\,\overline{\delta}\,S_2$$

$$(3') \quad \exists\, x\colon x \in OUT(S_1) \;\land\; x \in OUT(S_2) \;\land\; S_1 \Theta S_2 \quad \Longleftarrow \; S_1\,\delta^\circ\,S_2$$

In einer eingeschränkten Implementierung könnte man auch diese einfacheren Regeln verwenden, d.h. aber, daß in diesem Fall "zu viele" Abhängigkeiten gefunden würden (also auch Relationspaare, die keine echten Abhängigkeiten sind) und somit unter Umständen nicht die optimale Parallelisierung durchgeführt werden könnte. Auf der anderen Seite werden mit diesen einfacheren Regeln jedoch keine Datenabhängigkeiten übersehen, d.h. die automatisch parallelisierten Programme wären korrekt.

Der Unterschied zwischen den beiden Regelsätzen wird in folgendem Beispiel klar:

```
S₁ :   A := B + D;
S₂ :   C := A * 3;
S₃ :   A := A + C;
S₄ :   E := A / 2;
```

Wie man leicht nachvollziehen kann, besitzt diese Anweisungsfolge die Datenabhängigkeiten:

$S_1\,\delta\,S_2$	(wegen A)
$S_1\,\delta\,S_3$	(wegen A)
$S_2\,\delta\,S_3$	(wegen C)
$S_3\,\delta\,S_4$	(wegen A)
$S_2\,\overline{\delta}\,S_3$	(wegen A)
$S_1\,\delta^\circ\,S_3$	(wegen A)

Es gilt jedoch *nicht*: $S_1\,\delta\,S_4$

obwohl: $S_1 \Theta S_4$ und $OUT(S_1) \cap IN(S_4) = \{A\}$

In diesem Fall würde die "vereinfachte Regel" (1') eine Datenabhängigkeit erkennen, obwohl in Wirklichkeit nach Definition der Original-Regel (1) gar keine Abhängigkeit besteht. Denn der von S_4 gelesene Wert der Variablen A wurde zwar von S_1 geschrieben, jedoch zwischenzeitlich bereits von S_3 überschrieben.

Definition *Indirekte Datenabhängigkeit*:

Diese Definition faßt die drei Arten der Datenabhängigkeit zusammen und erweitert sie um eine Kette von Abhängigkeiten (transitive Hülle):

S_2 ist **datenabhängig** von S_1: $\quad\quad S_1 \; \delta^* \; S_2$

$$:\Leftrightarrow \quad S_1 \, \delta \, S_2 \; \vee \; S_1 \overline{\delta} \, S_2 \; \vee \; S_1 \, \delta° \, S_2$$

S_2 ist **indirekt datenabhängig** von S_1: $S_1 \; \Delta \; S_2$

$$:\Leftrightarrow \quad \exists \; S_{k1}, S_{k2}, ..., S_{kn} \; (n \geq 0) \; : \; S_1 \, \delta^* \, S_{k1} \, \delta^* \, S_{k2} \, \delta^* \; ... \; \delta^* \, S_{kn} \, \delta^* \, S_2$$

Definition *Gerichtete Datenabhängigkeit*:

Die Richtung einer Datenabhängigkeit gibt an, ob sich die beiden betreffenden Instanzen von Anweisungen im gleichen Schleifendurchlauf befinden, oder ob eine der beiden Anweisungen bereits in einem vorangegangenen Schleifendurchlauf (mit entsprechend anderem Indexwert) ausgeführt wurde. Da die Anweisungen in mehreren geschachtelten Schleifen enthalten sein können, muß auch für jede der umgebenden Schleifen eine Richtung angegeben werden.

S_1 und S_2 seien in d Schleifen mit Indizes $i_1, .., i_d$ eingebettet.

Wenn es zwei bestimmte Schleifeninstanzen $I' = (i_1', .., i_d')$ und $I'' = (i_1'', .., i_d'')$ für die Schleifenindizes $i_1, .., i_d$ gibt, so daß für die entsprechenden Instanzen von S_1 und S_2 gilt:

$$S_1 \; {}^{i_1' ... i_d'} \; \delta^* \; S_2 \; {}^{i_1'' ... i_d''}$$

und wenn für diese beiden Indexvektoren die Relation gilt:

$$I' \; \Psi \; I''$$

(das heißt: $\quad \Psi = (\psi_1, ..., \psi_d)$ wobei $\psi_i \in \{<, =, \leq, >, \geq, \neq, ?\}$,
$\quad\quad\quad\quad\quad$ ["?" repräsentiert hier eine nicht bekannte Relation]

$\quad\quad$ mit $\quad i_1' \; \psi_1 \; i_1''$

$\quad\quad\quad\quad\quad i_2' \; \psi_2 \; i_2''$

$\quad\quad\quad\quad\quad ...$

$\quad\quad\quad\quad\quad i_d' \; \psi_d \; i_d'' \;$)

dann wird definiert

$\Leftrightarrow$: S_1 ist **datenabhängig mit Richtung** ψ von S_2: $S_1\ \delta_\psi^*\ S_2$

Die gerichteten Datenabhängigkeiten δ_ψ, $\overline{\delta_\psi}$ und $\overset{\circ}{\delta}_\psi$ sind analog definiert.

Beispiel zur Datenabhängigkeits-Richtung:

```
      for i:=1 to n do
        for j:=2 to m do
S1:      A[i,j]:= B[i,j];
S2:      C[i,j]:= A[i,j-1];
        end;
      end;
```

Es gilt $S_1\ \delta_\psi\ S_2$, da eine Instanz von S_1 den Wert von A[i,j] schreibt, der in einer Instanz von S_2 gelesen wird. Die Datenabhängigkeits-Richtung kann durch Vergleich der Indizes festgestellt werden. Beispielsweise wird im Schleifendurchlauf mit i=2 und j=2 das Element A[2,2] *geschrieben*, während im Durchlauf mit i=2 und j=3 das gleiche Element A[2,2] *gelesen* wird. Der Vergleich der Indizes ergibt:

2 = 2   (für die umgebende Schleife mit Index i)
2 < 3   (für die innere Schleife mit Index j)

Das heißt, zwischen S_1 und S_2 besteht folgende gerichtete Datenabhängigkeit:
$S_1\ \delta_{(=,<)}\ S_2$

Grob vereinfacht gilt die folgende

Merkregel

Ist bei einer Datenabhängigkeit der Index einer Variablen beim
schreibenden Zugriff gleich i und beim lesenden Zugriff gleich:

      dann wird der **alte Wert** der Variablen gelesen,

      dann wird der **neue Wert** der Variablen gelesen.

Im folgenden wird die Vektorisierung (synchrone Parallelität, SIMD-Rechner) und die Parallelisierung (asynchrone Parallelität, MIMD-Rechner) einer sequentiellen Schleife gezeigt. Bei geschachtelten Schleifen bietet sich aus Effizienzgründen (Aufwand für Start und Terminierung von Prozessen) normalerweise die äußere Schleife für eine Parallelisierung an, während immer nur die inneren Schleifen für eine Vektorisierung geeignet sind.

16.2 Vektorisierung einer Schleife

Nach den recht trockenen Definitionen folgen nun die eigentlichen Methoden zur automatischen Übersetzung sequentieller Programme in parallele Programme.

Regeln der Vektorisierung

a) Besteht eine Datenabhängigkeit $S_x \, \delta^* \, S_y$ innerhalb der zu vektorisierenden Schleife, dann muß im vektorisierten Code die Anweisung S_x *vor* der Anweisung S_y ausgeführt werden (gegebenenfalls durch Abänderung der Ausführungsreihenfolge).

b) Datenabhängigkeiten mit Richtung "<" oder ">" in eventuell vorhandenen *umgebenden* Schleifen brauchen nicht berücksichtigt zu werden.

c) Ist bei mehreren Datenabhängigkeiten keine konsistente Anweisungsreihenfolge möglich, so kann die Schleife nicht direkt vektorisiert werden.

Beispiel zur Vektorisierung:
(nach Wolfe in [Hwang, DeGroot 89])

```
        for  i:=1 to n do
S1:  A[i]:= B[i] + C[i];
S2:  D[i]:= A[i+1] + 1;
S3:  C[i]:= D[i];
       end;
```

Zunächst müssen die Datenabhängigkeiten zwischen allen drei Anweisungen der Schleife bestimmt werden. Aus jeder einzelnen Abhängigkeit folgt dann eine Bedingung der parallelen Ausführungsreihenfolge.

Im vektorisierten Code muß gelten:

$S_1 \overline{\delta}_{(=)} S_3$ (wegen C) $\Rightarrow$ S_1 vor S_3

$S_2 \overline{\delta}_{(<)} S_1$ (wegen A) $\Rightarrow$ S_2 vor S_1

$S_2 \delta_{(=)} S_3$ (wegen D) $\Rightarrow$ S_2 vor S_3

In diesem Beispiel treten drei Datenabhängigkeiten auf, die bei der Vektorisierung der Schleife berücksichtigt werden müssen. Sowohl die Anti-Dependences $S_1 \overline{\delta}_{(=)} S_3$ und $S_2 \overline{\delta}_{(<)} S_1$ wie auch die Flow-Dependence $S_2 \delta_{(=)} S_3$ schreiben die Reihenfolge je zweier abhängiger Anweisungen im vektorisierten Code vor. Dort muß also gelten:

S_1 vor S_3, S_2 vor S_1 und S_2 vor S_3 .

Dies kann allein durch die folgende Sequenz gelöst werden:

S_2, S_1, S_3

Nach Umordnen der Anweisungen gemäß den Datenabhängigkeiten folgt nun die vektorisierte Version des ursprünglichen Beispiels in Fortran 90 – Notation. Jede Anweisung wurde entsprechend den Schleifengrenzen in einen Vektorbefehl umgewandelt:

```
S₂: D(1:N) = A(2:N+1) + 1
S₁: A(1:N) = B(1:N) + C(1:N)
S₃: C(1:N) = D(1:N)
```

16.3 Parallelisierung einer Schleife

Bei der Parallelisierung eines Programmstückes geht es um die Umsetzung für einen asynchronen MIMD-Rechner. Die prinzipielle Vorgehensweise ist hierbei die Zuordnung einzelner Schleifendurchläufe auf unterschiedliche Prozessoren, genannt "do-across". Oft sind allerdings weniger Prozessoren vorhanden als Schleifendurchläufe auszuführen sind; es ist daher eine weitere Abstraktionsebene notwendig, in der von Prozessen statt von Prozessoren gesprochen wird. Für diesen Abschnitt soll die Anzahl der physischen Prozessoren immer gleich der Anzahl der Prozesse sein.

Im Gegensatz zur Vektorisierung einer Schleife, bei der man versucht, alle Schleifendurchläufe einer Anweisung zu einem Vektorbefehl zusammenzufassen, wird bei der Parallelisierung versucht, jeden Prozeß die gesamte Anweisungsfolge eines Schleifendurchlaufes berechnen zu lassen. Man könnte Vektorisierung und Parallelisierung auch als horizontale und vertikale Verfahren der Arbeitsteilung auffassen (siehe Abb. 16.1).

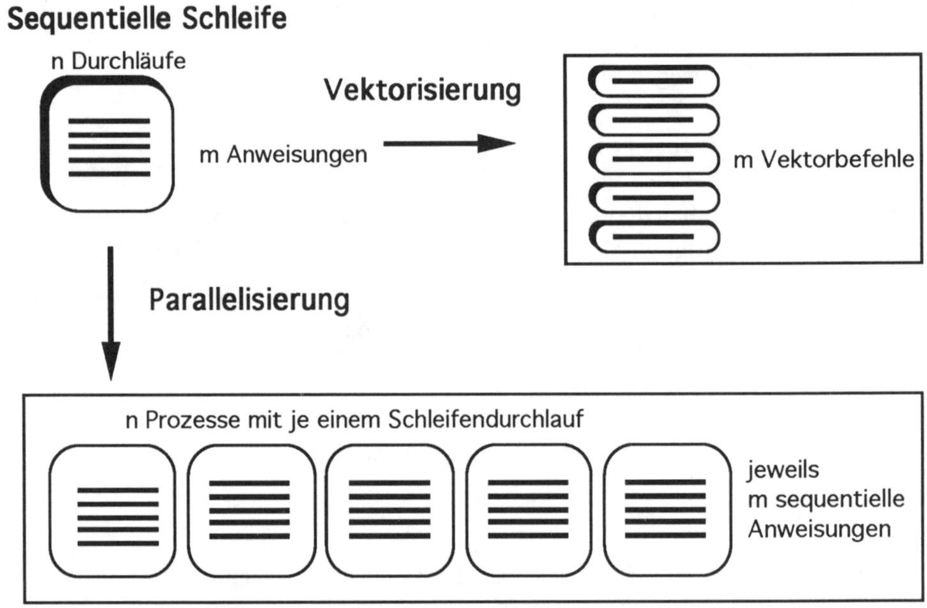

Sequentielle Schleife

n Durchläufe

Vektorisierung

m Anweisungen ⟶

m Vektorbefehle

Parallelisierung

n Prozesse mit je einem Schleifendurchlauf

jeweils
m sequentielle
Anweisungen

Abbildung 16.1: Parallelisierung und Vektorisierung

Bei der Parallelisierung können je nach Datenabhängigkeit zusätzliche Synchronisations-Operatoren zwischen den Prozessen nötig sein. Besteht beispielsweise eine Flow-Dependence zwischen zwei Schleifendurchläufen (jetzt also zwischen zwei Prozessen), so muß jeder Prozeß auf die Bereitstellung des abhängigen Wertes durch den Prozeß des vorangehenden Schleifendurchlaufes warten. Solche Synchronisations-Operationen verursachen Wartezeiten der Prozesse und mindern den parallelen Geschwindigkeitsgewinn des gesamten Programms.

Es müssen aber bei weitem nicht alle Datenabhängigkeiten bei der Parallelisierung synchronisiert werden. Da hier im Gegensatz zur Vektorisierung die Reihenfolge aller Anweisungen innerhalb einer Schleife erhalten bleibt, brauchen die Datenabhängigkeiten *innerhalb* eines Schleifendurchlaufs *nicht* berücksichtigt zu werden.

Regeln der Parallelisierung

---

a) Datenabhängigkeiten mit Richtung "=" für die zu parallelisierende Schleife brauchen nicht synchronisiert zu werden.

b) Datenabhängigkeiten mit Richtung "<" oder ">" in eventuell vorhandenen *umgebenden* Schleifen der zu parallelisierenden Schleife brauchen nicht berücksichtigt zu werden.

c) Eventuell vorhandene *inneren* Schleifen brauchen bei der Parallelisierung nicht berücksichtigt zu werden; sie werden im parallelisierten Code komplett übernommen.

d) Jede andere Datenabhängigkeit muß mit Hilfe eines eigenen Arrays von Semaphoren zwischen den Prozessen synchronisiert werden.

e) Zur Effizienzsteigerung kann die Ausführungsreihenfolge der Anweisungen im Rahmen der vorhandenen Datenabhängigkeiten geändert werden:

Besteht jedoch eine Datenabhängigkeit $S_x \; \delta^*_{(=)} \; S_y$ innerhalb der Schleife, dann muß im parallelisierten Code die Anweisung S_x *vor* der Anweisung S_y ausgeführt werden.

Beispiel zu a):

```
for i:=1 to n do
S₁:  A[i]:= C[i];
S₂:  B[i]:= A[i];
 end;
```

Es besteht nur die Datenabhängigkeit $S_1 \; \delta_{(=)} \; S_2$ (wegen `A[i]`).
Diese findet im *gleichen* Schleifendurchlauf statt, der bei der Parallelisierung von *demselben Prozeß* ausgeführt werden soll. Daher ist eine Synchronisation nicht erforderlich.

Mit dem parallelen Sprachkonstrukt `doacross` wird je ein Schleifendurchlauf auf einen Prozeß (idealerweise auf einem eigenen Prozessor) verteilt. Die parallelisierte Schleife sieht dann folgendermaßen aus:

```
doacross i:=1 to n do
S₁:  A[i]:= C[i];
S₂:  B[i]:= A[i];
 enddoacross;
```

Beispiel zu b):

```
for i:=1 to n do
    for j:=1 to m do
S1:    A[i,j]:= C[i,j];
S2:    B[i,j]:= A[i-1,j-1];
    end;
end;
```

Es besteht die Datenabhängigkeit $S_1 \delta_{(<,<)} S_2$ (wegen A[i,j]).
Diese besteht zwischen zwei Durchläufen der äußeren Schleife (Abhängigkeits-richtung "<"). Wenn in diesem Beispiel *nur die innere Schleife* parallelisiert werden soll, ist keine Synchronisation erforderlich.

Parallelisierte Schleife:

```
for i:=1 to n do
    doacross j:=1 to m do
S1:    A[i,j]:= C[i,j];
S2:    B[i,j]:= A[i-1,j-1];
    enddoacross;
end;
```

Beispiel zu c):

Die äußere Schleife soll parallelisiert werden:

```
for i:=1 to n do
    for j:=1 to n do
S1:    A[i,j]:= B[i,j];
S2:    B[i,j]:= A[i,j-1];
    end;
end;
```

Bestimmen aller Datenabhängigkeiten:

$$S_1 \delta_{(=,<)} S_2 \quad (\text{wegen A})$$

$$S_2 \bar{\delta}_{(=,=)} S_1 \quad (\text{wegen B})$$

$\Rightarrow$ keine Synchronisationsvorschriften

Falls die *äußere* Schleife parallelisiert werden soll, brauchen die beiden Datenabhängigkeiten gemäß obiger Regel (Teil a) nicht synchronisiert zu werden, da die Richtung im ersten Index jeweils "=" ist, also im gleichen Schleifendurchlauf vorhanden ist. Daher kann eine direkte Parallelisierung mittels doacross erfolgen. In diesem Fall wird die äußere Schleife auf einzelne Prozesse verteilt, während die innere Schleife von jedem einzelnen Prozeß sequentiell abgearbeitet wird. Eine Parallelisierung der *inneren* Schleife ist wegen der Datenabhängigkeitsrichtung "<" (zweiter Index der Abhängigkeit wegen A) nicht ohne weiteres möglich. Die Parallelisierung der äußeren Schleife sieht in Pseudo-Notation folgendermaßen aus:

```
doacross i:=1 to n do
    for j:=1 to n do
S1:    A[i,j]:= B[i,j];
S2:    B[i,j]:= A[i,j-1];
    end;
enddoacross;
```

Beispiel zu d) und e):
(nach Wolfe in [Hwang, DeGroot 89])

```
for i:= 1 to n do
S1:  A[i] := B[i] + C[i];
S2:  D[i] := A[i] + E[i-1];
S3:  E[i] := E[i] + 2 * B[i];
S4:  F[i] := E[i] + 1;
end;
```

Die Bestimmung aller Datenabhängigkeiten liefert folgendes Ergebnis:

$$S_1 \; \delta_{(=)} \; S_2 \qquad (\text{wegen A[i]})$$

$$S_3 \; \delta_{(=)} \; S_4 \qquad (\text{wegen E[i]})$$

$$S_3 \; \delta_{(<)} \; S_2 \qquad (\text{wegen E[i]})$$

Die ersten beiden Datenabhängigkeiten haben die Richtung "=" und müssen daher nicht synchronisiert werden. Sie legen jedoch fest, daß im parallelisierten Programmcode Anweisung S_1 vor S_2 und S_3 vor S_4 vorkommen muß. Dies ist aber zunächst noch nicht relevant, da im ersten Ansatz die Anweisungsreihenfolge des sequentiellen Programms beibehalten wird.

Nur die letzte Datenabhängigkeit muß synchronisiert werden, da sie zwischen zwei Schleifendurchläufen, also zwischen zwei Prozessen besteht. Dies wird durch die Datenabhängigkeitsrichtung "<" angezeigt. Es gilt beispielsweise:

$S_3{}^4 \; \delta \; S_2{}^5$ (wegen `E[4]`, für die Schleifenindizes gilt: $4 < 5$)

Im Durchlauf (`i=4`) schreibt S_3 einen Wert in `E[4]` und im Durchlauf (`i=5`) liest S_2 den Wert von `E[4]`. Aus diesem Grund darf in jedem Schleifendurchlauf (Prozeß) S_2 erst dann ausgeführt werden, wenn der vorhergehende Schleifendurchlauf (Prozeß) die Anweisung S_3 abgeschlossen hat. Dies führt zu folgendem parallelen Programm:

Parallelisierung der Schleife mit Synchronisation:

```
var sync: array [1..n] of semaphore[0];

doacross i := 1 to n do
 S1:  A[i] := B[i] + C[i];
      if i>1 then P(sync[i-1]) end;
 S2:  D[i] := A[i] + E[i-1];

 S3:  E[i] := E[i] + 2 * B[i];
      V(sync[i]);
 S4:  F[i] := E[i] + 1;
enddoacross;
```

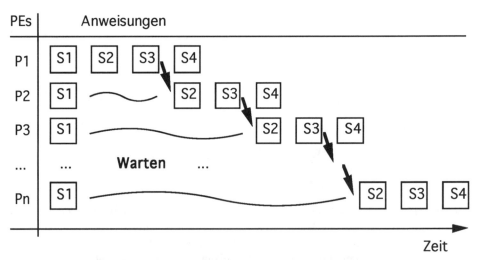

Abbildung 16.2: Parallelisierung ohne Optimierung

Die Prozesse (bzw. Prozessoren, wenn genügend vorhanden sind) werden paarweise durch je ein Semaphor synchronisiert. Dieses ist mit Null initialisiert und muß zunächst vom Vorgängerprozeß mit der V-Operation freigegeben werden (außer beim ersten Prozeß), bevor der Prozeß mit dem nächsten Schleifendurchlauf seine P-Operation durchführen kann. Beispielsweise kann Prozeß Nr. 2 seine Anweisung S_1 parallel zu allen anderen Prozessen ausführen, muß aber anschließend in seiner P-Operation auf die entsprechende V-Operation eines anderen Prozesses auf das Semaphor sync'[1] warten. Diese V-Operation auf sync[1] führt Prozeß Nr. 1 aus, aber erst nachdem er selbst S_1, S_2 und S_3 abgearbeitet hat. Es entsteht also eine größere Zeitverzögerung, die sich überdies über alle Prozesse hinweg fortsetzt. Wie in Abb. 16.2 gezeigt ist, entsteht hierdurch ein großer Effizienzverlust bei der Parallelisierung.

Effizientere Parallelisierung der Schleife:
(nach Regel e)

Eine wesentlich effizientere Parallelisierung ergibt sich durch Umordnung der Anweisungen innerhalb eines Schleifendurchlaufes im Rahmen dessen, was die Datenabhängigkeiten innerhalb eines Schleifendurchlaufes (Abhängigkeitsrichtung "=") zulassen. Es sollte dabei stets versucht werden, die V-Operation *vor* der P-Operation eines Schleifendurchlaufes auszuführen und es sollte weiter versucht werden, den *maximalen Abstand* zwischen der V- und der P-Operation zu erreichen. Die folgende Lösung erreicht den maximalen Abstand, wobei die durch die Datenabhängigkeiten vorgegebenen Randbedingungen der Anweisungsreihenfolge S_1 vor S_2 und S_3 vor S_4 eingehalten werden.

```
var sync: array [1..n] of semaphore[0];

doacross i:=1 to n do
S3:   E[i] := E[i] + 2 * B[i];
      V(sync[i]);
S1:   A[i] := B[i] + C[i];
S4:   F[i] := E[i] + 1;
      if i>1 then P(sync[i-1]) end;
S2:   D[i] := A[i] + E[i-1]
enddoacross;
```

In dieser Lösung wird nach der ersten Anweisung zunächst die V-Operation ausgeführt. Anschließend kann jeder Prozeß unabhängig von anderen Prozessen noch zwei weitere Anweisungen ausführen, bis er vor der letzten Anweisung mit der P-Operation auf seinen Vorgänger-Prozeß warten muß. Da die V-Operation aber in jedem Schleifendurchlauf vor der P-Operation erfolgt, hat der Vorgänger-Prozeß die benötigte V-Operation normalerweise bereits ausgeführt, wenn der Prozeß des nächsten Schleifendurchlaufes seine P-Operation ausführt. Auf diese Weise lassen sich Wartezeiten (bis auf den Aufwand für die Synchronisationsoperationen P und V) völlig eliminieren. Abb. 16.3 zeigt das erheblich verbesserte Laufzeitverhalten der optimierten parallelen Lösung.

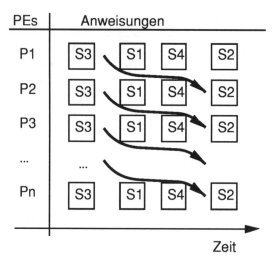

Abbildung 16.3: Optimierte Parallelisierung

16.4 Auflösung komplexer Datenabhängigkeiten

Die bis jetzt vorgestellten Verfahren zur Vektorisierung und Parallelisierung scheitern, wenn nicht auflösbare Abhängigkeiten bestehen. Hier werden nun drei einfache Methoden vorgestellt, die die Vektorisierung bzw. Parallelisierung einer Schleife unterstützen.

Zirkuläre Abhängigkeiten

Ergibt sich bei den Datenabhängigkeiten zwischen den Anweisungen einer Schleife eine zirkuläre Abhängigkeit, z.B.:

S_1 vor S_2, S_2 vor S_3, S_3 vor S_1

dann kann das in Abschnitt 16.2 vorgestellte Verfahren zur **Vektorisierung** einer Schleife nicht angewendet werden, da die Anweisungen nicht entsprechend umgeordnet werden können. Diese Kette der Abhängigkeiten kann bei Anti- und Output-Dependences durch den Einsatz einer Hilfsvariablen gebrochen werden ("node splitting").

Beispiel mit zirkulärer Abhängigkeit:

```
        for i:=1 to n do
S₁:    A[i]:= B[i];
S₂:    B[i]:= A[i+1];
        end;
```

Die Datenabhängigkeiten sind:

$$S_2 \overline{\delta}_{(<)} S_1 \qquad \text{(wegen A)} \qquad \Rightarrow \qquad S_2 \text{ vor } S_1$$

$$S_1 \overline{\delta}_{(=)} S_2 \qquad \text{(wegen B)} \qquad \Rightarrow \qquad S_1 \text{ vor } S_2$$

Es existiert also eine zirkuläre Abhängigkeit. Diese kann hier durch den Einsatz einer Hilfsvariablen gebrochen werden. Dabei wird der Inhalt einer Vektorvariablen (hier B) zuerst zwischengespeichert und kann dann bei aufgehobener Datenabhängigkeit überschrieben werden.

```
     for  i:=1 to n do
S_H:  Hilf[i]:= B[i];
S_1:  A[i]    := Hilf[i];
S_2:  B[i]    := A[i+1];
     end;
```

Die Datenabhängigkeiten ändern sich folgendermaßen:

$$S_H \delta_{(=)} S_1 \qquad \text{(wegen Hilf)} \Rightarrow \qquad S_H \text{ vor } S_1$$

$$S_H \overline{\delta}_{(=)} S_2 \qquad \text{(wegen B)} \qquad \Rightarrow \qquad S_H \text{ vor } S_2$$

$$S_2 \overline{\delta}_{(<)} S_1 \qquad \text{(wegen A)} \qquad \Rightarrow \qquad S_2 \text{ vor } S_1$$

Die Vektorisierung ist nun möglich:

```
S_H:   Hilf(1:N) = B(1:N);
S_2:   B(1:N)    = A(2:N+1);
S_1:   A(1:N)    = Hilf(1:N);
```

Schleifentausch

Bei zwei ineinander geschachtelten Schleifen wird bei der Vektorisierung in der Regel die *innere* Schleife umgewandelt, während bei der Parallelisierung normalerweise die *äußere* Schleife ausgewählt wird. Das Vektorprogramm (SIMD) enthält dann in der ursprünglichen äußeren Schleife eine Anzahl Vektorbefehle, während das MIMD-parallele Programm einen doacross-Aufruf anstelle der äußeren Schleife enthält und die innere Schleife in jedem Prozeß identisch enthalten ist.

Falls nun bei der äußeren Schleife lösbare Datenabhängigkeiten bestehen, dafür aber unauflösbare Abhängigkeiten bei der inneren Schleife, so kann keine Vektorisierung durchgeführt werden (entsprechend dem umgekehrten Fall bei der Parallelisierung). Dieses Problem kann durch einen Schleifentausch (Austausch von äußerer und innerer Schleife) gelöst werden, falls keine Datenabhängigkeit mit Richtung (<,>) besteht, d.h. eine Datenabhängigkeit mit Richtung "<" in der äußeren und Richtung ">" in der inneren Schleife.

Ein Schleifentausch sollte auch dann angewendet werden, wenn dadurch effizienterer Code generiert werden kann. Läuft bei zwei geschachtelten Schleifen die äußere Schleife über 1.000 Indizes, die innere aber nur über 10, so ist bei der Vektorisierung für einen SIMD-Rechner mit 1.000 PEs die Umwandlung der äußeren Schleife mit 1.000 Operationen (volle Auslastung) erheblich effizienter als die Umwandlung der inneren Schleife mit 10 Operationen (in diesem Fall wären 990 PEs inaktiv).

Beispiel zum Schleifentausch:
(nach Wolfe in [Hwang, DeGroot 89])

```
        for i:=1 to n do
          for j:=1 to n do
  S1:     A[i,j]:= A[i,j-1] + A[i,j+1];
          end; (* j *)
        end; (* i *)
```

Die Datenabhängigkeiten sind:

$$S_1 \; \delta_{(=,<)} \; S_1 \; \text{(wegen } A[i,j-1]) \quad \Rightarrow \quad S_1 \; \text{vor } S_1$$

$$S_1 \; \overline{\delta}_{(=,<)} \; S_1 \; \text{(wegen } A[i,j+1]) \quad \Rightarrow \quad S_1 \; \text{vor } S_1$$

Wegen dieser Datenabhängigkeiten kann die innere Schleife nicht vektorisiert werden. Da keine Abhängigkeit der Richtung (<,>) besteht, können die beiden Schleifen miteinander vertauscht werden.

```
        for j:=1 to n do
          for i:=1 to n do
  S1:     A[i,j]:= A[i,j-1] + A[i,j+1];
          end; (* i *)
        end; (* j *)
```

Im geänderten Programm bestehen nun folgende Datenabhängigkeiten:

$S_1 \; \delta_{(<,=)} \; S_1$ (wegen `A[i,j-1]`)

$S_1 \; \overline{\delta}_{(<,=)} \; S_1$ (wegen `A[i,j+1]`)
$\Rightarrow$ keine Einschränkung, da Richtung "<" in umgebender Schleife

Die innere Schleife kann nun ohne Synchronisation vektorisiert werden, da die Abhängigkeit nur über den (nicht zu verändernden) Index der äußeren Schleife besteht. Das vektorisierte Programm sieht in Fortran 90 folgendermaßen aus:

```
do j=1,n
  A(1:n,j) = A(1:n,j-1) + A(1:n,j+1)
end do
```

Falls die Schleifengrenzen der inneren Schleife auf die Laufvariable der äußeren Schleife zugreifen, müssen beim Schleifentausch die Grenzen entsprechend angepaßt werden. Bei nicht-linearen Abhängigkeiten des inneren vom äußeren Schleifenindex kann der Schleifentausch unmöglich sein (siehe [Wolfe 86]).

<u>Beispiel zum Schleifentausch mit abhängigen Grenzen:</u>

```
      for i:=1 to n do
        for j:=1 to i do
S1:       A[i,j]:= A[j,i];
        end; (* j *)
      end; (* i *)
```

Hier ist der Laufbereich der inneren Schleife über j vom Wert des äußeren Index i abhängig. Die Schleifengrenzen müssen beim Schleifentausch entsprechend angepaßt werden:

```
      for j:=1 to n do
        for i:=j to n do
S1:       A[i,j]:= A[j,i];
        end; (* j *)
      end; (* i *)
```

Die neue äußere Schleife (Index j) geht jetzt über den vollen Bereich von 1 bis n, während die neue innere Schleife (Index i) nun nur noch von j bis n läuft. Abb. 16.4 verdeutlicht die Anpassung. Das vektorisierte Programm sieht folgendermaßen aus:

```
do j=1,n
  A(j:n,j) = A(j,j:n);
end do
```

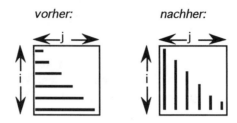

Abbildung 16.4: Anpassung der Schleifenindizes

Komplexe Abhängigkeiten

Es gibt aber immer noch Fälle, in denen die einfachen Methoden der Vektorisierung/ Parallelisierung nicht anwendbar sind. Das folgende Beispiel zur Vektorisierung ist eine Schleife mit doppelt indiziertem Zugriff:

```
     for  i:= 1 to n do
S₁: A[C[i]] := B[i]
     end;
```

Hier entsteht die Datenabhängigkeit $S_1\,\delta^\circ_{(<)}\,S_1$ (wegen `A[C[i]]`), da man ohne Kenntnis des Inhalts von `C[i]` davon ausgehen muß, daß mehrmals in dieselbe Speicherzelle `A[x]` Daten geschrieben werden. Eine Auflösung dieses Konfliktes ist daher nicht möglich.

Ein weiteres Problem, welches allerdings einfacher zu lösen ist, ist die Datenabhängigkeit innerhalb einer Anweisung:

```
     for  i:= 1 to n do
S₁: A[i] := A[i+1]
     end;
```

Hier entsteht die Datenabhängigkeit $S_1\overline{\delta}_{(<)}\,S_1$ (wegen `A`). Bei der Parallelisierung ist eine Synchronisation zwischen den Prozessen über Semaphore erforderlich. Bei der Vektorisierung ist dies jedoch keine Abhängigkeit, da der parallele Code so generiert wird, daß zuerst die rechte Seite ausgewertet wird und danach erst die Zuweisung erfolgt:

```
S₁: A(1:n) = A(2:n+1)
```

Man sollte auch nicht übersehen, daß dieser Ausdruck in Fortran 90 einen impliziten Datenaustausch beinhaltet (unter Umständen eine teure Operation). Da die Vektordaten bei SIMD-Systemen komponentenweise auf PEs abgelegt sind, entspricht die vektorielle Zuweisung mit unterschiedlichen Indexbereichen einem Datenaustausch von Prozessor $i+1$ nach Prozessor i. Alle PEs geben den Datenwert ihrer lokalen Variablen A zum linken Nachbarn weiter.

17. Nicht-prozedurale parallele Programmiersprachen

Neben den prozeduralen, *imperativen* Programmiersprachen gewannen in letzter Zeit die nicht-prozeduralen, *deklarativen* Programmiersprachen an Gewicht. In diesem Kapitel werden einige Vertreter von parallelen funktionalen und parallelen logischen Programmiersprachen vorgestellt. Daß nicht-prozedurale Sprachen an sich keine neue Entwicklung sind, zeigt das Entstehungsdatum von Lisp, welches um 1962 von McCarthy entwickelt wurde und somit eine der ältesten Programmiersprachen überhaupt ist.

Nicht-prozedurale Programmiersprachen befinden sich auf einer höheren Abstraktionsebene als prozedurale Sprachen. Deshalb ist eine Einteilung in sequentielle und parallele Sprachen hier oft gar nicht angebracht. Sprachen wie FP oder APL brauchen keine expliziten parallelen Sprachkonstrukte, um parallele Sachverhalte auszudrücken oder um effizient parallelisiert werden zu können. Hier wird die gesamte Parallelität vor dem Anwender verborgen gehalten; wegen des deklarativen Sprachcharakters können die Parallelitäts-Verwaltungsaufgaben jedoch durch das System transparent gelöst werden. Auch die Datenbanksprache SQL kann als eine solche implizit parallele nicht-prozedurale Programmiersprache angesehen werden.

Die automatische Parallelisierung/Vektorisierung ist bei *funktionalen* Programmen sehr viel einfacher möglich als bei sequentiellen *prozeduralen* Programmen, für die in Kapitel 16 die automatische Parallelisierung/Vektorisierung vorgestellt wurde. Dennoch gibt es auch eine Reihe von *parallelen* funktionalen Sprachen mit expliziten parallelen Sprachkonstrukten. In *Lisp wurden direkt die imperativen Parallelkonstrukte für die Datenparallelität von C* übertragen. Wieder anders verhält es sich bei neueren parallelen funktionalen Programmiersprachen. Bei der "para-funktionalen" Sprache Haskell [Szymanski 91] beispielsweise werden Code-Annotationen zum Scheduling parallel auszuführender Programmteile eingeführt.

Als Vertreter der parallelen logischen Programmiersprachen wird Concurrent Prolog vorgestellt. Die Unterschiede zu den Sprachen Parlog, Strand und GHC sind nur geringfügig. Weitere bekannte nicht-prozedurale Ansätze sind die Datenflußrechner-Sprache ID [Szymanski 91] sowie die nicht auf Prolog basierende logische Sprache Unity ([Chandy, Misra 88] und [Kurfeß 91]). Diese werden hier jedoch nicht im Detail behandelt.

17.1 *Lisp

Entwickler: Thinking Machines Corporation, 1986
"Star-Lisp" wurde als zweite parallele Lisp-Variante von Thinking Machines Co. für
den SIMD-Rechner Connection Machine CM-2 entwickelt [Thinking Machines 86].
*Lisp hat nur wenig Ähnlichkeit mit dem von Hillis entwickelten CMLisp (Connection
Machine Lisp, siehe [Hillis 85] und [Steele, Hillis 86]), der ursprünglichen Sprache für
diese Rechnerfamilie. CMLisp verwendet eine Vielzahl zusätzlicher Konstrukte, Typen
und abstrakter Abbildungen, die an APL erinnern und oftmals schwer verständlich
sind. Eine weitere, weniger erfolgreiche Variante ist Paralation Lisp von Sabot [Sabot
88]. Dort können Gruppen von virtuellen PEs deklariert (*paralations*) und elementweise
parallel ausgeführt werden; der Datenaustausch erfolgt über verschiedenartige Abbildungen (*mappings*). Im folgenden wird auf CMLisp und Paralation Lisp nicht näher
eingegangen. In *Lisp finden sich, im Gegensatz zu diesen beiden Varianten, die gleichen einfachen parallelen Konstrukte wie in C*, nur diesmal in eine Lisp-Umgebung
eingebettet. Die Basissprache von *Lisp ist Common Lisp.

Parallele Sprachkonstrukte:

- Parallele Systemfunktionen haben das Präfix "*".
  Viele Systemfunktionen existieren in einer skalaren und einer vektoriellen Ver-
  sion.
  Beispiel:
    (*defvar a)   Deklaration von parallelen Vektoren

- Parallele Operatoren haben das Suffix "!!".
  Die meisten Operatoren existieren in einer skalaren und einer vektoriellen Ver-
  sion.
  Beispiel:
    (+!! a b)   Addition zweier Vektoren
    (*!! a b)   Multiplikation zweier Vektoren
    (!! 2)   Vektor-Konstante
    (+!! a (!! 2))   Addition Vektor plus Konstante

  Durch die einfache Ausdehnung von bekannten skalaren Systemfunktionen und
  Operatoren auf den vektoriellen Bereich wird eine verständliche und elegante
  parallele Programmierung möglich.

- Gruppendefinitionen, bzw. Selektionen von allgemeinen Prozessorstrukturen
  sind über die Funktion def-vp-set ("define virtual processor set") in Verbindung mit create-geometry möglich. Es werden hierbei *virtuelle Prozessoren*
  unterstützt. Entsprechend dem lokalen Gitter ("NEWS-Grid") der Connection

Machine CM–2 können mit dieser maschinenabhängigen Funktion n-dimensionale PE-Blöcke definiert werden. Dies entspricht der CONFIGURATION-Definition in Parallaxis (siehe Abschnitt 14.4). Die folgende Deklaration vereinbart ein dreidimensionales Gitter mit Namen wuerfel von 50 × 50 × 50 PEs:

```
(def-vp-set wuerfel '(50 50 50))
```

- Die eigene Nummer jedes PEs kann über die folgenden Funktionen erhalten werden:

self!!	liefert ein Adreßobjekt, das alle Dimensionen des deklarierten Gitters umfaßt.
(self-address-grid!! (!! p))	liefert ein Adreßobjekt nur für die p-te Dimension des Gitters.
self-address!!	liefert die "Sende-Adresse" jedes PEs. Diese stimmt i.a. *nicht* mit der Gitteradresse überein (auch nicht bei eindimensionalen Gittern).

- Für den Datenaustausch zwischen PEs gibt es entsprechend der Hardwarestruktur der CM-2 zwei Konstrukte:

a) Für die lokale Datenübertragung über die schnelle Gitterstruktur:

*news	führt lokalen Datenaustausch entlang dem Gitter zwischen Quellausdruck und Zielvariable durch.
news!!	liefert die "lokal verschobenen" (bzw. rotierten) Daten eines Quellausdrucks zurück.
news-border!!	erlaubt den Datenaustausch wie news!!, jedoch können Zugriffe auf Positionen außerhalb des Gitters mit einem als Parameter gegebenen "Randvektor" aufgelöst werden.
*news-direction	wie *news, jedoch nur entlang *einer* Dimensionsrichtung.
news-direction!!	wie news!!, jedoch nur entlang *einer* Dimensionsrichtung.

Beispiel: (news!! source 1 2)
liefert die Daten des Vektors source um eine Position im Gitter nach links und um zwei nach oben verschoben zurück.

b) Für die globale Datenübertragung über den langsameren Router:

*pset	führt globalen Datenaustausch zwischen Quellausdruck und Zielvariable durch.
pref!!	liefert "global ausgetauschte" Daten eines Quellausdrucks zurück.

Beispiel: `(pref!! source address)`
liefert eine Vertauschung (Permutation) der Daten des Vektors `source` entsprechend dem Adreßvektor `address` zurück.

- Reduktion von Vektoren auf Skalare mittels Standardfunktionen:

```
*and      *or      *xor      *logand  *logior  *logxor
*sum      *min     *max      *integer-length
```

Es handelt sich um die bekannten arithmetischen und booleschen Operatoren (die "`log`"-Operatoren führen logische Operationen auf Integer-Daten durch). Die Operation `*integer-length` bestimmt die Mindest-Bitlänge, die erforderlich ist, um jeden Wert des angegebenen Vektors darstellen zu können. Die Reduktion mit benutzer-definierten Reduktions-Operationen ist in *Lisp ebenfalls möglich.

- Anzeige eines booleschen Datenwertes aller physischen PEs auf den LEDs am Front Panel der Connection Machine CM-2 mit der Funktion `*light`.

Die parallelen Sprachkonstrukte von *Lisp sind in einem hohen Maße äquivalent zu denen in C*. Ein besonderer Vorteil von *Lisp ist die Verfügbarkeit eines auf Common-Lisp basierenden Simulators, der eine Ausführung paralleler Programme auf sequentiellen Rechnern ermöglicht. Ein Nachteil von *Lisp ist die kaum zu überblickende Anzahl von parallelen Operationen und deren Zusatzparametern. In diesem Abschnitt wurden nur die wichtigsten Operationen vorgestellt.

Skalarprodukt in *Lisp:

a) Mit der allgemeinen Reduktionsfunktion

```
(*defun s_prod (a b)
     (reduce!! #´+!! (*!! a b )))
```

b) Abgekürzt mit der Summations-Standardfunktion

```
(*defun s_prod (a b)
     (*sum (*!! a b )))
```

Laplace-Operator in *Lisp:

```
(def-vp-set grid '(100 100))
(*defvar pixel)
...
(*with-vp-set grid
  (*set pixel (-!! (*!! pixel (!! 4))
                   (news!! pixel 0  1)
                   (news!! pixel 0 -1)
                   (news!! pixel 1  0)
                   (news!! pixel -1 0) )
))
```

Die Kommunikation wird hier mit den schnelleren, aber maschinenabhängigen Gitter-Kommunikationsroutinen ausgeführt. Die "news!!"-Befehle lesen die Daten eines Vektors mit einer *relativen* Verschiebung (hier -1, 0 oder +1), so daß das Rechnen mit absoluten Adressen nicht erforderlich ist.

17.2 FP

Entwickler: John Backus, 1978
FP wurde als eine rein funktionale Programmiersprache von Backus [Backus 78] entwickelt und besitzt eine Reihe von Ähnlichkeiten zur Sprache APL [Iverson 62]. Definiert wurden die grundlegenden Bestandteile eines allgemeinen "FP-Systems":

a. Ein Objektdatenbereich
   (z.B. Integer-Zahlen, Real-Zahlen, Character, Strings usw.)
   Jedes Objekt ist entweder ein Atom (elementares Objekt) oder ein Liste von Objekten (eingeschlossen in spitze Klammern, mit Kommata getrennt).

b. Eine Menge primitiver Funktionen
   (z.B. arithmetische Operatoren +, -, *, / usw.)
   Die Anwendung einer Funktion wird mit einem Doppelpunkt ":" zwischen Funktion und Argument angezeigt.

c. Eine Menge von Programmaufbau-Operationen
   "program forming operations" PFOs
   (z.B. elementweise Anwendung einer Funktion auf eine Liste, Hintereinanderausführung, Reduktion usw.)

Erst durch Einsetzen konkreter Werte für die Punkte a, b und c, wie im folgenden in Anlehnung an [Eisenbach 87] durchgeführt, entsteht eine FP-Sprache:

a) Die Datenbereiche für Objekte umfassen:

Ganze Zahlen (Integer), rationale Zahlen (Real), Zeichen (Character) und Zeichenketten (String), sowie das Symbol $\perp$ für "undefiniert" (z.B. bei fehlerhafter Operation wie Division durch 0). Die Atome T und F werden als die booleschen Werte "true" und "false" interpretiert.

Beispiele für Atome: 10, -5.25, c, T, hallo, $\perp$

Beispiele für Listen: <1, 2, 3>, <<1,2>, <a,b>, <c,1>>, <>
(einfache Liste, geschachtelte Liste, leere Liste)

b) Als primitive Funktionen sind vorhanden:

i} Arithmetische Operationen: $+$, $-$, $*$, $/$ (nur für Zahlen definiert)
Beispiele: $+:<1,2> = 3$
$*:<2,\texttt{hallo}> = \perp$

ii) Vergleichsoperationen: eq, ne, gt, ge, lt, le (nur für Zahlen def.)
(equal, not equal, greater than, greater or equal, less than, less or equal)
Beispiele: $\texttt{eq}:<1,1> = T$
$\texttt{gt}:<1,2> = F$

iii) Boolesche Operationen: and, or , not
Beispiele: $\texttt{and}:<T,F> = F$
$\texttt{not}:F \quad = T$

iv) Prüfen. ob eine Liste leer ist: null
Definition: $\texttt{null}:x = \begin{cases} T & \text{falls } x = <> \\ F & \text{falls } x = <x_1,...,x_n> \text{ mit } n \geq 1 \\ \perp & \text{sonst} \end{cases}$

Beispiel: $\texttt{null}:<2,3> = F$

v) Anhängen an eine Liste: al, ar (append left, append right)
Definition: $\texttt{al}:<y,<>> = <y>$
$\texttt{al}:<y, <z_1,...,z_m>> = <y,z_1,...,z_m>$

$\texttt{ar}:<<>,y> = <y>$
$\texttt{ar}:<<z_1,...,z_m>, y> = <z_1,...,z_m,y>$

Beispiel: $\texttt{al}:<5,<7,4,7>> = <5,7,4,7>$

vi) Selektion von Elementen einer Liste: $1,2,3,...,$ $1r,2r,3r,...$
(Selektieren des i-ten Elementes von links bzw. von rechts)
Beispiele: $1 :<10,11,12> = 10$
$1r:<10,11,12> = 12$
$4 :<10,11,12> = \perp$

vii) Identität: id
Definition: $\texttt{id}:x = x$

Beispiel: $\texttt{id}:<2,3> = <2,3>$

viii) Transponieren einer Matrix: trans
Definition:
$\texttt{trans}:<<>,...,<>> = <>$
$\texttt{trans}:<<x_{11},...,x_{1n}>, <x_{21},...,x_{2n}>, ..., <x_{m1},...,x_{mn}>> =$
$<<x_{11},...,x_{m1}>, <x_{12},...,x_{m2}>, ..., <x_{1n},...,x_{mn}>>$
Beispiel: $\texttt{trans}:<<a,b>,<c,d>,<e,f>> = <<a,c,e>,<b,d,f>>$

ix) Verteilen eines Objektes auf einen Vektor: `distl`, `distr`
     (distribute left, distribute right)
     Definition: $distl:<x,<>> = <>$
                  $distl:<x, <z_1,...,z_m>> = <<x,z_1>,...,<x,z_m>>$

                  $distr:<<>,x> = <>$
                  $distr:<<z_1,...,z_m>,x> = <<z_1,x>,...,<z_m,x>>$

     Beispiel: $distl:<1,<1,2,3>> = <<1,1>,<1,2>,<1,3>>$

x)   Erzeugen eines Zahlenvektors: `iota`
     Beispiele: $iota:0 = <>$
                 $iota:5 = <1,2,3,4,5>$

c) Als Programmaufbau-Operationen (PFOs) sind vorhanden:

i)   Hintereinanderausführung (Sequenz), Komposition:
     $(f°g):x = f:(g:x)$

     Beispiel: $(not°and):<F,T>$
                 $= not:(and:<F,T>)$
                 $= not:F = T$

ii) Bedingung, Selektion:

     $$(p \to f; g):x = \begin{cases} f:x & \text{falls } p:x = T \\ g:x & \text{falls } p:x = F \\ \perp & \text{sonst} \end{cases}$$

     Beispiel: $(eq \to +; -):<5,3> = -:<5,3> = 2$

iii) Asynchrone Parallelausführung, Konstruktion:
     $[f_1, f_2,..., f_m]:x = <f_1:x, f_2:x,..., f_m:x>$

     Beispiel: $[+,*]:<1,2> = <+:<1,2>, *:<1,2>> = <3,2>$

iv) Synchrone Parallelausführung (apply to all):
     $\alpha f:<x_1,...,x_m> = <f:x_1,...,f:x_m>$

     Beispiel: $\alpha+:<<1,2>,<3,4>,<5,6>>$
                 $= <+:<1,2>, +:<3,4>, +:<5,6>> = <3,7,11>$

v)   Reduktion (Insert Left und Insert Right):

     $$/f:x = \begin{cases} z & \text{falls } x = <z> \\ f:<z_1,/f:<z_2,...,z_m>> & \text{falls } x = <z_1,...,z_m> \; m \geq 2 \\ \perp & \text{sonst} \end{cases}$$

     $$\backslash f:x = \begin{cases} z & \text{falls } x = <z> \\ f:<\backslash f:<z_1,...,z_{m-1}>,z_m> & \text{falls } x = <z_1,...,z_m> \; m \geq 2 \\ \perp & \text{sonst} \end{cases}$$

Beispiel: `/or:<F,T,F> = or:<F,/or:<T,F>>`
`                  = or:<F,or:<T,/or:<F>>> = or:<F,or:<T,F>>`
`                  = or:<F,T> = T`

vi) Konstantenoperator (z.B. **1,2,3**,...):

$$\mathbb{f}:x = \begin{cases} \perp & \text{falls } x=\perp \\ k & \text{sonst} \quad (\text{k sei die von } \mathbb{f} \text{ bezeichnete Konstante}) \end{cases}$$

(das Argument x wird nicht verwendet)

Beispiel: **5**`:<1,2,3> = 5`

Die Programmoperationen iii) und iv) entsprechen genau den Modellen für asynchrone (MIMD-) und synchrone (SIMD-) Parallelität. Es ist daher mit einem Compiler recht einfach möglich, FP-Programme in parallele Programme des jeweiligen Rechnertyps zu übersetzen. Dabei können unterschiedliche Techniken wie "eager evaluation", d.h. die sofortige Auswertung von Teilausdrücken wann immer möglich (data driven), oder "lazy evaluation", d.h. die Zurückstellung der Auswertung von Teilausdrücken, bis diese tatsächlich benötigt werden (demand driven), angewendet werden. Anstelle der hier gezeigten Reduktion von links bzw. rechts könnte man auch eine synchron parallele Version erstellen, die die Reduktion eines Listenobjektes (Vektors) auf ein Atom (Skalar) in nur $\log_2 n$ Schritten bei n Elementen durchführt. Mit den nun zur Verfügung stehenden Operationen und Funktionen ist es möglich, Anwender-Programme in FP mittels neu definierter Funktionen zu schreiben. Hierfür existiert das Definitions-Konstrukt **def**. Als Beispiel folgt wie bei den vorangegangenen Sprachen die Definition des Skalarproduktes (nach [Eisenbach 87]).

Skalarprodukt in FP:

```
def  s_prod = (/+)°(α*)°trans
```

```
s_prod:<<1,2,3>,<4,5,6>>
```

=	`(/+)°(α*)°trans:<<1,2,3>,<4,5,6>>`	Definition s_prod
=	`/+:(α*:(trans:<<1,2,3>,<4,5,6>>))`	Auflösung Sequenz
=	`/+:(α*:<<1,4>,<2,5>,<3,6>>)`	Auflösung Transp.
=	`/+:<*:<1,4>,*:<2,5>,*:<3,6>>`	Synchron parallel
=	`/+:<4,10,18>`	Parallelausführung "*"
=	`+:<4,/+:<10,18>>`	Reduktion 1. Schritt
=	`+:<4,+:<10,/+:<18>>>`	Reduktion 2. Schritt
=	`+:<4,+:<10,18>>`	Reduktion 3. einzel. El.
=	`+:<4,28>`	Reduktion 4. "+"
=	`32`	Reduktion 5. "+"

Die Funktion `s_prod` wird schrittweise expandiert und auf das aus zwei Vektoren (Listen) bestehende Argument angewendet. Der Reihe nach (in der Definition von rechts nach links) werden folgende Operationen durchgeführt:

(1)   Transposition der beiden Vektoren, d.h. Paarbildung mit je einem Element aus dem 1. und dem entsprechenden Element aus dem 2. Vektor
(2)   Synchron parallele Multiplikation aller Elementepaare
(3)   Aufaddieren aller so erhaltener Paare (Reduktion)

17.3 Concurrent Prolog

Entwickler: Ehud Shapiro, 1983
Concurrent Prolog wurde als Erweiterung der logischen Programmiersprache Prolog für die parallele Programmierung entwickelt [Shapiro 87]. Es folgten die Varianten Parlog, Strand, GHC (Guarded Horn Clauses), Flat Concurrent Prolog und weitere (siehe ebenfalls [Shapiro 87]). Weil sich diese parallelen Erweiterungen von Prolog meist nur geringfügig unterscheiden, beschränkt sich die folgende Darstellung auf Concurrent Prolog.

Da die logische Programmierung auf einer höheren, deklarativen Ebene erfolgt als die prozedurale, imperative Programmierung, liegt es nahe, die parallele Ausführung einer logischen Regelbasis implizit durchzuführen. D.h. man kommt ohne explizite parallele Sprachkonstrukte aus und benötigt nur einfache (implizite) Synchronisationsmechanismen. Die möglichen Ansatzpunkte für eine parallele Abarbeitung ergeben sich aus dem Modell von sequentiellem Prolog in Abb. 17.1 .

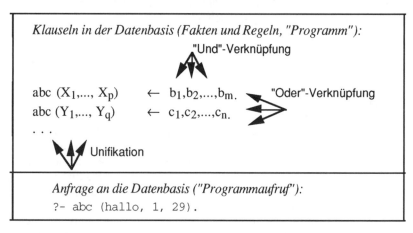

Abbildung 17.1: Ansatzpunkte für Parallelität in Prolog

Entsprechend den drei Grundoperationen: Unifikation, Oder-Verknüpfung sowie Und-Verknüpfung, ergeben sich drei mögliche Ansatzpunkte für eine parallele Verarbeitung:

- Unifikations-Parallelität:
Ein paralleles Matchen der Klausel-Parameter kann den Unifikations-Zeitbedarf erheblich verkürzen. Es können dabei sowohl die (top-level) Parameter parallel bearbeitet, als auch komplexe Parameter mit mehreren Prozessoren (rekursiv) parallel verarbeitet werden.

- ODER-Parallelität:
Sind mehrere Regeln oder Fakten für eine Klausel vorhanden, so können alle Varianten parallel durchsucht werden. Dies steht jedoch im Konflikt mit der Semantik von sequentiellem Prolog, da dort die *erste* matchende Regel verwendet wird; die Reihenfolge der Regeln und Fakten in der Datenbasis ist bei sequentiellem Prolog also von Bedeutung.
Falls, wie in der Semantik von sequentiellem Prolog, nur *eine* und nicht *alle möglichen* Ableitungen (Lösungen) einer Anfrage an die Datenbasis gesucht werden, ist bei einer parallelen Abarbeitung der ODER-Varianten in sehr vielen Fällen ein unnötiger Mehraufwand an Rechenleistung erforderlich. Dies ist abhängig vom jeweiligen Programm und der zu definierenden Semantik einer parallelen Prolog-Variante.

- UND-Parallelität:
Die in einer Regel (oder Anfrage) vorkommenden Klauseln sind mit UND verknüpft und können parallel ausgewertet werden, falls sie unabhängig voneinander sind, d.h. wenn sie keine gemeinsamen freien Variablen enthalten. Häufiger ist jedoch der Fall, daß die Teilgoals (Klauseln) voneinander abhängig sind. Dann können die einzelnen Klauseln nur stückweise parallel ausgeführt werden und müssen sich beim Auftreten von freien Variablen synchronisieren, d.h. so lange warten, bis eine andere parallele Klausel die freie Variable mit einem Wert belegt hat.

Wie diese drei Ansatzpunkte verdeutlichen, ist die Definition einer parallelen logischen Programmiersprache nicht ganz so problemlos möglich, wie man aufgrund der Abstraktionsebene vermuten könnte. Diese Ansatzpunkte der parallelen logischen Verarbeitung stützen sich *ausschließlich* auf das MIMD-Modell, da dabei asynchrone Teilaufgaben mit unterschiedlichen Kontrollflüssen entstehen. Die hier dargestellten Probleme bei der parallelen Abarbeitung in Concurrent Prolog lassen darüber hinaus keine definitiven Aussagen über die Effizienz von parallelen Anwendungsprogrammen zu.

Bei der Sprachdefinition von Concurrent Prolog gibt es eine Reihe von syntaktischen und semantischen Unterschieden zu sequentiellem Prolog. Die Klauseln einer Regel werden in zwei Gruppen geteilt, in *Guard* und *Body*, welche durch den *Commit*-Operator "|" getrennt werden. Die Anwendung der ODER-Parallelität ist auf die Guards begrenzt. Der erste erfolgreich abgearbeitete Guard führt die Commit-Operation durch und stoppt damit alle anderen ODER-parallelen Prozesse. Der Body einer Regel wird dann UND-parallel abgearbeitet, soweit dies die Synchronisation abhängiger Klauseln zuläßt. Explizite Sprachkonstrukte für eine Unifikations-Parallelität sind nicht vorgesehen, jedoch für eine mögliche Parallelisierung auch nicht erforderlich.

$$A \quad \leftarrow \quad G_1 \dots G_m \quad | \quad B_1 \dots B_n \, . \quad (m,n \geq 0)$$
$$\textit{goal} \quad \textit{guards} \quad \textit{commit} \quad \textit{body}$$

- Alle Varianten werden parallel bearbeitet, bis bei der ersten Variante alle Guards erfüllt sind. Nur diese wird dann weiterverfolgt ("commit"); alle anderen werden verworfen.
  $\rightarrow$ ODER-Parallelität,
  eingeschränkt auf Guard-Klauseln, wobei die Rechenleistung der nicht zum Zuge kommenden ODER-Prozesse nicht genutzt wird.

- Alle UND-verknüpften Klauseln werden parallel ausgeführt; auch die voneinander abhängigen, die synchronisiert werden müssen (siehe nächster Punkt).
  $\rightarrow$ UND-Parallelität,
  eingeschränkt auf Body-Klauseln. Die Abarbeitung erfolgt asynchron parallel.

- Die Synchronisation der UND-parallel ausgeführten Body-Klauseln erfolgt über sogenannte "read-only"-Variablen, die mit einem Fragezeichen gekennzeichnet werden, z.B.: `x?`

  Ein Prozeß, der auf eine nicht instantiierte (in Prolog: `var(X)`) "read-only"-Variable lesend zugreift, wird so lange blockiert, bis diese Synchronisationsvariable von einem anderen Klausel-Prozeß einen Wert zugewiesen erhält.

Es ist beliebt, Interpreter für (parallele) Prolog-Erweiterungen zur Simulation und zu Testzwecken in sequentiellem Prolog selbst zu schreiben, wie die folgende Definition von Shapiros einfachem "Drei-Zeilen-Metainterpreter" zeigt (der Aufruf lautet z.B.: `?- solve( my_task(X) ) .`). Die Implementierung auf einem realen Parallelrechner muß allerdings auf einer tieferen Ebene vorgenommen werden.

```
1)  solve(true)          :- !.
2)  solve((Goal,Rest))   :- solve(Goal), solve(Rest).
3)  solve(Head)          :- clause(Head, Body), solve(Body).
```

(1) Das Goal `true` ist sofort erfüllt.
(2) Sind mehrere Goals mit UND verknüpft (Kommata in Prolog), dann müssen diese nacheinander abgearbeitet werden (Tailrekursion über Variable `Rest`).

(3) Zur Lösung eines Goals werden nacheinander verschiedene zu diesem "Kopf" passende Klauseln (Regeln oder Fakten) in der Datenbasis mittels Backtracking gesucht. Auf den "Körper" jeder passenden Regel wird rekursiv der Metainterpreter `solve` angewendet.

Dieser Metainterpreter kann nun schrittweise erweitert und an die neue Syntax und Semantik der betreffenden Prolog-Variante angepaßt werden. Als Auszug aus dem Metainterpreter für Concurrent Prolog [Shapiro 83] folgt hier die erweiterte Unifikationsregel mit "read-only" Variablen.

```
1) unify (X , Y )    :- ( var(X); var(Y) ), !, X=Y.
2) unify (X?, Y )    :- !, nonvar(X), unify(X,Y).
3) unify (X , Y?)    :- !, nonvar(Y), unify(X,Y).

4) unify ([X|Xs], [Y|Ys]) :- !, unify(X,Y), unify(Xs,Ys).
5) unify ([]     , []   ) :- !.

6) unify (X , Y )    :- X=..[F|Xs], Y=..[F|Ys], unify(Xs,Ys).
```

(1)   prüft, ob eine der beiden Variablen uninstantiiert ist und führt, falls dies der Fall ist, nach dem "cut"-Operator, der ein Backtracking verhindert, mit "X=Y" die "normale" Unifikation des Prolog-Systems aus.

(2+3)   behandeln symmetrisch den "read-only"-Suffix "?". Wenn die betreffende Variable bereits mit einem Wert belegt wurde (`nonvar(X)`), dann wird die Unifikation rekursiv ohne das Fragezeichen aufgerufen, ansonsten scheitert die Unifikation ("cut"-Operator). Dies führt in Verbindung mit hier nicht dargestellten Metaprädikaten zu einer vorübergehenden Blockierung des Aufrufers.

(4+5)   behandeln die Unifikation von Listen, wobei eine Unifikation der beiden Heads und der beiden Tails wie bei regulärem Prolog durchgeführt wird.

(6)   deckt die Möglichkeit von strukturierten Parametern ab, indem diese in Funktor und Parameter gespalten werden. Der Funktor muß identisch sein, während auf die Parameter ein rekursiver Aufruf der Unifikationsroutine angewendet wird.

Im Anschluß folgen zwei Beispielprogramme in Concurrent Prolog. Auf die Berechnung des Laplace-Operators wird hier allerdings verzichtet, da es sich um eine SIMD-typische Problemstellung handelt, während Concurrent Prolog eher für MIMD-Probleme geeignet ist.

Addieren von Baumelementen in Concurrent Prolog:

Definition einer Baumstruktur: `baum`(element, teilbaum_links, teilbaum_rechts)
Leere Teilbäume werden mit `leer` bezeichnet.

Beispiel eines Baums (siehe Abb. 17.2):

```
baum( 7,
        baum(3, baum(5, leer, leer), baum(2, leer, leer)),
        baum(9, leer, baum(6, leer, leer)) )
```

Abbildung 17.2: Baumdarstellung in Prolog mit Beispiel

```
add(leer,0).
add(baum(E,L,R), Summe) :- add(L?, SL),
                           add(R?, SR),
                           Summe := E? + SL? + SR? .
```

Programmaufruf :
```
?- add(baum(3, baum(5, leer, leer), baum(2, leer, leer)), S).
    ⇒ S = 10
```

Die Auswertung des linken und rechten Teilbaums sowie die Addition der Teilergebnisse und des Knotenelements werden als drei parallele Prozesse gestartet und mit "read-only"-Annotationen ("?") an gemeinsamen Variablen synchronisiert. Die Teilbäume L und R in den rekursiven Aufrufen haben ein "?", um eine Endlosschleife beim nicht instantiierten Aufruf (add(X,Y)) zu verhindern. Bei der Summenbildung müssen alle Summanden bereits mit einem Wert vorbelegt sein, d.h. dieser Prozeß muß warten, bis die beiden Prozesse zur Addition der Teilbäume beendet sind.

Skalarprodukt in Concurrent Prolog:

```
s_prod([],[],0) :- |.
s_prod([H1|T1],[H2|T2],X) :- |
        X := H1 * H2 + Rest?,
        s_prod(T1?, T2?, Rest).
```

Programmaufruf:
```
?- s_prod([1 2 3], [4 5 6], SP).
    ⇒ SP = 32
```

Der Commit-Operator verhindert hier das Suchen nach alternativen Klauseln (Begrenzen der ODER-Parallelität), was in diesem Fall jedoch unnötig ist, da nicht mehrere Klauseln mit gleichem Kopf vorhanden sind. Die beiden Klauseln der Regel (Zuweisung und rekursiver Aufruf) werden parallel ausgeführt, jedoch muß die Zuweisung mit der Synchronisations-Variablen "Rest?" darauf warten, daß diese Variable einen Wert vom rekursiven Aufruf der Prozedur s_prod erhält. Wegen der rekursiven Aktivierung und Rückgabe der Ergebniswerte ist für dieses Programmbeispiel in Concurrent Prolog kein großer Parallelitätsgewinn zu erwarten.

17.4 SQL

Entwickler: Chamberlin und Boyce (IBM), 1974
Etwas außergewöhnlich wirkt vielleicht die Einordnung der relationalen Datenbanksprache SQL ("structured query language", früher: SEQUEL [Chamberlin, Boyce 74]) zu den parallelen Programmiersprachen. SQL ist jedoch eine Sprache mit *impliziter* Parallelität, die mit einem entsprechenden Compiler auf einem verteilten Datenbanksystem ausgenutzt werden kann, ohne daß hierfür spezielle parallele Sprachkonstrukte erforderlich wären. Darüber hinaus sollen meist mehrere Transaktionen von SQL-Programmen unterschiedlicher Benutzer parallel oder zeitlich verzahnt auf einer Datenbank abgearbeitet werden. Der Compiler muß daher mit entsprechenden Semaphor-Verriegelungen ("locks") die Datenintegrität aller Transaktionen sicherstellen. SQL-Anweisungen können entweder direkt (interaktiv) auf eine Datenbank angewendet werden, oder aber in eine Standardprogrammiersprache eingebettet ("host programming language", z.B. Cobol oder PL/I) als "embedded SQL" erfolgen (siehe [Date 86]).

Eine relationale Datenbank wird durch eine Menge von Tabellen repräsentiert, wobei jede Tabelle entweder *Entities* (Dinge, Objekte) oder *Relationships* (Beziehungen zwischen Entities) enthält. Zum Zugriff auf einzelne Sätze einer Tabelle existieren Zugriffsschlüssel, wobei zwischen dem eindeutigen *Primärschlüssel* und eventuellen weiteren *Sekundärschlüsseln* unterschieden wird.

Das Eingehen auf sämtliche Sprachelemente von SQL würde den gegebenen Rahmen sprengen. Deshalb werden die Möglichkeiten von SQL hier nur knapp angedeutet. Neben dem Erzeugen von Tabellen und Indizes gibt es in SQL vier Grundoperationen:

SELECT	Auswahl eines Satzes bzw. Satzfeldes aus einer Tabelle
UPDATE	Ändern eines Satzes bzw. Satzfeldes in einer Tabelle
DELETE	Löschen eines Satzes aus einer Tabelle
INSERT	Einfügen eines Satzes in eine Tabelle

Eine typische SQL-Anfrage in einer Angestellten-Datenbank könnte nun folgendermaßen aussehen:

```
SELECT  NAME
FROM    ANGESTELLTE
WHERE   GEHALT > 10000
```

Die Suche in der Datenbank kann nun implizit parallel ablaufen. Als Ergebnis erhält man die Namen aller Personen aus der Angestellten-Tabelle, deren Gehaltsfeld eine Zahl größer als 10.000 enthält. Die Ausgabeliste kann mit den Befehlen GROUP und ORDER noch entsprechend angeordnet bzw. sortiert werden.

Eine Änderung eines Tabelleneintrages, z.B. aufgrund einer Gehaltserhöhung, kann wie folgt vorgenommen werden:

```
UPDATE ANGESTELLTE
SET     GEHALT = GEHALT + 100
WHERE   GEHALT < 2000
```

Hier würden alle "niedrigen Einkommensgruppen" (Gehalt unter 2.000) eine Gehaltsaufbesserung erhalten. Die Änderungsoperationen auf möglicherweise sehr vielen Datenelementen erfolgen *implizit parallel*.

Folgende SQL-Standardfunktionen können in Verbindung mit den Grundoperationen benutzt werden:

COUNT	Anzahl der Elemente
SUM	Summe aller Elemente
AVG	Durchschnitt aller Elemente
MAX	Maximum aller Elemente
MIN	Minimum aller Elemente

Die vielleicht mächtigsten Operationen in SQL sind sogenannte *Join Queries*, d.h. Anfragen, bei denen verschiedene Tabellen miteinander verknüpft werden müssen, um die gesuchten Informationen zu erhalten. Diese Anfragen können zwar je nach Größe der beteiligten Tabellen, der Art des Zugriffs sowie dem (Nicht-) Vorhandensein von Indizes recht aufwendig werden, jedoch kann besonders hier die Parallelverarbeitung lohnenswert eingesetzt werden. Das folgende Beispiel zeigt einen Join über die Angestelltentabelle einer Firma und die Mitgliedertabelle eines Sportclubs. Ausgewählt werden alle Personen, die sowohl Firmenangestellte als auch Clubmitglieder sind (unter der Annahme, daß der Name ein eindeutiges Identifikationsmerkmal, also ein Primärschlüssel, ist):

```
SELECT ANGESTELLTE.NAME
FROM    ANGESTELLTE, MITGLIEDER
WHERE   ANGESTELLTE.NAME = MITGLIEDER.NAME;
```

SQL ist zur Zeit eine der am weitest verbreiteten Datenbanksprachen, und gerade auf dem Datenbanksektor wird in Zukunft vermehrt der Einsatz von Parallelrechnern erwartet. Die Verwendung von SQL in einem parallelen oder verteilten Datenbanksystem bedeutet für den Anwendungsprogrammierer eine Erhöhung der Rechenleistung, ohne daß er sich um die Details der parallelen Implementierung kümmern muß.

18. Neuronale Netze

Das Gebiet der neuronalen Netze ist ein recht großes, eigenständiges Gebiet innerhalb der parallelen Programmierung, so daß es hier nur überblickartig behandelt werden kann. Eine "Programmierung" mit neuronalen Netzen mit vorgegebenen Parametern (siehe unten: Aktivierungsfunktionen, Lernverfahren usw.) zeigt je nach Problemklasse die Einfachheit bzw. die Einschränkungen dieser Methode, ähnlich etwa der logischen Programmierung mit fester Suchstrategie (z.B. das Backtracking-Verfahren in Prolog). Die Grundlagen für künstliche neuronale Netze wurden bereits 1943 von McCulloch und Pitts geschaffen, die das natürliche Neuron als ein abstraktes logisches Schwellwert-Gatter beschrieben [McCulloch, Pitts 43]. In jüngster Zeit sind vor allem die Arbeiten der *Parallel Distributed Processing* - Forschungsgruppe um Rumelhart und McClelland erwähnenswert [Rumelhart, McClelland 86]. Einführungen in den Themenbereich finden sich in [Hecht-Nielsen 90] und [Arbib 87].

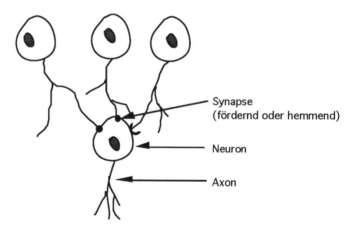

Abbildung 18.1: Natürliches neuronales Netz

Beim Modell der künstlichen neuronalen Netze wird ein vereinfachtes Modell der biologischen Informationsverarbeitung (siehe Abb. 18.1) zugrunde gelegt. Dabei werden "Neuronen" zu informationsverarbeitenden Einheiten abstrahiert, die aus einem einfachen Rechenwerk mit lokalem Speicher bestehen. Das künstliche neuronale Netz besteht dann aus einer Vielzahl von sehr einfachen, aber stets aktiven Elementen (den Neuronen), die parallel identische Verarbeitungsroutinen durchführen. Obwohl die Verarbeitung innerhalb eines neuronalen Netzes asynchron abläuft, läßt sich ein solches Netz am ehesten dem SIMD-Modell zuordnen. Da alle Neuronen die gleichen Operationen auf ihren lokalen Daten ausführen und die Asynchronität keine Bedingung ist, eignen sich SIMD-Rechner sehr gut zur Simulation neuronaler Netze. Im weiteren Text werden unter "neuronalen Netzen" immer *künstliche neuronale Netze* verstanden.

18.1 Eigenschaften Neuronaler Netze

Die folgenden Punkte charakterisieren den Aufbau eines neuronalen Netzes:

- Eine Vielzahl von Neuronen mit Eingangs- und Ausgangsleitungen

- Eine feste, problemspezifische Verbindungsstruktur (Verschaltung) von Neuronen, meist hierarchisch angeordnet, aber nicht notwendigerweise regelmäßig.

- Verbindungen sind gewichtet und können entweder fördernd (*excitatory* / mit positivem Gewicht) oder hemmend (*inhibitory* / mit negativem Gewicht) sein.

- Jedes Neuron liest ständig (in einem synchronen oder asynchronen Zyklus) seine Eingangswerte, summiert sie entsprechend den Werten der Verbindungsleitungen gewichtet auf und wendet seine Aktivierungsfunktion an (Aktivierung des Neurons). Im einfachsten Fall ist die Aktivierungsfunktion die Identität.

- Auf die Aktivierung des Neurons wird eine Ausgangsfunktion (*output function*) angewendet. Dies ist im einfachsten Fall ein Vergleich der Aktivierung mit einem lokalen Schwellwert (*threshold*, siehe Abb. 18.2, links). Bei diesen binären Neuronzuständen spricht man auch vom "Feuern" eines Neurons.

- Die Ausgabe eines Neurons wird über gewichtete Verbindungen an andere Neuronen zur Eingabe weitergeleitet.

- Neuronen werden oft in Schichten (layers) angeordnet, wobei nur Verbindungen zwischen benachbarten Schichten (Ebenen) auftreten.

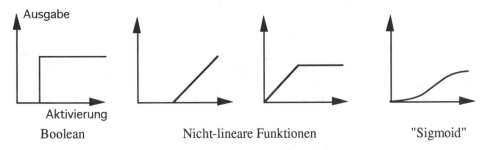

Boolean   Nicht-lineare Funktionen   "Sigmoid"

Abbildung 18.2: Ausgangsfunktionen

Die Ausgangsfunktion eines Neurons verläuft in Abhängigkeit von der Aktivierung eines Neurons, welche im einfachsten Fall der gewichteten Summe aller Eingangswerte entspricht. Eine Reihe von möglichen Verläufen der Ausgangsfunktion ist in Abb. 18.2 dargestellt. Je nach Ausgangsfunktion hat das neuronale Netz unterschiedliche Konvergenzeigenschaften, die bei den verschiedenen Lernverfahren ausgenutzt werden.

Vorteile und Nachteile von neuronalen Netzen:

+ Lernfähigkeit
   Neuronale Netze können charakteristische Eigenschaften von Trainingsmustern erlernen.

+ Generalisierung
   Die aus Trainingsmustern und Ergebnissen gewonnenen Informationen können auf unbekannte Eingabedaten generalisiert werden.

+ Fehlertoleranz
   Bei Ausfall oder fehlerhaften Daten eines Neurons wird nicht das gesamte Netz unbrauchbar, sondern das Ergebnis verschlechtert sich nur graduell (graceful degradation).

+ Unempfindlich gegen Rauschen
   Wenn die wesentlichen Charakteristika eines Eingabemusters durch Rauschen oder sonstige Störungen nicht zu sehr verfälscht wurden, kann die Eingabe immer noch richtig klassifiziert werden.

o Lernverfahren garantieren keine Erfolgsquote von 100%
   Auch bei noch so intensiver Lernphase ist in realistischen Anwendungsfällen die Erkennungsrate eines neuronalen Netzes immer kleiner als 100%. Es bleibt somit ein gewisser Unsicherheitsfaktor, der jedoch möglicherweise unter die für die jeweilige Anwendung erforderliche Schranke gedrückt werden kann.

— Analyse von erlernten Klassifikationskriterien unmöglich
   Eine Verifizierung der erlernten Information eines neuronalen Netzes, d.h. die Analyse, welche Charakteristika zur Klassifizierung verwendet werden, ist nicht möglich, da in den Verbindungswerten gespeicherte Information nicht mehr semantisch gedeutet werden kann (ein erster Ansatz in diese Richtung ist die "Inversionsmethode").

— Lernen nur durch Trainieren möglich
   Hierfür müssen jedoch "geeignete" Trainingsdaten aufbereitet werden; eine andere, direkte Informationseingabe (z.B. prozedurales Wissen) ist nicht möglich.

— Lernverfahren sind sehr zeitaufwendig

Bei den meisten Lernverfahren sind eine Vielzahl von Lernzyklen nötig, um ein Netz für die Erkennung der gewünschten Eingabedaten zu adaptieren.

— Nur für speziellen Aufgabenbereich einsetzbar
  Während die gesamte parallele Programmierung, insbesondere die synchrone parallele Programmierung, nur für bestimmte Problemklassen sinnvoll ist, wird dieser Bereich beim Einsatz neuronaler Netze weiter eingeschränkt. Die meisten neuronalen Netze werden für Klassifizierungsaufgaben eingesetzt.

— Kein universales neuronales Netz
  Ein Grundgedanke der neuronalen Netze war das Überwinden der expliziten parallelen Programmierung; dies wurde aber nicht erreicht. Es gibt kein "universales" neuronales Netz zur Lösung allgemeiner Probleme, sondern für jedes Problem muß ein Netz maßgeschneidert werden. Der anwendungsspezifische (und meist sehr komplexe) Entwurf eines neuronalen Netzes, die Wahl der Ebenenstruktur und der Verbindungsleitungen zwischen den Neuronen, die Wahl der Anfangsgewichte, der Ausgangsfunktionen und zugehörigen Schwellwerte sowie die Auswahl eines geeigneten Lernverfahrens mit passenden Trainingsdaten muß vom Programmierer jeweils selbst erledigt werden. Es wird also eine Art "Metaprogrammierung" durchgeführt.

18.2 Feed-forward–Netze

Eine der am weitesten verbreiteten Klassen von neuronalen Netzen sind die im folgenden behandelten "feed-forward"-Netze. Wie der Name schon andeutet, besitzen sie im Gegensatz zu den sogenannten "rekurrenten" Netzen keine Rückkoppelungen. Feed-forward–Netze sind Erweiterungen von Rosenblatts "Perceptrons" [Rosenblatt 62], welche allerdings nur aus einer Eingabe- und einer Ausgabeschicht bestanden und daher in ihren Fähigkeiten äußerst beschränkt waren (siehe [Minsky, Papert 69]). Diese Einschränkungen gelten für mehrschichtige Netze nicht mehr.

Das zentrale Anliegen beim Einsatz von neuronalen Netzen ist es, eine aufwendige (parallele) Programmierung zu vermeiden und statt dessen das neuronale Netz anhand einer Reihe von Beispieleingaben (je nach Lernverfahren auch mit den dazugehörigen Ausgaben) zu adaptieren, also selbst *lernen* zu lassen.

Bei der Erstellung eines neuronalen Netzes werden Anzahl und Positionen der Neuronen und Verbindungsleitungen festgelegt. Hierbei werden die Neuronen wegen der Übersichtlichkeit meist in Schichten angelegt. Zuunterst liegt die Eingabeschicht, in der sozusagen die "Rezeptoren" des neuronalen Netzes liegen. Das Netz erhält hier seine Eingabedaten; die Aktivierungszustände dieser Neuronen werden auf entsprechende

Datenwerte gesetzt. Es folgen eine oder mehrere verborgene Zwischenschichten ("hidden layers"), deren Aktionen "von außen" nicht wahrnehmbar sind. Den Abschluß bildet die Ausgabeschicht; die Ausgaben der Neuronen dieser Schicht sind die Datenausgabe des neuronalen Netzes.

Der Informationsgehalt oder das "Wissen" eines neuronalen Netzes liegt bei festgelegter Netzwerkstruktur ausschließlich in der Gewichtung der Verbindungsleitungen (Kanten) zwischen den Neuronen. Diese werden zu Beginn mit Zufallswerten belegt und sollen durch wiederholtes Anlegen von Trainingsdaten erlernt werden. In einer Schleife werden dem neuronalen Netz iterativ alle Trainingsmuster der Reihe nach präsentiert. Die jeweilige Ausgabe des Netzes wird mit der bekannten Lösung des entsprechenden Trainingsdatensatzes verglichen. Die zwischen der Ausgabe des neuronalen Netzes und der korrekten Lösung bestehenden Differenzen werden je nach verwendetem Lernverfahren in das Netz zurückgekoppelt und führen zu einer Anpassung der Verbindungsgewichte, z.B. Verstärkung bei korrektem Ergebnis und Abschwächung bei falschem Ergebnis. Da die Verbindungsgewichte mit Zufallswerten initialisiert werden, wird das Netz zu Beginn eines Trainingsvorgangs nur selten die richtige Antwort für ein Muster "raten". Es wird jedoch in der Regel mit zunehmender Dauer des Trainings immer bessere Ergebnisse für die Trainingsdaten erreichen, bis es diese im Idealfall perfekt beherrscht. Dann werden die erlernten Verbindungsgewichte "eingefroren", also nicht mehr verändert, und das neuronale Netz kann für die eigentlichen Erkennungsaufgaben eingesetzt werden.

Es existieren eine Reihe von unterschiedlichen Lernverfahren, die je nach der zu bearbeitenden Problemklasse spezifische Vorteile und Nachteile besitzen. Sie werden hier jedoch nicht näher behandelt. Das bekannteste Lernverfahren ist die Delta-Regel mit Backpropagation. Hier wird die Differenz zwischen der Ausgabe des neuronalen Netzes und dem Trainings-Ergebniswert schichtenweise zurückverfolgt, wobei die Gewichte der entsprechenden Verbindungen um einen geringen positiven oder negativen Betrag korrigiert werden.

Der Aufbau des Netzes, die Auswahl der Trainingsdaten und die Dauer des Trainings sind alles sehr entscheidende Faktoren für ein neuronales Netz, welche nur empirisch festgelegt werden können. Das Netz sollte bei den Trainingsdaten sehr gute bis fehlerfreie Resultate liefern, in der Hoffnung, daß die über die Trainingsdaten gelernten Merkmale für den später folgenden Einsatz des neuronalen Netzes mit "echten" und möglicherweise "verrauschten" Daten *generalisiert* wurden. Andererseits darf das Netz die Trainingsdaten nicht "auswendig lernen", denn sonst kann es die über die Trainingsdaten gelernten Informationen nicht auf *ähnliche* Eingabedaten übertragen.

Abb. 18.3 zeigt ein Beispiel eines neuronales Netzes, das mit Hilfe des vielseitigen Simulationssystems SNNS (Stuttgarter Neuronale Netze Simulator) erzeugt wurde.

SNNS wurde unter der Leitung von Zell entwickelt [Zell, Mache, Hübner, Schmalzl, Sommer, Korb 92] und ist als kostenlose Software erhältlich. Mit SNNS lassen sich interaktiv neuronale Netze entwickeln und trainieren sowie die Ergebnisse in graphischer Form anzeigen.

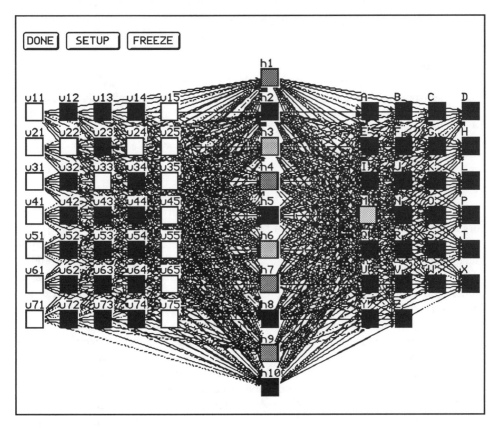

Abbildung 18.3: Stuttgarter Neuronale Netze Simulator

Das hier abgebildete neuronale Netz soll zur Erkennung von Großbuchstaben eingesetzt werden. Es besteht aus drei Schichten:

- **Eingabeschicht**
  Die 35 Neuronen sind als eine 5 × 7 Matrix angeordnet, entsprechend den Eingabedaten eines Zeichens (in der Abbildung ist die Aktivierung für den Buchstaben "M" gezeigt).

- **Verborgene Zwischenschicht**
  Die Zwischenschicht besteht aus 10 Neuronen. Es existieren nur Verbindungen zwischen Neuronen der Eingabeschicht und Neuronen der Zwischenschicht sowie zwischen Neuronen der Zwischenschicht und Neuronen der Ausgabeschicht. In diesem Beispiel ist jedes Eingabeneuron mit jedem Neuron der Zwischenschicht und jedes Neuron der Zwischenschicht mit jedem Ausgabeneuron verbunden, es gibt also insgesamt $35*10 + 10*26 = 610$ Verbindungen.

- **Ausgabeschicht**
  Die möglichen Ausgabewerte sind die Großbuchstaben von "A" bis "Z". Dementsprechend gibt es 26 Ausgabeneuronen, eines für jeden möglichen Ausgabewert (in der Abbildung ist das Neuron für den Buchstaben "M" aktiviert, das neuronale Netz hat also die Assoziation gelernt).

18.3 Selbstorganisierende Netze

Ganz anders aufgebaut als die bisher behandelten "feed-forward"-Netze sind die selbstorganisierenden Karten von Kohonen ("Kohonen feature maps", [Kohonen 82]). Sie bestehen aus nur einer Schicht von untereinander vernetzten Neuronen, wobei zwischen den Neuronen eine meist zwei- oder dreidimensionale Nachbarschaftsbeziehung definiert ist. Sowohl die Eingabedaten als auch die Gewichte der Verbindungen zwischen den Neuronen werden als räumliche Vektoren interpretiert. Beim Erlernen bestimmter Merkmale der Eingabemuster verändern die Neuronen einer selbstorganisierenden Karte ihr Gewicht entsprechend ihrer "Entfernung" zur Reizquelle. Das Neuron, welches am nächsten zum "Erregungszentrum" des Reizes liegt, wird am weitesten verschoben, während die Verschiebungen der in der Kohonen-Struktur benachbarten Neuronen z.B. mit der Gaußfunktion abnehmen. Dies spiegelt den Entwicklungsvorgang im menschlichen Körper wider, wobei benachbarte Gebiete von z.B. druckempfindlichen Sensoren der Haut auf eine repräsentierende Neuronenschicht im Gehirn mit äquivalenter Nachbarschaftsbeziehung abgebildet werden. Hautregionen mit wichtigeren Sensoren, wie beispielsweise die Finger, werden dabei auf einen größeren Neuronenbereich abgebildet als Regionen mit weniger wichtigen Sensoren, wie beispielsweise der Rücken.

19. Leistung von Parallelrechnern

Parallele Rechnersysteme werden vor allem wegen einer Eigenschaft gebaut: ihrer hohen Rechenleistung. Daß diese nicht immer mit den theoretischen Leistungsdaten eines Systems übereinstimmt, wurde bereits in vorangegangenen Kapiteln über Probleme bei Parallelrechnerklassen gezeigt (siehe Kapitel 8 und 13). Darüber hinaus ist es von der konkreten Problemstellung abhängig, welche Klasse und welcher Typ von Parallelrechner verwendet werden soll und ob der Einsatz eines Parallelrechners hierfür überhaupt sinnvoll ist. Es hängt von der jeweiligen Anwendung ab, ob ein nennenswerter Parallelitätsgewinn zu erwarten ist.

Bei Leistungsmessungen an einem Parallelrechner unterscheidet man zwischen dem Parallelitätsgewinn (Speedup) und dem Skalierungsgewinn (Scaleup) eines Programms (siehe [Reuter 92]). Der Speedup gibt an, um wieviel mal schneller das gleiche Problem auf N Prozessoren ausgeführt werden kann, als von nur einem Prozessor. Der Scaleup hingegen gibt an, um wieviel größere Probleme auf N Prozessoren in der gleichen Zeit wie das ursprüngliche Problem auf einem Prozessor gelöst werden können.

19.1 Speedup

Amdahl stellte bereits 1967 Leistungsbetrachtungen bei Parallelrechnern an [Amdahl 67], die inzwischen als "Amdahls Gesetz" bekannt sind. Dabei ist die Aufteilung eines Programms in einen sequentiellen und einen parallelisierbaren Teil der einzige Parameter; die Problemgröße bleibt hierbei immer konstant. Es folgt hier eine Darstellung dieses Gesetzes in vereinfachter Form.

Definitionen für festes Programm A:

P_C Maximaler Parallelisierungsgrad   (von Programm A bei Parallelitätsmodell C)
Maximale Anzahl von Prozessoren, die zu einem beliebigen Zeitpunkt während der Abarbeitung von A parallel eingesetzt werden können. Hierbei ist auch das verwendete Modell der Parallelität (z.B. MIMD oder SIMD) entscheidend.

T_k Ausführungszeit eines Programms A mit maximalem Parallelisierungsgrad $P_C \geq k$ auf einem System mit k Prozessoren

N   Prozessorenanzahl des Parallelrechnersystems

f   Sequentieller Programmanteil   (von Programm A bei Parallelitätsmodell C)
Prozentualer Anteil der Operationen, die **nicht** parallel auf N Prozessoren ausgeführt werden können, sondern nur sequentiell. *In dieser Vereinfachung gibt es nur Programmteile mit Parallelisierungsgrad 1 oder N, aber keine Zwischenwerte.*

Dann gilt für die Ausführungszeit bei einem Parallelrechnersystem mit N Prozessoren:

$$T_N = f * T_1 + (1 - f) * \frac{T_1}{N}$$

Somit beträgt der Geschwindigkeitsgewinn-Faktor (Speedup) bei N Prozessoren:

$$S_N = \frac{T_1}{T_N} = \frac{N}{1 + f * (N-1)}$$

Aus $0 \le f \le 1$ folgt: $1 \le S_N \le N$.
Der Speedup kann also nicht größer als die Anzahl der Prozessoren werden.

Als Maß für den erreichten Speedup relativ zum maximalen Speedup N ist die Effizienz definiert:

$$E_N = \frac{S_N}{N}$$

Für deren Wertebereich gilt entsprechend: $1/N \le E_N \le 1$. Die Effizienz wird meist in Prozentzahlen angegeben. Bei $E_N = 0,9$ beispielsweise würde 90% des maximal möglichen Speedup erreicht.

Beispiele zur Anwendung von Amdahls Gesetz:

a)   •   Der Zielrechner besitzt 1.000 Prozessoren
     •   Das Programm hat einen maximalen Parallelisierungsgrad von 1.000
     •   0,1% des Programms muß sequentiell ausgeführt werden
         (z.B. für Ein-/Ausgabe), d.h. $f = \frac{1}{1000}$

Die Berechnung des Speedup liefert:

$$\mathbf{S_{1000}} = \frac{1000}{1 + \frac{1000-1}{1000}} \approx \mathbf{500}$$

Es wird in diesem Fall also nur die Hälfte des maximal möglichen Speedup von 1.000 erreicht, trotz eines recht geringen sequentiellen Anteils. Für die Effizienz gilt: $E_{1000} \approx 50\%$.

b) • Der Zielrechner besitzt 1.000 Prozessoren
    • Das Programm hat einen maximalen Parallelisierungsgrad von 1.000
    • 1% des Programms muß sequentiell ausgeführt werden, d.h. $f = \frac{1}{100}$

Die Berechnung des Speedup liefert:

$$S_{1000} = \frac{1000}{1 + \frac{1000-1}{100}} \approx 91$$

Es werden hier also nur noch $E_{1000} \approx 9,1\%$ der gesamten Prozessorleistung genutzt, und das bei einem – auf den ersten Blick – immer noch recht geringen sequentiellen Anteil!

Je größer der sequentielle Anteil eines Programms, um so drastischer sinkt die Auslastung der Prozessoren und mit ihr der Speedup gegenüber einem sequentiellen Rechnersystem. Für jeden sequentiellen Anteil eines Programms kann – unabhängig von der Zahl der eingesetzten Prozessoren – der maximal mögliche Speedup berechnet werden.

$$\lim_{N\to\infty} S_N(f) = \frac{N}{1 + f * (N-1)} = \frac{1}{f}$$

Dies bedeutet, daß beispielsweise ein Programm mit 1% skalarem Anteil niemals einen größeren Speedup als 100 erreichen kann – unabhängig davon, ob 100, 1.000, oder 1 Million Prozessoren eingesetzt werden.

Abb. 19.1 zeigt die Abhängigkeit des Speedup von der Anzahl N der Prozessoren bei verschiedenen Werten des sequentiellen Programmanteils f. Die Hauptdiagonale entspricht einem linearen Speedup und kann nur für f = 0 erreicht werden. Abb. 19.2 zeigt die Abhängigkeit der Effizienz von N und f.

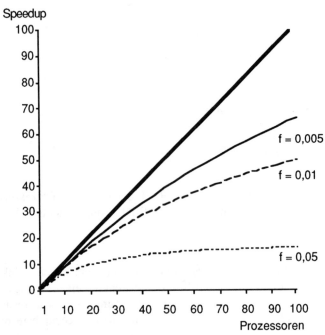

Abbildung 19.1: Speedup in Abhängigkeit von der Prozessorzahl

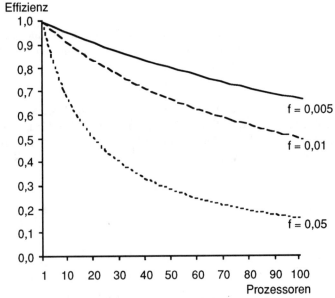

Abbildung 19.2: Effizienz in Abhängigkeit von der Prozessorzahl

19.2 Scaleup

Solange für die Messungen das gleiche Programm verwendet wird, bleibt der Faktor f in Amdahls Gesetz konstant. Man darf jedoch **nicht** annehmen, daß jedes parallele Programm, unabhängig von seiner Größe, einen **festen** Mindestanteil f seiner Anweisungen sequentiell abarbeiten muß. Dies bedeutet, daß die in Abb. 19.1 und 19.2 gezeigten Kurven bei einer Änderung der Problemgröße nicht mehr gelten! Praktische Messungen an Parallelrechnern mit sehr vielen Prozessoren [Gustafson 88] zeigten folgendes: Je größer das zu berechnende Problem und damit die Zahl der eingesetzten Prozessoren ist, desto niedriger liegt oft der prozentuale sequentielle Anteil der Berechnung. Es kann bei einem Parallelrechner mit sehr vielen Prozessoren also durchaus eine hohe Effizienz erreicht werden. Es liegt daher nahe, die zwischen verschieden großen, *skalierten* Programmversionen desselben Algorithmus (z.B. mit größerem Datenbereich oder höherer Genauigkeit) auftretenden Abhängigkeiten zu untersuchen.

Definitionen für verschieden große Varianten eines Programms:

$T_k(m)$ Ausführungszeit eines Programms mit Problemgröße m und maximalem Parallelisierungsgrad $P_C{\geq}k$ auf k Prozessoren.

Der Skalierungsgewinn (Scaleup) eines Problems der Größe n auf k Prozessoren gegenüber einem kleineren Problem der Größe m (m<n) auf einem Prozessor ist wie folgt definiert:

Wenn $T_1(m) = T_k(n)$ (d.h. die Ausführungszeit für das "kleine" Programm auf einem Prozessor ist gleich der Zeit des "großen" Programms auf k Prozessoren)

dann beträgt der Scaleup:

$$SC_k = \frac{n}{m}$$

Es sollte beachtet werden, daß die Ausführungszeit nun von einem weiteren Parameter abhängt, nämlich der nicht näher definierten "Problemgröße". Diese könnte z.B. als die Anzahl von Daten definiert werden, die von den jeweils unterschiedlich großen Programmvarianten *desselben* Algorithmus verarbeitet werden.

Wie man an den in der Praxis vorkommenden parallelen Programmen sehen kann, werden mit steigender Prozessorzahl auch meist größere Probleme berechnet, statt die gleichen Probleme schneller zu berechnen. Hier ist der Scaleup oft von größerer Bedeutung als der Speedup.

19.3 MIMD versus SIMD

Bei den in den vorhergehenden Abschnitten gemachten theoretischen Überlegungen zur Leistung von Parallelrechnern wurde nicht zwischen MIMD- und SIMD-Systemen unterschieden. Jedes Programm besitzt aber mindestens zwei verschiedene maximale Parallelisierungsgrade: einen für die asynchrone Parallelverarbeitung, P_{MIMD}, und einen für die synchrone Parallelverarbeitung P_{SIMD}. Wegen der Universalität der asynchronen Parallelverarbeitung gilt stets $P_{SIMD} \leq P_{MIMD}$. Ein weiterer Punkt ist in der Praxis äußerst wichtig: Während bei einem MIMD-System nicht benötigte Prozessoren von anderen Anwendern eingesetzt werden können, liegen überflüssige PEs in einem SIMD-System brach. Es macht daher wenig Sinn, für ein Problem, welches 100 PEs erfordert, einen SIMD-Rechner mit 16.384 PEs einzusetzen! Wegen der Art der Verarbeitung treten bei SIMD-Programmen meist erheblich niedrigere Auslastungswerte als in MIMD-Programmen auf. Schon bei einer einzigen IF-THEN-ELSE–Selektion mit zeitlich gleich aufwendigen Anweisungen in beiden Zweigen sinkt die mittlere Auslastung für diese Anweisung auf 50%. Auch sind die PEs von SIMD-Rechnern meist erheblich leistungsschwächer als die Prozessoren, die in MIMD-Systemen typischerweise zum Einsatz kommen. Diese Nachteile werden jedoch durch die im allgemeinen bedeutend größere Anzahl von Prozessoren von SIMD-Systemen gegenüber MIMD-Systemen wieder ausgeglichen.

Bei MIMD-Rechnern läßt sich häufig das Phänomen beobachten, daß diese im "SIMD-Modus" programmiert werden, also die mögliche Unabhängigkeit der einzelnen Prozessoren nicht genutzt wird. Dies trifft recht oft bei der Problemzerlegung auf sehr viele Prozessoren, also bei massiver Parallelität, auf. Die meisten Probleme, die sich auf 100, 1000 oder mehr Prozessoren zerlegen lassen, weisen ein einheitliches Verarbeitungsmuster auf, zu deren Lösung auch ein einfacheres SIMD-System genügen würde. Dies ist ein bedeutendes Argument für Parallelrechner nach dem SPMD-Modell (same program, multiple data), einer Mischform aus SIMD und MIMD (siehe Abschnitt 2.1).

Da nach Amdahls Gesetz, wie zuvor gezeigt, die Effizienz mit der Zahl der Prozessoren rapide absinkt, sich aber andererseits ein gewisser sequentieller Programmanteil (z.B. für die Ein-/Ausgabe von Daten) niemals vermeiden läßt, könnte man sich die Frage stellen, ob (SIMD-) Parallelrechner mit über 65.000 Prozessoren überhaupt sinnvoll ausgenutzt werden können. Dies ist, wie im folgenden gezeigt wird, sehr wohl der Fall. Was bei der fehlerhaften Anwendung von Amdahls Gesetz auf SIMD-Programme leicht zu falschen Ergebnissen führt, ist die **Zählweise** der Anweisungen (siehe Abb. 19.3).

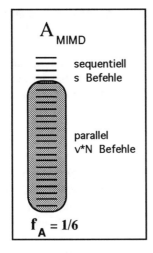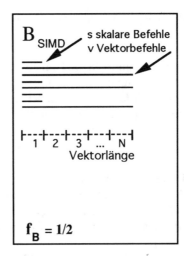

Abbildung 19.3: Zählweisen für parallele Anweisungen

Während bei Programm A (z.B. einem MIMD-Programm) gemäß Amdahls Formel jede elementare Anweisung gezählt wird (dies ergibt Faktor f_A), werden im Programm B für einen SIMD-Rechner sowohl skalare als auch vektorielle Anweisungen jeweils als *eine Anweisung* behandelt (dies ergibt Faktor f_B). Dies ist besonders für SIMD-Systeme eine natürliche Definition, da jede so gezählte Operation ungefähr die gleiche Zeit zur Ausführung benötigt. Somit gilt:

f_A gibt den sequentiellen Anteil bezüglich der *Anzahl der elementaren Operationen* eines Programms an und

f_B gibt den sequentiellen Anteil bezüglich der *Ausführungszeit der Operationen* eines Programms an.

Während im Beispiel in Abb. 19.3 das SIMD-Programm die Hälfte seiner Zeit ($f_B = 1/2$) parallel arbeiten kann, liegt der Anteil der sequentiell ausgeführten elementaren Operationen erheblich niedriger, nämlich bei $f_A = 1/6$. Es läßt sich leicht die folgende Abhängigkeit zwischen den beiden Faktoren verifizieren:

$$f_A = \frac{f_B}{N * (1 - f_B) + f_B}$$

Man kann, um exakte Werte zu erhalten, für jede *einzelne* SIMD-Anweisung die Prozentzahl der aktiven PEs bezüglich aller zur Verfügung stehenden PEs verwenden: dies ist jeweils ein Wert zwischen Null (entspricht der skalaren Operation durch den Steuerrechner) und Eins (entspricht der Beteiligung aller PEs). Die zeit-gewichtete Aufsummierung dieser Prozentwerte gibt dann ein feineres Maß für die Auslastung der parallelen PEs durch ein Anwendungsprogramm als das reine Abzählen von ganzen Anweisungen.

Um den Speedup eines (SIMD-) parallelen Programms zu bestimmen, kann man nun eine Rückwärtsrechnung von T_N nach T_1 durchführen, entsprechend der Fragestellung: "Welche Zeit würde ein sequentieller Rechner zur Abarbeitung dieses parallelen Programms benötigen?" (siehe [Bräunl 91a]).

<u>Definition:</u>

   f_B Prozentualer Anteil der skalaren Anweisungen eines SIMD-Programms an der Anzahl aller (skalaren und vektoriellen) Anweisungen bzw. identisch dazu: *Prozentualer Anteil der Rechenzeit für sequentielle Operationen an der Gesamtrechenzeit eines parallelen Programms.*

Dann gilt folgende Rückrechnung für die sequentielle Ausführung:

$$T_1 = f_B * T_N + (1-f_B) * N * T_N$$

Der Geschwindigkeitsgewinn-Faktor (Speedup) beträgt somit **bei festem N**:

$$S_N = \frac{T_1}{T_N} = f_B + (1-f_B) * N$$

<u>Beispiele zur Anwendung des abgewandelten Gesetzes:</u>

a) • Der Zielrechner besitzt 1.000 Prozessoren
     • Das Programm hat einen maximalen Parallelisierungsgrad von 1.000
     • 0,1% des Programms (in SIMD-Zählweise) muß sequentiell ausgeführt werden, d.h. $f_B = \frac{1}{1000}$

Die Berechnung des Speedup liefert:

S_{1000} = 0,001 + (1–0,001) * 1000 ≈ **999**

Es wird annähernd der theoretisch maximal mögliche Speedup erreicht ($E_{1000} \approx$ 100%). Das gleiche Resultat ergibt sich natürlich auch bei der Verwendung von Amdahls Formel mit dem entsprechenden f_A:

$$f_A = \frac{f_B}{N * (1-f_B) + f_B} = \frac{0,001}{1000 * (1 - 0,001) + 0,001} = 10^{-6}$$

Dann folgt nach Amdahl:

$$S_{1000} = \frac{1000}{1 + 10^{-6} * (1000-1)} \approx 999$$

b) • Der Zielrechner besitzt 1.000 Prozessoren
   • Das Programm hat einen maximalen Parallelisierungsgrad von 1.000
   • 10% des Programms (in SIMD-Zählweise) müssen sequentiell ausgeführt werden, d.h. $f_B = 0,1$

Die Berechnung des Speedup liefert:

$$S_{1000} = 0,1 + 0,9 * 1000 \approx 900$$

Trotz eines erheblichen sequentiellen SIMD-Anteils erreicht die Programmausführung $E_{1000} \approx 90\%$ des maximalen Speedup!

Die hier angestellten Überlegungen beziehen sich auf ein bestimmtes *festes* Problem (mit entsprechend großem maximalem Parallelisierungsgrad) und eine *fest vorgegebene* PE-Anzahl. Weder die Problemgröße noch die PE-Anzahl wird variiert, sondern es wird lediglich der Vergleich mit einem sequentiellen System durchgeführt. Überlegungen, wie sich der Speedup bei einer Veränderung der PE-Zahl verkürzt oder verlängert, sind mit der obigen Formel für S_N *nicht* möglich, da T_N der *Ausgangspunkt* der Überlegungen war! Eine Vergrößerung der Anzahl der PEs würde das *gleiche* SIMD-Programm im Bereich $N \geq P_{SIMD}$ (Anzahl der PEs größer oder gleich dem maximalen SIMD-Parallelisierungsgrad) ohnehin nicht schneller ablaufen lassen, da alle zusätzlichen PEs überflüssig wären und daher inaktiv bleiben würden. Durch Berechnen aller T_i mit $1 < i < N$ können die entsprechenden Speedups S_i gefunden werden:

$$T_i = f_B * T_N + (1-f_B) * \frac{N * T_N}{i}$$

$$S_i = \frac{T_1}{T_i}$$

Es ergibt sich erwartungsgemäß die Kurve in Abb. 19.1 .

Die zuvor hergeleitete Formel für S_N wurde in [Gustafson 88] zur Extrapolation des Zeitverhaltens von skalierten Varianten eines Problems mit linearem Scaleup benutzt und leicht irreführend als "scaled speedup" bezeichnet. Dabei wurde das Zeitverhalten von **verschiedenen** *skalierten Varianten* eines Programms untersucht (siehe Scaleup in Abschnitt 19.2) und *zwischen diesen* der Speedup berechnet. Jedoch wurde vorausgesetzt, daß der sequentielle Anteil (nach Amdahls Formel) eines "realistischen" Programms bei einer Skalierung *konstant* bleibt und sich nur der parallele Anteil vergrößert. Dies ist nach Definition aber genau die Klasse der Programme mit linearem Scaleup, d.h. für diese gilt:

$$T_N(A) = T_{k*N}(k*A) \quad \text{(die k-mal so große Programmvariante von A wird von k-mal}$$
$$\text{so vielen Prozessoren in der gleichen Zeit berechnet).}$$

Außerdem gilt immer:

$$T_1(k*A) = k*T_1(A) \quad \text{(ein k-mal so großes Programm benötigt auf } \textit{einem} \text{ Prozessor}$$
$$\text{auch k-mal so viel Rechenzeit)}$$

Aus dieser Voraussetzung, d.h. für diese eingeschränkte Problemklasse, folgt natürlich direkt der lineare Anstieg des "scaled speedup":

$$\frac{S_{k*N}(k*A)}{S_N(A)} = \frac{\dfrac{T_1(k*A)}{T_{k*N}(k*A)}}{\dfrac{T_1(A)}{T_N(A)}} = \frac{\dfrac{k*T_1(A)}{T_{k*N}(k*A)}}{\dfrac{T_1(A)}{T_N(A)}} = \frac{k*T_N(A)}{T_{k*N}(k*A)} = k$$

19.4 Bewertung von Leistungsdaten

Sämtliche Leistungsdaten von parallelen Rechnersystemen oder Programmen sollten prinzipiell kritisch betrachtet werden. Hierfür gibt es eine Reihe von Gründen:

- Leistungsdaten wie Speedup oder Scaleup eines Parallelrechners sind immer *anwendungsbezogen*, d.h. diese Daten beziehen sich nur auf eine spezielle Anwendung und sind nur sehr bedingt auf andere Problemstellungen übertragbar.

- Der Speedup eines Programms bezieht sich auf einen einzelnen Prozessor des Parallelrechners. Bei SIMD-Systemen sind die PEs aber im allgemeinen sehr viel leistungsschwächer als vergleichbare MIMD-Prozessoren, was durchaus eine Größenordnung oder mehr in der Geschwindigkeit ausmachen kann.

- Die Auslastung paralleler Prozessoren ist bei MIMD-Systemen eines der obersten Ziele. Bei SIMD-Systemen gilt dies nicht mehr gleichermaßen, da inaktive PEs nicht anderweitig verwendet werden können; trotzdem wird aus den Auslastungsdaten der Speedup berechnet. Falls nun ein SIMD-Programm nicht benötigte PEs "mitlaufen" läßt (Einsparen der unnötigen Operation des expliziten Abschaltens), werden die Auslastungsdaten und somit die Speedupwerte verfälscht. Das parallele Programm ist in diesem Fall weniger effizient als es durch die Testergebnisse erscheint.

- Peak-Performance-Daten, z.B. in MIPS (million instructions per second) oder MFLOPS (million floating point operations per second) sind nur sehr begrenzt aussagekräftig, da für diese Messungen oft nur die schnellste Integer- bzw. Floating-Point-Operation ausgeführt wird. Welches Problem erfordert beispielsweise *ausschließlich* die vektorielle Additionsoperation, die die Basis für die Leistungsangabe einiger Rechnerhersteller ist? Unter anderem wird über die Geschwindigkeit des Datenaustausches bei diesem Wert keine Aussage gemacht. Pakete für die vergleichende Leistungsanalyse wie Linpack, Whetstone, Dhrystone oder SPEC Benchmarks bei sequentiellen Rechnern [Weicker 90], sind für Parallelrechner oft nicht einsetzbar. Benchmarks speziell für Parallelrechner befinden sich erst in der Entwicklung.

- Die zur Verfügung stehenden höheren Programmiersprachen können meist nicht alle Fähigkeiten der parallelen Hardware nutzen. Zur Erzielung der angegebenen Leistungswerte ist daher oft eine Programmierung auf niedriger Ebene (Assembler) oder die Verwendung maschinenspezifischer Bibliotheksroutinen erforderlich.

- Beim Vergleich verschiedenartiger Systeme, z.B. Parallelrechner gegenüber Workstation, werden immer auch die jeweiligen Programmiersprachen-Compiler und Ein-/Ausgabe-Systeme mitbewertet. Prinzipiell sind hier nur reine Ausführungszeiten vergleichbar (*CPU time* bzw. bei Single-User-System auch *elapsed time*).

- Beim Vergleich eines parallelen (bzw. vektoriellen) Rechners mit einem sequentiellen (skalaren) ist es nicht unbedingt sinnvoll, beide Male den gleichen Algorithmus (in einer parallelen und einer sequentiellen Version) zu verwenden. Beispielsweise ist der OETS-Algorithmus (siehe Abschnitt 15.4) ein typischer Sortieralgorithmus für SIMD-Parallelrechner. Auf einem sequentiellen Rechner ist aber z.B. Quicksort ein sehr viel effizienterer Algorithmus – allerdings läßt sich Quicksort nicht ohne weiteres in ein effizientes SIMD-Programm übertragen. Ein Vergleich "OETS-parallel" mit "OETS-sequentiell" gibt daher günstige Werte für den Parallelrechner, ist aber praxisfremd! Andererseits wirft aber ein Vergleich "OETS-parallel" mit "Quicksort-sequentiell" (oder allgemein der Vergleich eines parallelen Algorithmus mit dem schnellsten *derzeit bekannten* sequentiellen Algorithmus für das gleiche Problem) ebenso Fragen auf. Diese Definition ist zwar für die praktische Anwendung (z.B. aus der Sicht eines potentiellen Parallelrechner-Kunden) relevant, jedoch wären die Vergleichsdaten dann unter Umständen zeitlichen Veränderungen unterworfen.

Übungsaufgaben IV

1. Bestimmen Sie alle Datenabhängigkeiten der Anweisungsfolge:

```
S1:   A := B + C;
S2:   B := A + C;
S3:   D := B * C - 2;
S4:   A := B / C;
```

2. Führen Sie für das untenstehende Programmfragment folgende Aufgaben durch:
a) Bestimmen Sie alle Datenabhängigkeiten mit Richtungen
b) Leiten Sie aus jeder Datenabhängigkeit die entsprechende Regel ab
c) Vektorisieren Sie die Schleife in Fortran 90 - Notation für einen Vektorrechner

```
for i := 2 to n-1 do
   S1:   A[i]     := B[i] + C[i];
   S2:   B[i-1]   := 2 * D[i] + 1;
   S3:   C[i]     := A[i] + B[i];
   S4:   E[i]     := A[i+1] / 7;
end;
```

3. Führen Sie für das untenstehende Programmfragment folgende Aufgaben durch:
a) Bestimmen Sie alle Datenabhängigkeiten mit Richtungen
b) Bestimmen Sie die Abhängigkeiten, die synchronisiert werden müssen
c) Parallelisieren Sie die Schleife (in Pseudo-Notation "doacross") für ein MIMD-System. Versuchen Sie dabei, die maximale Parallelität zu erreichen!

```
for i := 5 to n do
   S1:   A[i-1]   := 2 * B[i] + 3;
   S2:   B[i]     := 2 * D[i] + 1;
   S3:   E[i]     := E[i] + 5;
   S4:   C[i]     := A[i] + D[i];
end;
```

4. Führen Sie für das untenstehende Programmfragment folgende Aufgaben durch:

a) Bestimmen Sie alle Datenabhängigkeiten mit Richtungen

b) Leiten Sie aus jeder Datenabhängigkeit die entsprechende Regel ab

c) Vektorisieren Sie die Schleife in Fortran 90 - Notation (falls möglich)

```
for i := 1 to n do
  S1:   A[i]   :=   B[i] + D[i+1];
  S2:   B[i]   :=   D[i-1] + 1;
  S3:   C[i]   :=   A[i-1] + B[i+1];
  S4:   D[i]   :=   15;
end;
```

5. Führen Sie für das untenstehende Programmfragment folgende Aufgaben durch:

a) Bestimmen Sie alle Datenabhängigkeiten mit Richtungen

b) Leiten Sie aus jeder Datenabhängigkeit die entsprechende Regel ab

c) Vektorisieren Sie die Schleife in Fortran 90 - Notation (falls möglich)

```
for i := 1 to n do
  S1:   A[i]   :=   B[i] + D[i+1];
  S2:   B[i]   :=   D[i-1] + 1;
  S3:   C[i]   :=   A[i-1] + A[i+1];
  S4:   D[i]   :=   15;
end;
```

6. Führen Sie für das untenstehende Programmfragment folgende Aufgaben durch:

a) Bestimmen Sie alle Datenabhängigkeiten.

b) Parallelisieren Sie die äußere Schleife (in Pseudo-Notation "doacross") für ein MIMD-System. Versuchen Sie dabei, die maximale Parallelität zu erreichen! (Die innere Schleife bleibt erhalten.)

c) Vektorisieren Sie die innere Schleife (in Fortran 90 - Notation) für ein SIMD-System. (Die äußere Schleife bleibt erhalten.)

```
for i := 1 to n do
  for j := 10 to m do
  S1: A[i,j]    :=   D[i,j] + 5;
  S2: B[i,j]    :=   2 * C[i,j] - 2 * B[i,j+1];
  S3: C[i,j]    :=   A[i+1,j] + A[i,j+2];
  end (* j *);
end (* i *);
```

7. Konstruieren Sie einen synchron parallelen Reduktionsoperator für die nicht-prozedurale Programmiersprache FP. Zerlegen Sie dazu die Argumentenliste in zwei Teile, für die die Reduktion rekursiv parallel aufgerufen wird. Die Reduktion von n Elementen soll (bei ausreichender Prozessorenanzahl) in der Zeit $\log_2 n$ durchführbar sein.

8. Ein paralleles Programm soll auf einem MIMD-Rechner mit 100 Prozessoren ablaufen, jedoch müssen 3% aller Befehle beim Programmablauf sequentiell ausgeführt werden (z.B. wegen Synchronisation, Ein-/Ausgabe usw.), der Rest kann parallel auf allen Prozessoren ausgeführt werden.
    Wie groß ist der Speedup dieses Programms für diesen Rechner ?

9. Ein paralleles Programm mit 10% sequentiellem Anteil soll auf einem MIMD-Rechner ausgeführt werden. Gibt es einen maximalen erreichbaren Speedup, unabhängig von der Zahl der Prozessoren des Rechners ?

10. Ein paralleles Programm soll auf einem MIMD-Rechner mit 100 Prozessoren ablaufen, jedoch müssen:
    2 % aller Befehle beim Programmablauf sequentiell ausgeführt werden,
    20 % aller Befehle können nur auf 50 Prozessoren ausgeführt werden,
    der Rest kann parallel auf allen Prozessoren ausgeführt werden.
    Wie groß ist der Speedup dieses Programms für diesen Rechner ?

11. Ein paralleles Programm soll auf einem SIMD-Rechner mit 10.000 PEs ablaufen, es enthält jedoch beim Ablauf 20% skalare Befehle (z.B. wegen Datenübertragung zum Host-Rechner). Der Rest sind Vektorbefehle, die auf allen PEs ausgeführt werden.
    Wie groß ist der Speedup dieses Programms für diesen Rechner ?

12. Ein paralleles Programm wird auf einem SIMD-Rechner mit 10.000 PEs ausgeführt. Messungen ergeben, daß im Durchschnitt alle PEs zu 30% der Laufzeit aktiv waren und die restliche Zeit inaktiv (z.B. wegen parallelen IF-THEN-ELSE–Anweisungen).
Wie groß ist der Speedup dieses Programms für diesen Rechner?

13. Ein paralleles Programm soll auf einem SIMD-Rechner mit 100.000 PEs ablaufen, jedoch sind:

    20 % aller ausgeführten Anweisungen skalare Befehle,

    10 % aller Anweisungen können nur auf 100 Prozessoren vektoriell ausgeführt werden,

    40 % aller Anweisungen können nur auf 50.000 Prozessoren vektoriell ausgeführt werden,

der Rest kann auf allen PEs vektoriell ausgeführt werden.
Wie groß ist der Speedup dieses Programms für diesen Rechner?

Literaturverzeichnis

[Ahuja, Carriero, Gelernter 86] S. Ahuja, N. Carriero, D. Gelernter, *Linda and Friends*, IEEE Computer, vol. 19, no. 8, Aug. 1986, pp. 26-34 (9)

[Akl 89] S. Akl, *The Design and Analysis of Parallel Algorithms*, Prentice-Hall, International Editions, Englewood Cliffs NJ, 1989

[Almasi, Gottlieb 89] G. Amalsi, A. Gottlieb, *Highly Parallel Computing*, Benjamin Cummings, Redwood City CA, 1989

[Amdahl 67] G. Amdahl, *Validity of the Single-Processor Approach to Achieving Large Scale Computing Capabilities*, AFIPS Conference Proceedings, vol. 30, Atlantic City NJ, Apr. 1967, pp. 483-485 (3)

[Arbib 87] M. Arbib, *Brains, Machines, and Mathematics*, Second Edition, Springer-Verlag, Berlin Heidelberg New York, 1987

[Babb 89] R. Babb (Ed.), *Programming Parallel Processors*, Addison-Wesley, Reading MA, 1989

[Backus 78] J. Backus, *Can programming be liberated from the von Neumann style? A functional style and its algebra of programs*, Communications of the ACM, vol. 21, no. 8, Aug. 1978, pp.613-641 (29)

[Barth, Bräunl, Engelhardt, Sembach 92] I. Barth, T. Bräunl, S. Engelhardt, F. Sembach, *Parallaxis Version 2 User Manual*, Second Edition, Computer Science Report, no. 2/92, Universität Stuttgart, Feb. 1992, pp. (110)

[Baumgarten 90] B. Baumgarten, *Petri-Netze Grundlagen und Anwendungen*, BI Wissenschaftsverlag, Mannheim Wien Zürich, 1990

[Ben-Ari 82] M. Ben-Ari, *Principles of Concurrent Programming*, Prentice-Hall International, Englewood Cliffs NJ, 1982

[Blasgen, Gray, Mitoma, Price 79] M. Blasgen, J. Gray, M. Mitoma, T. Price, *The Convoy Phenomenon*, ACM Operating Systems Review, vol. 13, no. 2, April 1979, pp. 20-25 (6)

[Bräunl, Hinkel, von Puttkamer 86] T. Bräunl, R. Hinkel, E. von Puttkamer, *Konzepte der Programmiersprache Modula-P*, Interner Bericht Nr. 158/86, Universität Kaiserslautern, 1986

[Bräunl 89]   T. Bräunl, *Structured SIMD Programming in Parallaxis*, Structured Programming, vol. 10, no. 3, Juli 1989, pp. 121-132 (12)

[Bräunl 90]   T. Bräunl, *Massiv parallele Programmierung mit dem Parallaxis-Modell*, Springer-Verlag, Berlin Heidelberg New York, Informatik-Fachberichte Nr. 246, 1990

[Bräunl 91a]   T. Bräunl, *Braunl's Law*, IEEE Computer, The Open Channel, vol. 24, no. 8, Aug. 1991, pp. 120 (1)

[Bräunl 91b]   T. Bräunl, *Designing Massively Parallel Algorithms with Parallaxis*, Proceedings of the 15th Annual International Computer Software & Applications Conference, compsac91, Sep. 1991, pp. 612-617 (6)

[Bräunl, Norz 92] T. Bräunl, R. Norz, *Modula-P User Manual*, Computer Science Report, no. 5/92, Universität Stuttgart, August 1992

[Brinch Hansen 75] P. Brinch Hansen, *The Programming Language Concurrent Pascal*, IEEE Transactions on Software Engineering, vol. 1, no. 2, Juni 1975, pp. 199-207 (9)

[Brinch Hansen 77] P. Brinch Hansen, *The Architecture of Concurrent Programs*, Prentice-Hall, Englewood Cliffs NJ, 1977, (auf Deutsch: *Konstruktion von Mehrprozeßprogrammen*, Oldenbourg Verlag, 1981)

[Carriero, Gelernter 89] N. Carriero, D. Gelernter, *How to Write Parallel Programs: A Guide to the Perplexed*, ACM Computing Surveys, vol. 21, no. 3, Sep. 1989, pp. 323-357 (35)

[Chandy, Misra 88] K. M. Chandy, J. Misra, *Parallel Program Design*, Addison-Wesley, Reading MA, 1988

[Chamberlin, Boyce 74] D. Chamberlin, R. Boyce, *SEQUEL: A Structured English Query Language*, Proc. 1974 ACM SIGMOD Workshop on Data Description, Access and Control, Mai 1974

[Chen, Doolen, Matthaeus 91] S. Chen. G. Doolen, W. Matthaeus, *Lattice Gas Automata for Simple and Complex Fluids*, Journal of Statistical Physics, vol. 64, no. 5/6, 1991, pp. 1133-1162 (30)

[Clos 53]   C. Clos, *A Study of Nonblocking Switching Networks*, Bell System Technical Journal, vol. 32, no. 2, 1953, pp. 406-424 (19)

[Coffman, Elphick, Soshani 71] E. Coffman, M. Elphick, A. Soshani, *System Deadlocks*, ACM Computing Surveys, vol. 3, 1971, pp. 67-78 (12)

[Conway 63]   M. Conway, *A Multiprocessor System Design*, Proceedings of the AFIPS Fall Joint Conference, 1963, pp. 139-146 (8)

[Courtois, Heymans, Parnas 71] P. Courtois, F. Heymans, D. Parnas, *Concurrent Control with 'Readers' and 'Writers'*, Communications of the ACM, vol. 14, no. 10, Okt. 1971, pp. 667-668 (2)

[Date 86]   C. Date, *An Introduction to Database Systems* (2 vols.),
                     Addison-Wesley, Reading MA, 1986

[Dennis, Van Horn 66] J. Dennis, E. Van Horn, *Programming Semantics for Multi-
                     programmed Computations*, Communications of the ACM, vol.
                     9, no. 3, März 1966, pp. 143-155 (13)

[Dijkstra 65]   E. Dijkstra, *Cooperating Sequential Processes*, Technical Report
                     EWD-123, Technische Universität Eindhoven, 1965, (auch ent-
                     halten in [Genuys 68])

[Doolen 90]   G. Doolen (Ed.), *Lattice Gas Methods for Partial Differential
                     Equations*, Addison-Wesley, Reading MA, 1990

[Eisenbach 87]   S. Eisenbach (Ed.), *Functional Programming languages, tools
                     and architectures*, Ellis Horwood, Chichester England, 1987

[Eisenberg, McGuire 72] M. Eisenberg, M. McGuire, *Further Comments on Dijk-
                     stra's Concurrent Programming Control Problem*, Communi-
                     cations of the ACM, vol. 15, no. 11, Nov. 1972, pp. 999 (1)

[Fisher 84]   J. Fisher, *The VLIW Machine: A Multiprocessor for Compiling
                     Scientific Code*, IEEE Computer, vol. 17, no. 7, Juli 1984, pp.
                     37-47 (11)

[Flynn 66]   M. Flynn, *Very High Speed Computing Systems*, Proceedings
                     of the IEEE, vol. 54, 1966, pp. 1901-1909 (9)

[Fox, Hiranandani, Kennedy, Koelbel, Kremer, Tseng, Wu 91] G. Kennedy, S. Hi-
                     ranandani, K. Kennedy, C. Koelbel, U. Kremer, C. Tseng,
                     M. Wu, *Fortran D Language Specification*, Technical Report,
                     Rice University, Houston TX, April 1991, pp. (37)

[Gehani, McGettrick 88] N. Gehani, A. McGettrick (Eds.), *Concurrent Programming*,
                     Addison-Wesley, International Computer Science Series, Read-
                     ing MA, 1988

[Genuys 68]   F. Genuys (Ed.), *Programming Languages*, Academic Press,
                     London, 1968

[Gibbons, Rytter 88] A. Gibbons, W. Rytter, *Efficient Parallel Algorithms*,
                     Cambridge University Press, Cambridge England, 1988

[Gonauser, Mrva 89] M. Gonauser, M. Mrva (Eds.), *Multiprozessor-Systeme*,
                     Springer-Verlag, Berlin Heidelberg New York, 1989

[Gray, Reuter 92]   J. Gray, A. Reuter, *Transaction Processing: Concepts and
                     Techniques*, Morgan Kaufmann, Los Altos CA, 1992

[Gustafson 88]   J. Gustafson, *Reevaluating Amdahl's Law*, Communications of
                     the ACM, Technical Note, vol. 31, no. 5, Mai 1988, pp. 532-
                     533 (2)

[Habermann 76]   A.N. Habermann, *Introduction to Operating System Design*,
                     Science Research Associates Inc. / IBM, SRA Computer
                     Science Series, Chicago, 1976

[Hecht-Nielsen 90]   R. Hecht-Nielsen, *Neurocomputing*, Addison-Wesley, Reading MA, 1990

[Hillis 85]   W. D. Hillis, *The Connection Machine*, Ph. D. Thesis, MIT-Press, Cambridge MA, 1985

[Hoare 74]   C.A.R. Hoare, *Monitors: An Operating System Structuring Concept*, Communications of the ACM, vol. 17, no. 10, Okt. 1974, pp. 549-557 (9)

[Hoare 78]   C.A.R. Hoare, *Communicating Sequential Processes*, Communications of the ACM, vol. 21, no. 8, Aug. 1978, pp. 666-677

[Hoare 85]   C.A.R. Hoare, *Communicating Sequential Processes*, Prentice Hall, International Series in Computer Science, Englewood Cliffs NJ, 1985

[Hockney, Jesshope 88]   R. Hockney, C. Jesshope, *Parallel Computers 2*, 2nd Ed., Adam Hilger IOP Publishing Ltd., Bristol, 1988

[Hopcroft, Ullman 69]   J. Hopcroft, J. Ullman, *Formal Languages and their Relation to Automata*, Addison-Wesley, Reading MA, 1969

[Hwang, Briggs 84]   K. Hwang, F. Briggs, *Computer Architecture and Parallel Processing*, McGraw-Hill, New York, 1984

[Hwang, DeGroot 89]   K. Hwang, D. DeGroot (Eds.), *Parallel Processing for Supercomputers & Artificial Intelligence*, McGraw-Hill, New York, 1989

[Inmos 84]   Inmos Limited, *occam Programming Manual*, Prentice Hall International, Englewood Cliffs NJ, 1984

[Iverson 62]   K. E. Iverson, *A Programming Language*, Wiley, New York, 1962

[JáJá 92]   J. JáJá, *An Introduction to Parallel Algorithms*, Addison-Wesley, Reading MA, 1992

[Julesz 60]   B. Julesz, *Binocular Depth Perception of Computer Generated Patterns*, Bell Systems Technical Journal, no. 38, 1960, pp. 1001-1020 (20)

[Julesz 78]   B. Julesz, *Cooperative Phenomena in Binocular Depth Perception*, Sensory Physiology, no. 8, 1978, pp. 215-252 (38)

[Kernighan, Pike 84]   B. Kernighan, R. Pike, *The Unix Programming Environment*, Prentice-Hall, Englewood Cliffs NJ, 1984

[Kober 88]   R. Kober, *Parallelrechner-Architekturen*, Springer-Verlag, Berlin Heidelberg New York, 1988

[Kohonen 82]   T. Kohonen, *Self-Organized Formation of Topologically Correct Feature Maps*, Biological Cybernetics, no. 43, 1982, pp. 59-69 (11)

[Krishnamurthy 89] E.V. Krishnamurthy, *Parallel Processing Principles and Practice*, Addison-Wesley, Reading MA, 1989

[Kuck, Kuhn, Leasure, Wolfe 80] D. Kuck, R. Kuhn, B. Leasure, M. Wolfe, *The Structure of an Advanced Vectorizer for Pipelined Processors*, Proceedings of the 4th International Computer Software and Applications Conference, compsac80, Chicago IL, Okt. 1980, pp. 709-715 (7)

[Kung, Leiserson 79] H. T. Kung, C. E. Leiserson, *Systolic Arrays (for VLSI)*, Sparse Matrix Proceedings '78, Academic Press, Orlando FL, 1979, pp. 256-282 (27), (ebenfalls enthalten in [Mead, Conway 80])

[Kung, Lo, Jean, Hwang 87] S. Kung, S. Lo S. Jean, J. Hwang, *Wavefront Array Processors – Concept to Implementation*, IEEE Computer, vol. 20, no. 7, Juli 1987, pp. 18-33 (16)

[Kurfeß 91] F. Kurfeß, *Parallelism in Logic*, Vieweg Verlagsgesellschaft, Artificial Intelligence Series, Braunschweig, 1991

[Leiserson 85] C. Leiserson, *Fat-Trees: Universal Networks for Hardware-Efficient Supercomputing*, IEEE Transactions on Computers, vol. C-34, no. 10, Okt. 1985, pp. 892-901 (10)

[Lewis 91] T. Lewis, *Data parallel computing: An alternative for the 1990s*, IEEE Computer, Viewpoints, vol. 24, no. 9, Sep. 1991, pp. 110-111 (2)

[MasPar 91] MasPar Computer Corporation, *MasPar Programming Language (ANSI C compatible MPL) User Guide*, Software Version 2.2, MasPar System Documentation, DPN 9302-0101, Dec. 1991

[MasPar 92] MasPar Computer Corporation, *MasPar VAST-2 User's Guide*, Software Version 1.2, MasPar System Documentation, DPN 9300-9035, Feb. 1992

[McCulloch, Pitts 43] W. McCulloch, W. Pitts, *A logical Calculus of the Ideas immanent in Nervous Activity*, Bulletin of Mathematical Biopysiology, no. 5, 1943, pp. 115-133 (19)

[Mead, Conway 80] C. Mead, L. Conway (Eds.), *Introduction to VLSI Systems*, Addison-Wesley, Reading MA, 1980

[Metcalf, Reid 90] M. Metcalf, J. Reid, *Fortran 90 Explained*, Oxford University Press, Oxford New York Tokyo, 1990

[Minsky, Papert 69] M. Minsky, S. Papert, *Perceptrons*, MIT Press, Cambridge MA, 1969

[Mujtaba, Goldman 81] S. Mujtaba, R. Goldman, *AL Users' Manual*, Third Edition, Stanford Artificial Intelligence Laboratory Report, Stanford University, Dez. 1981

[Nehmer 85] J. Nehmer, *Softwaretechnik für verteilte Systeme*, Springer-Verlag, Berlin Heidelberg New York, 1985

[Parkinson, Litt 90]   D. Parkinson, J. Litt (Eds.), *Massively Parallel Computing with the DAP*, Pitman Publishing, London, and The MIT Press, Cambridge MA, 1990

[Peitgen, Saupe 88]   H.-O. Peitgen, D. Saupe (Eds.), *The Science of Fractal Images*, Springer-Verlag, Berlin Heidelberg New York, 1988

[Perrot 87]   R. Perrot, *Parallel Programming*, Addison-Wesley, Reading MA, 1987

[Peterson 81]   G. Peterson, *Myths About the Mutual Exclusion Problem*, Information Processing Letters, vol. 12, no. 3, Juni 1981, pp. 115-116 (2)

[Peterson, Silberschatz 85] J. Peterson, A. Silberschatz, *Operating System Concepts*, 2nd Edition, Addison-Wesley, Reading MA, 1985

[Petri 62]   C. A. Petri, *Kommunikation mit Automaten*, Dissertation, Universität Bonn, 1962

[Pountain, May 87]   D. Pountain, D. May, *A Tutorial Introduction to occam Programming*, Blockwell Scientific Publications Ltd., INMOS, 1987

[Reuter 92]   A. Reuter, *Grenzen der Parallelität*, Informationstechnik it, vol. 34, no.1, 1992, pp. 62-74 (13)

[Rose, Steele 87]   J. Rose, G. Steele
                              C*: An Extended C Language for Data Parallel Programming, Thinking Machines Corporation, Technical Report, PL87-5, 1987; auch: Second International Conference on Supercomputing, Mai 1987, pp. (36)

[Rosenblatt 62]   F. Rosenblatt, *Principles of Neurodynamics*, Spartan, New York NY, 1962

[Rumelhart, McClelland 86] D. Rumelhart, J. McClelland (Eds.), *Parallel Distributed Programming* (2 vols.), MIT-Press, Cambridge MA, 1986

[Sabot 88]   G. Sabot, *The Paralation Model*, MIT Press, Cambridge MA, 1988

[Sequent 87]   Sequent Computer Systems Inc., *Sequent Guide to Parallel Programming*, Sequent Computer Systems, Report 1003-44459, 1987

[Shapiro 83]   E. Shapiro, *A Subset of Concurrent Prolog and Its Interpreter*, Institute for New Generation Computer Technology, Tokyo, ICOT Technical Report no. TR-003, 1983, (auch enthalten in [Shapiro 87])

[Shapiro 87]   E. Shapiro (Ed.), *Concurrent Prolog* (2 vols.), MIT-Press, Cambridge MA, 1987

[Siegel 79]   H.J. Siegel, *Interconnection Networks for SIMD Machines*, IEEE Computer, vol. 12, no. 6, Juni 1979, pp. 57-65 (9)

[Sommerville, Morrison 87] I. Sommerville, R. Morrison, *Software Development with Ada*, Addison-Wesley, Reading MA, 1987

[Steele, Hillis 86]   G. Steele, W. D. Hillis, *Connection Machine Lisp: Fine Grained Parallel Symbolic Processing*, Thinking Machines Co., Technical Report Series PL86-2, 1986; auch: ACM Symposium on Lisp and Functional Programming, Aug. 1986, pp. (42)

[Szymanski 91]   Boleslaw Szymanski (Ed.), *Parallel Functional Languages and Compilers*, ACM Press New York NY, Addison-Wesley, Reading MA, 1991

[Trew, Wilson 91]   A. Trew, G. Wilson (Eds.), *Past, Present, Parallel*, Springer-Verlag, Berlin Heidelberg New York, 1991

[Thinking Machines 86] Thinking Machines Corporation, *Introduction to Data Level Parallelism*, Thinking Machines Co., Technical Report Series TR86-14, 1986, pp. (60)

[Thinking Machines 90] Thinking Machines Corporation, *C* Programming Guide Version 6.0*, Thinking Machines System Documentation, Nov. 1990

[Quinn 87]   M. Quinn, *Designing Efficient Algorithms for Parallel Computing*, McGraw-Hill, New York, 1987, (auf Deutsch: *Algorithmenbau und Parallelcomputer*, McGraw-Hill, New York, 1988)

[Wirth 83]   N. Wirth, *Programming in Modula-2*, Springer-Verlag, Berlin Heidelberg New York, 1983

[Weicker 90]   R. Weicker, *An Overview of Common Benchmarks*, IEEE Computer, vol. 23, no. 12, Dez. 1990, pp. 65-75 (11)

[Wolfe 86]   M. Wolfe, *Advanced Loop Interchanging*, Proceedings of the 1986 International Conference on Parallel Processing, St. Charles, IEEE CS Press, Washington D.C., Aug. 1986, pp. 536-543 (8)

[Zell, Mache, Hübner, Schmalzl, Sommer, Korb 92] A. Zell, N. Mache, R. Hübner, M. Schmalzl, T. Sommer, T. Korb, *SNNS Stuttgart Neuronal Network Simulator User Manual Version 2.0*, Computer Science Report, No. 3/92, Universität Stuttgart, 1992, pp. (157)

Sachwortverzeichnis

A

Abbildung virtueller Prozessoren 136, 150
abstrakter Datentyp 80
Active Memory Technology 133
Ada 102
Aktivierungsfunktion 241
Algorithmen
    feinkörnig parallel 179
    grobkörnig parallel 115
    massiv parallel 179
    MIMD 115
    SIMD 179
allgemeine Kommunikation 165
allgemeines Semaphor 70
ALU 8, 130
Amdahl 247
Amdahls Gesetz 247
AMT 133
Anaglyphen-Verfahren 193
anonymes ftp IX
ANSI 156
Anti-Dependence 206
APL 224, 225
arithmetisch-logische Einheit 8
array expressions 157
Arrayrechner 5, 8
asynchrone Parallelität 4, 57, 203
    Probleme 90
atomare Operation 68, 93
Aufbau MIMD-Rechner 58
Aufbau SIMD-Rechner 130
Auftragsverteilung über einen Monitor 120
Ausdruckebene 13
Ausfallsicherheit SIMD 154
Ausführungszeit 247
Ausgabemenge 204
Ausgabeschicht 246
Ausgangsfunktion 241
Aushungern 78
Auslastung 256
Ausnahmebehandlung 79
automatische Parallelisierung 202, 211
automatische Sequentialisierung 202
automatische Vektorisierung 156, 202, 210

B

Backpropagation 244
Backus 228
Bandbreite 153
Baumstruktur 188, 235
Benchmarks 257
Bewertung von Leistungsdaten 256
Binärbaum 49, 174
biologische Informationsverarbeitung 240
Bitebene 14
boolesches Semaphor 70
Bounded-Buffer 75
    mit einem Monitor 118
    mit Semaphoren 115
    Problem 75
Boyce 237
Bräunl 110, 171, 254
Brinch Hansen 80, 98
Broadcast 176
Bubblesort 184
Bus-Netzwerke 40
busy-wait 67, 69, 71, 73

C

C
    C* 131, 163
    C/Paris 131
    MPL 132, 168
    Sequent-C 104
Carriero 106
Chamberlin 237
Clos-Koppelnetzwerk 43, 146
CM-2 132, 144, 225
CM-5 11, 132
CMFortran 131, 156
CMLisp 131, 225
cobegin und coend 33
Cobol 237
commit 93, 234

Common Lisp 225
Communicating Sequential Processes 98
Compiler-Direktiven 157
Concurrent Pascal 98
Concurrent Prolog 224, 232
condition 80, 112
CONFIGURATION 172
CONNECTION 172
Connection Machine CM-2 132, 144, 225
Connection Machine CM-5 11, 46, 132
Connection Machine Lisp 225
Conway 180
Coroutinen 30
CPU 2
CPU time 257
CSP 98

D

DAP 133
data decomposition 160
Data Vault 152
Datenbank 237
Daten-Parallelität 13, 134
Datenabhängigkeit 204
    anti-dependence 206
    flow dependence 206
    gerichtete 208, 215
    indirekte 208
    komplexe 218
    Merkregel 209
    output dependence 206
    vereinfachte Regeln 206
Datenaustausch 63, 226
    kollektiv 135
    SIMD 140
    über symbolische Namen 172
Datenbanksystem 93, 237
Datenflußrechner 224
Datenpool 106
Deadlock 93, 107
decomposition 160
Dekkers Algorithmus 67
Delta-Netzwerke 41
Delta-Regel 244
Dijkstra 69
Dining-Philosophers 126
Disparität 191
Distributed Array Processor 133
Divide-and-Conquer 188
doacross 213, 219
dusty decks 156

E

Echtzeitprogrammierung 13
Effizienz 248, 250
Einfache Petri-Netze 18
Eingabemenge 204
Eingabeschicht 245
Einleitung 2
Einsatz von Parallelrechnern 247
Eisenberg 67
elapsed time 257
embedded SQL 237
Empfänger-Initiative 96
eng gekoppelt 7
entity 237
entry 80, 102
Eratosthenes, Sieb des 183
Erzeuger-Verbraucher–Problem 73
exception handling 79, 113
exclusive semaphore 79
explizite Parallelität 38

F

Fat-Tree – Netzwerke 45
feed-forward – Netze 243
Fehlertoleranz neuronaler Netze 242
Fehlertoleranz SIMD 154
FIFO 72
Flaschenhals 151
Flat Concurrent Prolog 232
Flow-Dependence 206
FORALL 162
fork 32
fork und join 31
fork und wait 31
Fortran
    CMFortran 131, 156
    Fortran 77 134, 156
    Fortran 90 134, 156, 202, 203
    Fortran D 160
    Fortran-Plus 133, 156
    High Performance Fortran 160
    MPFortran 132, 156
FP 224, 228
    Objektdatenbereich 228
    PFOs 230
    primitive Funktionen 229
    Programmaufbau-Operatoren 230
Fraktale 188
fraktale Kurve 188
ftp IX

funktionale Programmiersprachen 224, 225, 228

G

Game of Life 180
Gehirn 2, 246
Gelernter 106
gemeinsamer Speicher 7
Generalisierung neuronaler Netze 242
gerichtete Datenabhängigkeit 208
Geschwindigkeitsgewinn 248
GHC 224, 232
Gitter-Kommunikation 165
Gitterstruktur 47, 144, 146, 173
globaler Router 168
Grenzwert für maximalen Speedup 255
Grobkörnig parallele Algorithmen 115
Grundlagen 1
guarded command 99
Guarded Horn Clauses 232
Gustafson 251, 256

H

Hardwarelösung zur Synchronisation 68
Haskell 224
Hexagonales Gitter 48
High Performance Fortran 160
high traffic lock 72
Hillis 225
Hoare 80, 98
host programming language 237
HPF 160
HPFF 160
Hybride Methode 96
Hybride Parallelrechner 9
Hypercube 48, 60, 144, 173

I

IBM 237
ID 224
Implizite Parallelität 36, 38, 237
indirekte Datenabhängigkeit 208
indizierte Vektoroperationen 149
Inkonsistente Analyse 92
Inkonsistente Daten 90
Integralberechnung 120, 179
Intel iPSC Hypercube 60
Intel Paragon 60
Internet IX
Ineffizienz 95
Inmos 100

Inversionsmethode 242
iPSC Hypercube 60

J

join 31
Julesz 191

K

Kantenerkennung 196
Kendall Square Research 46
Klassifikationen 4
Kohonen 246
Kohonen feature maps 246
kollektiver Datenaustausch 134
Kommunikation 113, 165
        MIMD 63
        SIMD 139
komplexe Datenabhängigkeiten 218, 222
Kontrollfluß 4
Konvoi-Phänomen 72
Konzepte der Parallelverarbeitung 30
Koppelung 4, 5
        eng 7
        lose 7
Kreuzschienenverteiler 41
KSR-1 46
Kubisches Gitter 48
Kuck 204

L

Laplace-Operator 159, 168, 171, 178, 227
Lastbalancierung 95
        Empfänger-Initiative 96
        Hybride Methode 96
        Sender-Initiative 96
Lattice-Gas-Automaten 183
Leistung von Parallelrechnern 247
Leistungsdaten 256
Lernfähigkeit neuronaler Netze 242
Lernverfahren 244
Linda 106
linearer Scaleup 256
Lisp
        *Lisp 131, 225
        CMLisp 131, 225
        Common Lisp 225
        Paralation Lisp 225
Livelock 93
lose gekoppelt 7
lock thrashing 72

logische Programmiersprachen 224, 232
lokaler Speicher 7
lokales x-net 168

M

MasPar 133, 168, 202
MasPar MP-1 132, 146
MasPar Programming Language 168
Massiv parallele Algorithmen 179
massive Parallelität 130, 252
Matrixmultiplikation, systolisch 186
maximaler Parallelisierungsgrad 247
McClelland 240
McCulloch 240
McGuire 67
Mehrbenutzerbetrieb SIMD 154
Mehrprozessorrechner 5
mehrschichtige Netze 243
Merkregel zur Datenabhängigkeit 209
Metainterpreter 234
MFLOPS 257
Mikroprozessor 68020 68
Mikroprozessor 80286 60, 68
MIMD 4, 7, 203, 252
        Algorithmen 115
        Probleme 90
        Programmiersprachen 98
        Rechnersysteme 59
MIMD versus SIMD 252
Minsky 243
MIPS 257
MISD 4
Mittelpunktverschiebung 188
Modula-2 30, 110, 171
Modula-P IX, 82, 110, 115
Monitor 80, 112, 118, 120
        condition 80
        entry 80
        signal 81
        status 82
        wait 81
MP-1 133, 146
MPFortran 132, 156
MPL 132, 168
MSIMD 9
Multi-Pipeline 9
Multiple-SIMD 9
Multitasking 11

N

Nachricht 63, 85

Nachrichtenpool 87
Nachrichtenaustausch 113
Netzwerk-Bandbreiten 153
Netzwerke 39
        Binärbaum 49
        Bus-Netzwerke 40
        Clos-Koppelnetzwerke 43
        Delta-Netzwerke 41
        Fat-Trees 45
        Gitter 47
        Hexagonales Gitter 48
        Hypercube 48
        Kreuzschienenverteiler 41
        Kubisches Gitter 48
        mit Schaltern 40
        Plus-Minus-2i 51
        Punkt-zu-Punkt 46
        Quadtree 49
        Ring 46
        Shuffle-Exchange 50
        Simulation von 52
        Torus 47
        Vergleich von 52
        Vollständiger Graph 46
Neuronale Netze 240
        Eigenschaften 241
        feed forward 243
        Inversionsmethode 242
        Kohonen feature maps 246
        Lernverfahren 244
        mehrschichtig 243
        rekurrent 243
Neuronen 2, 240
Neuronenschicht 246
Nicht-prozedurale parallele Programmiersprachen
        224
node splitting 218
Numerische Integration 179

O

occam 100
Odd-Even Transposition Sorting 184
ODER-Parallelität 233
OETS 184
Orientierung, relative 196
Output-Dependence 206

P

P-Operation 70
Papert 243
para-funktional 224

Paragon 60
Paralation Lisp 225
Parallaxis IX, 171, 179
Parallel Disk Array 152
Parallel Distributed Processing 240
Parallel Programming Library 104
parallele Algorithmen
   feinkörnig 179
   grobkörnig 115
   massiv parallel 179
   MIMD 115
   SIMD 179
parallele Iteration 175
Parallele Operationen 14
parallele Selektion 175
paralleler Block 175
Parallelisierung 202, 211
   einer Schleife 211
   Grad 247, 252
   mit Optimierung 218
   ohne Optimierung 216
   Regeln 213
Parallelität
   asynchron 57
   daten-parallel 134
   Ebenen 11
   explizit 36
   feinkörnig 11
   grobkörnig 11
   implizit 36, 237
   massiv 129, 252
   synchron 129
   weitere Modelle 201
Parallelverarbeitung 3
parbegin und parend 33
Parlog 224, 232
PCB 61
Peak-Performance-Daten 257
Perceptron 243
Peripherie
   Anschluß an massiv parallele Systeme 152
   Geräte 151
Petri-Netze 17
   Addierer 25
   Aktiviert 18
   Blockierung 21
   Bounded Buffer 76
   Definitionen 18
   einfache 18
   erweiterte 23
   Erzeuger-Verbraucher 74
   Indeterminismus 19
   Kante 17
   Lebendig 21

Marke 17
Multiplizierer 27
   parallel 29
   Platz 17
   Readers-Writers 78
   Schalten 18
   sequentiell 29
   Stelle 17
   Subtrahierer 26
   Synchronisation mit 23
   Tot 21
   Transition 17
   Übergang 17
   Zustand 20
Pi 120, 179
Pipelinerechner 4, 5
Pitts 240
PL/I 237
Plattenspeicher 152
plural 169
Plus-Minus-2i-Netzwerk 51
PM2I 51
Primärschlüssel 237
Primzahlengenerierung 183
Probleme
   Asynchrone Parallelität 90
   Bounded-Buffer 75
   C* 165
   Dining Philosophers 126
   Erzeuger-Verbraucher 73
   Konvoi 72
   MIMD 90
   Readers-Writers 76
   SIMD 149
   Synchrone Parallelität 149
Programmebene 11
Programmiersprachen
   funktional 224
   logisch 224
   MIMD 98
   nicht-prozedural 224
   prozedural 98, 156
   SIMD 156
Prolog 232
Prolog-Interpreter, parallel 234
PROPAGATE 175
prozedurale Programmiersprachen 98, 156
Prozedurebene 12
Prozesse 12, 33
Prozessorauslastung 257
Prozeß 111
Prozeß-Kontroll-Block 61
Prozeßrechner 13
Prozeßwechsel 61, 72

Prozeßzustände 61
Punkt-zu-Punkt – Verbindungsstrukturen 46

Q

Quadtree 49
quasi-parallel 12

R

RAID 153
Random-Dot–Stereogramme 191
räumliches Sehen 191
read-only–Annotation 234
Readers-Writers–Problem 76
Rechnerklassifikation 4
Rechteck-Regel 121, 179
Reduktion 158, 162, 165, 170, 177, 227
Regeln der Parallelisierung 213
Regeln der Vektorisierung 210
rekurrente Netze 243
relationship 237
relative Orientierung 196
Remote-Procedure-Call 35, 63, 85, 113
Rendezvous-Konzept 102
repetitive command 99
Ring 46
rollback 93
Rose 163
Rosenblatt 243
Router 168
Rückwärtsrechnung 254
Rumelhart 240

S

Same Program Multiple Data 10
scaled speedup 256
Scaleup 251
Scaleup, linear 256
Scheduler 12, 61
Scheduling-Modell 95
Schleifentausch 219
    mit abhängigen Grenzen 221
Sekundärschlüssel 237
Selektion von Vektorelementen 158
Semaphor 69, 111, 115
    allgemeines 70
    boolesches 70
    exclusive 79
    P-Operation 70
    shared 79
    V-Operation 70

Warteschlange 71
Sender-Initiative 96
SEQUEL 237
Sequent 104
Sequent Symmetry 59, 104
Sequent-C 104
Sequentialisierung 202
shape 163
Shapiro 232
shared semaphore 79
shared virtual memory 58
Shuffle-Exchange 50
Sieb des Eratosthenes 183
signal 81
SIMD 4, 8, 203, 240, 252
    Algorithmen 179
    Ausfallsicherheit 154
    Datenaustausch 140
    Fehlertoleranz 154
    Mehrbenutzerbetrieb 154
    Probleme 149
    Programmiersprachen 156
    Rechnersysteme 131
Simulation neuronaler Netze 241
Simulationssystem 171
SISD 4
Skalarprodukt 159, 168, 171, 178, 227, 231, 236
SNNS 244
Softwarelösung zur Synchronisation 64
Sortieren 184
Source-Level-Debugger 171
Speedup 247, 250
Speedup, scaled 256
Speicher
    gemeinsam 7
    lokal 7
SPMD 10, 132, 252
sprachenunabhängige Parallelkonzepte 106
SQL 224, 237
SQL, embedded 237
status 82
Steele 163
Stereo-Matching 196
Stereobild-Analyse 191
Stereobilder 191
Stereogramme 191
    Anaglyphen 193
    Analyse 194
    Ausgabe 193
    Erzeugung 192
    Filtern 195
Steuerrechner 170
Strand 224, 232
Strömungssimulation 183

structured query language 237
synchrone Parallelität 4, 129, 203
    Probleme 149
Synchronisation 212
    Hardwarelösung 68
    MIMD 63
    read-only–Variablen 234
    Softwarelösung 64
Systolische Arrays 9
Systolische Matrixmultiplikation 186

T

Tabellen 237
task 102
Teile-und-Herrsche 188
Test-and-Set 68, 71
Thinking Machines 46, 132, 163, 225
time sharing 12
Topologie 172
Torus 47
Training 244
Transaktion 93, 237
    commit 93
    rollback 93
Transputer 100
Tupel 106
Tuple Space 106

U

Übungsaufgaben 54, 123, 197, 258
Unbestätigte Abhängigkeit 92
UND-Parallelität 233
Unifikations-Parallelität 233
Unity 224
Unix 31

V

V-Operation 70
VAST-2 202
Vektor-Permutation 143
Vektorisierung 202, 210, 218
    einer Schleife 203, 210
    Regeln 210
Vektorkonstanten 176
Vektoroperationen
    indiziert 149
Vektorrechner 5, 8
Vektorreduktion 147
Verbindungsstrukturen 39
    Betriebskosten 39

Produktionskosten 39
SIMD 143
Vergleich
    parallel–sequentiell 257
    von Algorithmen 257
    von Netzwerken 52
    von Rechnern 257
Verklemmungen 93
Verlorener Update 90
Verteiltes Rechnersystem 5
Very Long Instruction Word 10
virtual shared memory 58
virtuelle Prozessoren 135, 172, 225
    Hardware 137
    Software 137
virtuelle Verbindungen 172
Visualisierungstools 171
VLIW 10
Vollständiger Graph 46
von-Neumann-Flaschenhals 2
von-Neumann-Rechner 2, 4

W

wait 32, 81
Warteschlange 61, 71
Wavefront Array 10
Weitere Modelle der Parallelität 201
Wirth 30
Wissen 244
Wolfe 204

X

x-net 146, 168, 169

Z

Zählweise von Anweisungen 252
Zeitscheiben 12, 154
Zeitmultiplex-Verfahren 68, 155
Zell 245
Zelluläre Automaten 180
Zirkuläre Abhängigkeiten 218
Zwischenschicht 245

Aufbau und Arbeitsweise von Rechenanlagen

Eine Einführung in Rechnerarchitektur und Rechnerorganisation für das Grundstudium der Informatik

von Wolfgang Coy

2., verbesserte und erweiterte Auflage 1992. XII, 367 Seiten. Kartoniert.
ISBN 3-528-14388-6

Das Buch bietet eine Einführung in die Gerätetechnik moderner Rechenanlagen bis hin zu Rechnerbetriebssystemen. Dazu werden die Bauteile des Rechners umfassend beschrieben und in die Techniken des Schaltungs- und Rechnerentwurfs eingeführt.

Im *ersten* Teil wird das Konzept der digitalen Schaltung bis hin zum Entwurf sequentieller Maschinen entwickelt. Integrierte Schaltungen werden untersucht, soweit sie zum Verständnis der Rechnerorganisation notwendig sind. Der *zweite* Teil baut auf diesen Kenntnissen auf und führt in die Architektur von Rechenanlagen ein, indem die Struktur einfacher Rechnersysteme untersucht wird. Der *dritte* Teil behandelt einige grundlegende Aspekte der Betriebssysteme, um die Architektur einer Datenverarbeitungsanlage umfassend zu verstehen.

Das Buch ist das Ergebnis langjähriger Vorlesungstätigkeit im Rahmen des Grundstudiums der Informatik an der Universität Bremen. Der Autor hat es verstanden, ein fundiertes Werk zu schaffen, daß in didaktisch geschickter Weise das notwendige Wissen bereitstellt, ohne den Leser ausschließlich mit formalen und detaillierten Betrachtungen zu überfordern.

Der Autor, Professor Dr. *Wolfgang Coy*, lehrt am Institut für Informatik der Universität Bremen.

Verlag Vieweg · Postfach 58 29 · D-6200 Wiesbaden 1

vieweg